Jonas Ridderstråle | Kjell A. Nordström

Funky Business forever

Jonas Ridderstråle | Kjell A. Nordström

Funky Business forever

Mehr Spaß am Kapitalismus

Übersetzung aus dem Englischen von Susanne Reimer

REDLINE WIRTSCHAFT

Bibliografische Information der Deutschen Nationalbibliothek:
Die Deutsche Nationalbibliothek verzeichnet diese Publikation in der Deutschen Nationalbibliografie. Detaillierte bibliografische Daten sind im Internet über http://dnb.ddb.de abrufbar.

ISBN 978-3-636-03160-0

Die englische Originalausgabe erschien 2007 bei Bookhouse Publishing unter dem Titel Funky Business Forever. How to Enjoy Capitalism.

Übersetzung: Susanne Reimer, München
Redaktion: Sybil Volks, Berlin
Lektorat: Michael Schickerling, München
Umschlaggestaltung: Jarzina Kommunikations-Design, Holzkirchen
Umschlagabbildung: Jonas Åkerlund
Satz: Manfred Zech, Landsberg am Lech
Printed in Austria

Inhalt

The Unilever Series:
Carsten Höller, Tate Modern Gallery, London 2006.

Vorwort:

Ein Sprengsatz

Es war Liebe auf den ersten Blick. Als wir den Titel *Funky Business* gefunden hatten, wussten wir, dass wir auf der richtigen Spur waren. Worüber wir seit Jahren gesprochen hatten, verdichtete sich plötzlich zu diesem klaren, einprägsamen Slogan. Und er funktionierte: Die Menschen verstanden die Bedeutung von *Funky Business*. Einige – leider – sogar ohne das Buch gelesen zu haben. Andere nahmen in über fünfzig Ländern weltweit ihren Mut zusammen und zogen ein Buch, das von zwei kahlköpfigen schwedischen Akademikern verfasst war, aus den sich unter Wirtschaftsfachliteratur biegenden Regalen der Buchhandlungen. *Funky Business* ist mittlerweile in mehr als dreißig Sprachen übersetzt worden – drei Sprachen mehr als die verkauften Exemplare unserer beiden Dissertationen zusammen.

Es gibt ein paar Dinge, die Sie über *Funky Business forever* wissen sollten: Auf der Suche nach Inspiration setzten wir zunächst bei all den Menschen an, die auf unserer Website ein Interesse an unserer Arbeit signalisiert hatten. Wir befragten sie über ihre Welten. Welche Dinge hatten sich dort in den letzten paar Jahren geändert? Was würde sich in Zukunft ändern? Wie fühlten sie sich? Was befürchteten sie und was fanden sie spannend? Tausende E-Mails liefen bei uns ein. Wir möchten jeder einzelnen Person danken, die sich die Zeit genommen hat, Kontakt zu uns aufzunehmen. Wir haben zugehört – was nicht bedeutet, dass wir immer einer Meinung waren!

Ferner haben wir versucht, diesmal eine schlankere Publikation zu erstellen, was zur Folge hatte, dass wir einige eher esoterische und allzu akademische Referenzen entfernt haben. Wenn Sie aus Gründen der Vollständigkeit auf der Suche nach einer bestimmten Referenz sind, schreiben Sie eine E-Mail an info@funkybusiness.com.

Jede Idee lässt sich diskutieren. Immer. Wenn Sie also weitere Gedanken, Kritik oder Erkenntnisse zu den Inhalten dieser Seiten beisteuern möchten, kontaktieren Sie uns unter funksters@funkybusiness.com.

Wenn wir durch die eisbeschlagenen Fenster unserer Unternehmen blicken, entdecken wir dort heute selbstverständlich eine radikal andere

Welt als im Jahr 2000, als *Funky Business* erschien. Im Jahr 2000 war der Dot-Com-Wahnsinn auf seinem Höhepunkt und die Spice Girls waren noch zusammen. Al Gore war ein eher langweiliger, zuverlässiger Vizepräsident, aber kein charismatischer Umweltaktivist. Es lagen Enthusiasmus und unternehmerische Vitalität in der Luft – der übliche kapitalistische Cocktail aus Gier und kaum verdecktem Ehrgeiz. Dann gingen die Dot-Com-Aktien den Bach runter, der 11. September raubte uns den Atem, und die Welt wurde ein rauerer, fragwürdigerer Ort. Doch seit damals haben sich die Märkte bemerkenswert erholt, und die BRIC-Staaten (Brasilien, Russland, Indien und China) sowie einige andere Länder haben erstaunliche Zuwächse verzeichnet.

Funky Business hat eine bestimmte Saite angeschlagen. Das Buch war – zumindest unserer Meinung nach – nie ein einfaches Dot-Com-New-Economy-Funkfestival. Die Ideen in *Funky Business* keimten über einen längeren Zeitraum, und sie keimten und reiften auch danach weiter bis zu unserem nächsten Buch *Karaoke Kapitalismus*. Die Phänomene, die wir in *Funky Business* angesprochen haben, standen zwar unter dem medialen Scheinwerferlicht der New Economy, dennoch handelte es sich dabei um langfristige Entwicklungen und Fragen zum Management von Organisationen, zu den Chancen des Einzelnen, zur Rolle der Gesellschaft und so weiter. Der Funk, den wir 1999 beschreiben wollten, bestand nicht in der *Wired* oder *Fast Company*. Stattdessen wollten wir die globale Veränderung im Denken und Handeln der Menschen beschreiben: »Built to blast« anstatt »Built to last« – gemacht, um einzuschlagen, statt zu überdauern. Dies war und ist ein Buch über das Neue in der Ökonomie und nicht über die New Economy.

Eines sollte *Funky Business* außerdem nie sein: ein praktischer Ratgeber. Wir haben unzählige Trends und Ereignisse beobachtet. Wir haben Datenbits gesammelt und wilde, schrullige Geschichten von seltsamen und amüsanten Orten zusammengetragen. Wir haben sie auf Post-its festgehalten und ein ganzes Zimmer damit dekoriert. Dies hat unsere schwedische Affinität zum Minimalismus gehörig irritiert. Wir wollten aus dem, was wir sahen, schlau werden. Dies war die Absicht des Buches. Durch *Funky Business* sollte die Welt, die wir sahen, einen Sinn ergeben. Es sollte Ihnen nicht vorschreiben, was Sie morgen zu tun haben. Warum auch? Wie könnte es? Stattdessen wollte *Funky Business* den Menschen Mut machen, das zu beachten, was sie in ihrem persönlichen und professionellen Leben sehen und fühlen. Wahrnehmen und Glauben ist die Ursache allen Handelns. Nichts ist also so praktisch wie eine richtig gute Idee.

Neben der Kategorisierung unter dem Schlagwort »New Economy« und dem Verdacht, unsere Ideen seien nicht praktikabel, äußerten einige Leser auch ihr Erstaunen darüber, dass das Buch von zwei schwedischen Akademikern geschrieben wurde. Tatsächlich gab es einige Leute, die das Buch aus diesem Grund nicht gelesen haben. Für sie tut es uns leid, aber es ist uns nun mal nicht gelungen, uns in zwei langweilige Mittelklasse-Akademiker zu verwandeln. Es gibt zudem gute Gründe, warum *Funky Business* von Schweden geschrieben wurde. Die Moderne wurde von Schweden im Allgemeinen, und von Stockholm vielleicht sogar im Besonderen, mit großer Begeisterung und lustvoller Energie angenommen. Die zugrundeliegende große Idee, die Schweden in den letzten Jahrzehnten angetrieben hat, bestand in dem Versuch, das Manuskript der Vergangenheit zu zerstören – das Leben der Menschen, insbesondere der Frauen, zu deregulieren und von alten Mustern zu befreien. Sie sollten die Freiheit erhalten, zu wissen, was sie wissen wollten, dorthin zu gehen, wohin sie gehen wollten, und zu tun, was sie tun wollten, unabhängig von Geschlecht, sozialer Klasse oder anderen traditionellen Hemmschuhen.

Dieser Versuch hat zu einer großen Betonung der Erziehung und der persönlichen Freiheit geführt, aber auch zu einem Mangel an Stabilität. Junge Schweden haben gelernt, unter sehr unsicheren Bedingungen zu überleben und zu gedeihen. Ob zum Guten oder Schlechten: Mit dem Konzept lebenslanger Loyalitäten sind wir nicht besonders gut vertraut – sei es im Hinblick auf Land oder Unternehmen, sei es in Bezug auf Partner, Mann oder Frau –, denn wir haben dies nie erlebt. Schweden hat sich bereits auf die jetzt auftretenden unsicheren Zeiten vorbereitet, als es von diesem Schicksal der Unsicherheit noch gar nichts wusste.

Zu diesem Buch

Das war's: Keine weiteren Erklärungen und Ausreden mehr. *Funky Business* ist kein praktischer Ratgeber für die New Economy, geschrieben von Professoren einer Wirtschaftshochschule aus dem Mittleren Westen. Es ist entschieden und unverhohlen funky.

Und nun zum Geschäftlichen:

Funky Business forever ist eine einzigartige Idee. Üblicherweise begnügen sich Autoren bei der Überarbeitung ihrer vergangenen, ruhmreichen Werke damit, die notwendige Distanz zur eigenen Arbeit über eine neue knappe Einführung herzustellen, und lassen den Haupttext gänzlich unangetastet – wie ein Artefakt in einem literarischen Museum. Wir geben zu, dass wir dies auch kurz im Sinn hatten. Aber dann begannen wir damit, *Funky Business* erneut zu lesen. Und das war eine seltsame Erfahrung: Als ob man in einer Bar über einen alten Freund stolpert und dabei entdeckt, dass man nach wie vor viele Gemeinsamkeiten hat, auch wenn die Bäuche dicker, die Haare spärlicher geworden sind und die Geschmäcker sich geändert haben.

Beim Lesen des Buches stießen wir auf Stellen, denen wir nicht mehr zustimmen konnten. Es stellte sich heraus, dass wir manchmal weniger vorausschauend waren als angenommen. China, so beklagten wir, glänzte in unserem Buch überwiegend durch Abwesenheit. Einige Beispiel sind überholt. Wir mochten *Funky Business* immer noch gern, aber wir dachten, wir könnten mehr tun, als einfach nur eine weitere Ausgabe mit einem neuen Umschlag zu produzieren.

Funky Business forever ist das Ergebnis. Was haben wir getan? Wir haben *Funky Business* durch die Brille der zweiten Hälfte des ersten Jahrzehnts dieses Jahrtausends noch einmal gelesen. Wir haben einige Beispiel herausgenommen, Zahlen aktualisiert und überall dort einen laufenden Kommentar eingefügt, wo sich unser Denken weiterentwickelt hat – oder für uns weiterentwickelt wurde. Wir haben Tausende von Lesern um ihre Gedanken und Meinungen zu den letzten und den kommenden Jahren gebeten. Vielen Dank an alle, die sich die Zeit genommen haben, sich mit uns und unseren Ideen in Verbindung zu setzen.

Wir hoffen, dass das Endergebnis ebenso zeitlos wie zweifellos funky ist: *Funky Business forever.*

The Heat is on

Lasst uns den Faden wieder aufnehmen: Wie hat sich die Welt seit 1999 verändert?

Als Erstes lässt sich feststellen, dass sich in der Tat sehr viel geändert hat. Das Leben ist Veränderung. Die Bewohner unserer Welt lassen sich in Touristen und Flüchtlinge einteilen, sagt der italienische Künstler Francesco Clemente – die einen begrüßen die Veränderung, die anderen versuchen vor ihr zu fliehen. Das Problem für die letztere Gruppe ist, dass in einer zunehmend transparenten und global verknüpften Welt Motowns

Martha & the Vandellas wohl recht hatten: Fliehen und Verstecken ist nicht mehr möglich.

Die großen Themen werden größer. Wenn Sie ein Kernthema auf der Agenda der Erde wählen müssten, so wäre das wohl die Klimaveränderung. Das Klima ist zunächst mal nichts anderes als die in Fahrenheit oder Celsius gemessene Temperatur. Orkane, schmelzende Polkappen, Tsunamis etc. sind Auswirkungen eines veränderten Klimas. Kein Wirtschaftsbuch kann die Klimaveränderung bekämpfen, aber es kann darauf hinwirken, dass Organisationen und Vorsitzende ihren Verantwortungsbereich auch jenseits der Jahresbilanz sehen.

Doch das Problem ist, dass dies zunehmend schwieriger wird. In unseren wirtschaftlichen und sozialen Systemen gibt es etwas sehr Ähnliches wie das Klima: Die Informationsmenge, mit der wir unsere Mitmenschen zuschütten. In persönlicher wie organisatorischer Hinsicht kann dies so schädlich sein wie die CO_2-Emissionen für das Klima. Blicken Sie sich um und denken Sie zurück. Wir haben das Klima in unseren Gesellschaften über das Maß normaler Verständlichkeit hinaus verändert. Und wenn wir das soziale und wirtschaftliche Klima ändern, ist jede menschliche Aktivität davon betroffen – die Politik, das Geschäftsleben, die Spiritualität, die Erziehung.

Skeptisch? Dann lassen Sie uns einen Blick auf die jüngste Geschichte werfen. Die Sowjetunion ging unter, weil Moskau die Informationsströme in das und aus dem Land nicht mehr unter Kontrolle hatte. Der Überfluss hatte zur Folge, dass selbst die mächtige Sowjetunion ihre Menschen nicht mehr kontrollieren konnte. Die Transparenz, die aus der symmetrisch und international verteilten Informationsflut resultiert, ist für jeden Diktator, der seine Bürger, Kunden oder Kollegen schikanieren möchte, eine ganz schlechte Nachricht. Schalten Sie Google Earth an und machen Sie eine Reise zu den Demokratien der Welt. Überlegen Sie, wie viele Demokratien es vor 60 Jahren gab.

Die Klimaveränderung macht das Leben für jeden schwerer, der keinen Mehrwert schafft, innerhalb und außerhalb von Organisationen. Die Märkte sind im Grunde nur große Gesprächsrunden, in denen Verkäufer und Käufer Informationen austauschen, um den Preis einer Sache bestimmen zu können. Sie brüten Informationen aus und versorgen uns damit. Stellen Sie sich darauf ein, dass es in Zukunft mehr Märkte und weniger Hierarchien geben wird. Auf dem Sektor der Bankdienstleistungen werden wir bereits Zeuge dieser Entwicklung, denn es ist eine Zunahme des privaten Beteiligungskapitals zu beobachten. Der Informationsdschungel ist nicht so nachsichtig wie die Informationswüste.

Vom Geldwert zu den moralischen Werten. Auf dem Planet der Transparenz ist der Boden mit Schnee bedeckt. Wir hinterlassen Spuren. Sie hinterlassen Spuren. Sogar William Jefferson Clinton hinterließ Spuren. Verhalten, ob gutes oder schlechtes, ist immer exponiert. Die klimatische Veränderung in den Unternehmen lässt sich an ökonomischen Skandalen, zum Beispiel bei Parmalat, Worldcom und Enron erkennen. Muss ihr spektakulärer und krimineller Wahnwitz uns vermuten lassen, dass es in einer Informationsgesellschaft mehr Kriminelle gibt? Nein. Aber das Klima hat sich geändert. In einer informationsbeladenen, transparenten Gesellschaft kommt man damit nicht durch. Gute Nachrichten.

Inmitten dieses Infosumpfes gibt es genügend Erfolgsgeschichten. Kostengünstige Lösungen lieben den Klimawechsel. Und was ist die treibende Kraft? In *Funky Business* haben wir argumentiert, dass die treibende Kraft hinter einer Veränderung eine potente Mischung aus Technologie, Institutionen und Werten ist. Aber jetzt ist die Technologie die Hauptantriebskraft. Die Politik besiegt immer den Handel, aber die Technologie besiegt immer die Politik.

Die Technologie öffnet mehr Märkte und Dinge denn je zuvor für eine totale Transparenz und wachsende Globalisierung. Je mehr die Zugangsbeschränkungen zu den Märkten fallen, desto mehr wird die Überkapazität zur Norm. Gleichzeitig reduzieren sich die Kosten für die Suche nach dem besten Handel rapide, und das Internet bietet eine Plattform, die es Kunden ermöglicht, ihre Verhandlungspositionen kollektiv zu nutzen. Ja, die Macht geht von den Verkäufern auf die Kunden über. Vergessen Sie die Geschichte mit den Königinnen und Königen. Der Kunde der Gegenwart ist ein fordernder Diktator. Der dumme, demütige und loyale Kunde gehört der Vergangenheit an.

Freiheit regiert. Wir haben das Leben und das Geschäftsleben dereguliert. Willkommen in einer Welt, die von Märkten und Menschen regiert wird.

Funky Wahrheiten zum Jahrhundertbeginn und darüber hinaus

Das ist das große Bild: Klimaveränderungen und klimatische Veränderungen in den Unternehmen, angetrieben durch Informationen und Technologien. Eine Ebene darunter schwirren eine Menge Post-it-Zettel durch unsere Gedanken; wahlloses, aber zweifellos funky Gekritzel zum Phänomen des Heute und des Morgen:

1. Tsunami des Billigen

Das Zeitalter des Billigen ist angebrochen! Eine Welle der Billigkeit in allen Industrien mit Ausnahme der Rohstoffe überschwemmt die westlichen Ökonomien. Doch das ist erst der Anfang, 3,2 Milliarden Menschen – Brasilien, Russland, Indien + China = BRIC – sind in Bewegung, industrialisieren ihre Länder und absorbieren Wissen mit unglaublicher Geschwindigkeit. Das BRIC-Phänomen ist kein entfernter Traum mehr. Denken Sie nach: Was planen Sie für den Fall, dass Ihre Märkte mit Billigimporten überflutet werden?

Ein interessanter Nebenschauplatz dieses Phänomens ist, dass wir sowohl größere Märkte für Luxus- als auch für Billigware erkennen können. Wal-Mart ist für Gucci von Vorteil. Was ist aus all dem Gerede über den Tod des Luxusmarkts durch die Markenpiraterie geworden? Sind die Märkte für Luxusartikel zusammengebrochen? Nein, sind sie nicht. Piraterie und Originale haben überlebt – Seite an Seite. Julio de Castro von der spanischen Business School Instituto de Empresa hat darüber geforscht. Er schreibt: »Beginnen wir in Peking auf dem Seidenstraßenmarkt, der im Wesentlichen eine fünfstöckige Mall ist. Jeder Chinese oder Tourist kann hier Luxusartikel im Überfluss finden. Oder, um genauer zu sein, der Kunde findet Produkte im Überfluss, die sich als Luxusartikel maskieren. An jedem beliebigen Tag winken hier Markennamen, um Sie zum Kauf von Qualität zum Spottpreis zu überreden. Von Rolex und Armani über Gucci und Burberry, die Piraten scheinen das Unmögliche anzubieten: hohe Qualität zu niedrigem Preis. Oberflächlich betrachtet scheint es eine einfache Geschichte zu sein: Wer Produktpiraterie betreibt, stiehlt den Gewinn der Markenproduzenten. Doch nur fünf Minuten entfernt befindet sich ein Geschäft, das echte Tag-Heuer-Uhren verkauft und andere Originalmodelle.« Die Lektion ist klar, aber überraschend: Piraterie und legitime Marken können Seite an Seite leben. Entsteht hier etwa eine neue globale Wahrheit? De Castro glaubt ja. Wir auch.

2. Zeitalter der Frauen

Wir erleben die Feminisierung aller menschlichen Aktivitäten: Die Eveolution, ein von Faith Popcorn geprägter Begriff, verwandelt die Frauen in eine ökonomische und führende Kraft, mit der gerechnet werden muss. Besuchen Sie Las Vegas und Sie werden feststellen, dass selbst der hohe Tempel des Kitschkonsums sich vor der femininen Macht beugt. Es wimmelt von Kurbädern, und Verwöhn- und Schönheitssalons locken die Frauen an, während das traditionelle Spielen (Männer an runden Tischen, von denen Rauch aufsteigt) zurückgeht. Von Politik bis Geschäft, Religion bis Sport, die Frauen gewinnen an Einfluss. Warum? Weil wir jetzt mit Gehirnen arbeiten und nicht mehr mit Muskeln. Ökonomischer Wohlstand begründet sich darauf, dass jeder in der Gesellschaft gebraucht wird. Ohne Ausnahme und Ausreden.

3. Singles im Kommen

Sehen Sie sich um. Wer sind Ihre Nachbarn? Single-Haushalte werden immer mehr. Etwa 50 Prozent der Haushalte in den größeren westlichen Städten sind Haushalte, in denen Menschen aus dem einen oder anderen Grund allein leben. In Stockholm genießen 64 Prozent der Haushalte ihr Single-Dasein. In London liegt die Zahl bei 42 Prozent. Das ist erst der Anfang. Gesellschaften werden neu definiert, indem sich die gesetzliche, soziale, moralische und häusliche Analyseeinheit ändert. Das Geschäft Debenham in Stockholm bietet spezielle Shopping-Abende für Singles an – erst Einkaufen und dann Anmachen.

4. Welt der Städte

Die Nationalstaaten sind ein hübsches Arrangement, wenn es um die Aufführung der Olympischen Spiele oder des Weltcups geht, aber als ökonomische Maßeinheit taugen sie nicht mehr. Werfen Sie stattdessen einen Blick auf die Städte der Welt. Sie ähneln zunehmend den Nationalstaaten aus der Zeit vor 400 oder 500 Jahren. Denken Sie anstelle von Genua um 1600 an Dalian in China; anstelle von Venedig an Mumbai, Indien. Die Städte, nicht die Staaten sind in Bewegung. In nicht einmal 20 Jahren werden 60 Prozent der Weltbevölkerung in Städten leben. Wo möchten Sie leben?

5. Spaß zählt

Willkommen im Zeitalter der Unterhaltung. Während wir dies schrieben, hat Carsten Höller eine Kunstinstallation in der Tate Modern Gallery in London konzipiert, bei der sich die Besucher an langen Rutschbahnschleifen im Foyer ergötzen können. Der Spaßfaktor garantiert den Spitzenpreis. Bei allem – ob im Museum, beim Fliegen oder Fahren – das Entertainment wird eine immer wichtigere Zugabe. In der Funktionalität muss auch Spaß liegen – dann verkauft es sich besser. Heute ist Spaß nicht etwas, das stattfindet, nachdem man die Arbeit verlassen hat. Die Menschen möchten in der Arbeit spielen, anstatt Arbeit zu spielen. Werfen Sie einen Blick auf den wachsenden Erfolg von Virgin, ein Unternehmen, das auf Spaß und Finanzen gegründet ist und auf den globalen Siegeszug des iPod.

6. Allgemeiner Wettbewerb

Früher wussten wir, wer unsere Feinde sind. Der Wettbewerb war speziell. Nun ist er allgemein. Wir konkurrieren eher um das Geld der Banken, um Investoren und Kunden, als gegen Unternehmen mit ähnlichen Produkten und Dienstleistungen zu kämpfen.

7. Amerika über alles

Die Vereinigten Staaten spielen immer noch eine große Rolle. Obwohl die amerikanische Wirtschaft mit dem Auftauchen von Indien und China, mit dem Zerplatzen der Dot-Com-Blase und dem Krieg gegen den Terror ihre Aura der Unbesiegbarkeit verloren hat, bleiben die Vereinigten Staaten das ökonomische Kraftzentrum der Welt. Warum? Aufgrund der Innovationsstärke. Warum? Weil Innovation zu temporären Monopolen führt, mit denen sich Geld drucken lässt. Und warum sind die Amerikaner so innovativ und deshalb so stinkreich?

Die Antwort ist einfach, wenn auch entmutigend. Der Erfolg der Vereinigten Staaten liegt in der Fähigkeit begründet, die größten Talente anzuziehen. Die hellsten Köpfe aus China, Indien, Russland, Brasilien und anderen Ländern strömen in die USA. Warum? Weil die USA eine Idee sind und kein Land. Jeder kann Amerikaner werden. Es ist unerheblich, ob es sich um russische Hockeyspieler oder polnische Topmodelle handelt. Nach zwei bis vier Jahren sind sie ein volles Mitglied der Bewegung. Versuchen Sie dasselbe an einem anderen Ort und Sie werden länger brauchen und sehr viel mehr Irritationen erleben. Es dauert zwei oder drei Generationen, um Deutsche, Spanier, Schwede oder Französin zu werden. Wenn es nicht gelingt, die besten Leute anzuziehen, wie kann dann der innovativste Ort der Welt entstehen?

8. Stilles Wissen regiert

Um zu überleben und Erfolg zu haben, müssen Sie sich mit der tödlichsten aller Waffen ausstatten: Wissen. Seit der Veröffentlichung von *Funky Business* ist das Wissen noch entscheidender geworden. Artikuliertes Wissen jedweder Art sorgt jedoch nicht für Wettbewerbsvorteile, stilles Wissen hingegen schon. Gott sein Dank wissen wir mehr, als wir aussprechen können. Bedenken Sie die Auswirkungen auf die Unternehmen: Anstatt sich in starren Einheiten funktionellen Wissens zu organisieren, werden Organisationen entsprechend dem Wissen, den Zielen und den Biografien ihrer Mitarbeiter strukturiert.

9. Nächste Stufe der Spezialisierung

Bisher haben Firmen gestaltet und verwertet. Jetzt nicht mehr. Sehen Sie sich um und Sie werden erkennen, dass sich der Akt der Gestaltung und der Akt der Verwertung immer weiter voneinander entfernen. Auf der einen Seite richten sich Unternehmen auf die Verwertung aus – insbesondere die multinationalen Konzerne – und auf der anderen Seite gibt es kleinere, forschende Unternehmen, die sich der Gestaltung zuwenden. Das heißt für die Zukunft: Große Unternehmen werden weniger Zeit damit verbringen, sich in funky Designstudios zu verwandeln, aber immer mehr Zeit damit, mit funky Designstudios zusammenzuarbeiten. Die Zusammenarbeit mit anderen ist eine der großen Herausforderungen des nächsten Jahrzehnts für die Unternehmen.

10. Anonyme Kapitalisten

Mit unseren Pensionen und Aktienanteilen an Privatunternehmen sind wir alle längst Kapitalisten. Blicken Sie hinter den Namen eines großen Unternehmens und Sie werden auf den Namen einer großen Institution stoßen. Blicken Sie hinter diesen Namen und Sie werden auf immer weitere Institutionen stoßen. Es gibt keine Besitzer im konventionellen Sinne. Der große Kapitalismus wird immer anonymer. Schon bald wird es Meetings geben, deren Teilnehmer zu Beginn bekennen: »Mein Name ist John. Ich bin ein Kapitalist.«

11. Alles ist interaktiv

Einst waren Kommunikation und Vergnügen linear und diskret. Schreiben und lesen. Vorspiel und Sex. Jetzt sind die Aktivitäten verzweigt und verknüpft, in einer verwirrenden Matrix von Kombinationen. Die neue Logik ist in allem interaktiv. Willkommen im Zeitalter der Kombinationen, in dem Mayo mit Senf gemischt wird und der Käse im Schinken schmilzt. Hier überlagern sich Peripherie und Mainstream, hier haben Studenten unterschiedliche Beziehungen zu ihren Professoren, hier verhalten sich Käufer und Lieferanten unterschiedlich, hier *googlen* Patienten nach ihren Symptomen, ehe sie zum Arzt gehen.

12. Einfache Stille

Unsere Sinne machen Überstunden. Suchen Sie nach einem prämierten Luxusprodukt, das das nächste Jahrzehnt oder länger hält? Dann denken Sie die Einfachheit. Picasso hat in acht Sekunden eine Taube mit nur einem Strich gezeichnet, als er achtzig Jahre alt war. Nur ein Meister kann die Dinge vereinfachen. Denken Sie den Raum. In China spielt es keine Rolle, wohin Sie fahren, Sie werden überall Menschen begegnen. Im urbanen Zeitalter ist Raum zum Denken und Sichbewegen eine Rarität. Die Menschen sehnen sich nach kontemplativer Einsamkeit. Denken Sie die Stille. iPods, Mobiltelefone, Autos, Stimmen, Musik: Die unerbittliche Kakofonie urbanen Lebens fordert ihren Tribut. Die Entfesselungskunst wird zur Überlebenskunst. Wir alle sind Houdinis.

13. Medien sind materiell

Vor hundert Jahren haben die Künstler und Maler mit Farben und Pigmenten gearbeitet, mit Holzkohle und Pastellfarben. Die Materialien haben sich geändert. Die heutigen Künstler bearbeiten Bilder mit Photoshop wie ihre Vorgänger mit Pinseln. Sie spielen mit Pixeln herum. Sie digitalisieren. Ist an dem, was sie erschaffen, irgendetwas minderwertiger? Nein. Schönheit ist Schönheit. Und Kunst muss Kunst sein. Übertragen Sie diese Denkweise einmal auf das Geschäftsleben. Heute haben Unternehmen eine Fülle neuer Materialien zur Verfügung, um temporäre Monopole zu erlangen und zu beeinflussen. Sie können mit Pixeln spielen oder bei den Pastellfarben bleiben. Sie haben die Wahl, aber sie müssen auch wählen.

14. Leben im Eigenbau

Die Dinge werden persönlich. Freiheit ist der neue unaufhaltsame Virus. Werfen Sie einen Blick auf den Aufstieg der Kleinstfinanzierung in einigen der ärmsten Länder der Welt. Dank Menschen wie Mohammad Yunus können einige der ökonomisch Entrechteten nun ihren rechtmäßigen Platz in der Wirtschaftswelt einnehmen. Immer mehr von uns lösen ihre mentalen Fesseln. Die Wahl regiert. Die alten Lebensweisen sind aufgegeben worden – in Europa, Asien und Amerika. Traditionelle Institutionen übernehmen keine Verantwortung mehr für uns. Die Wohlfahrtseinrichtungen werden demontiert – durch Vernachlässigung oder politische Glaubenslehren. Ihr Schwinden ist eine Tatsache – die selbst höhere Steuern nicht verhindern könnten.

Mehr Freiheit bedeutet mehr Verantwortung. Wenn Sie keine Wahl treffen, treffen andere die Wahl für Sie. Und Sie können sicher sein, dass dabei nicht besonders darauf geachtet wird, ob es Ihnen auch gut geht. Wir sind allein. Die neue Wohlfahrtsgesellschaft – denn diesmal ist es eine Gesellschaft und nicht der Staat – wird von Ikea gestaltet. Sie kommt in flachen Paketen zur Selbstmontage und hat, wie Sie vielleicht schon bemerkt haben, keine Montageanleitung.

15. Seelennahrung

Mehr Freiheit bedeutet, mehr Verantwortung für diejenigen zu übernehmen, die uns umgeben. Wie Charles Handy feststellte, ist der Markt – die vorherrschende Institution unserer Zeiten – kein Ersatz für Verantwortung, sondern lediglich ein Mechanismus, der die Effizienten von den Ineffizienten trennt. Seit der Veröffentlichung von *Funky Business* sind einige Wirtschafts-Bestseller erschienen, die den Kapitalismus und die globalen Marken heftig kritisierten. Antikapitalistische Proteste sind Indikatoren für eine zunehmende Frustration über das aktuell vorherrschende institutionelle Gefüge. In weiten Teilen verfehlt diese Kritik jedoch ihr Ziel. Der Kapitalismus der freien Märkte ist keine politische Ideologie. Er ist weder gut noch schlecht, weder richtig noch falsch – es gibt ihn ganz einfach.

Die freie Marktwirtschaft ist eine Maschine. Aber eine Maschine hat keine Seele. Wir müssen auf dem weiteren Weg zum globalen Kapitalismus auch eine seelische Begleitung entwickeln. Wir müssen erkennen, dass technologische Entwicklung auch Änderungen unserer Institutionen und unserer moralischen Werte notwendig macht. Wenn diese Änderungen nicht stattfinden, wird der technologische Fortschritt nicht zu jenen finanziellen, emotionalen und humanen Werten führen, die wir erwarten. Die sogenannte digitale Wasserscheide ist keine zwangsläufige Konsequenz aus der Technologie als solcher, sondern die Konsequenz aus unserer Unfähigkeit, eine

Welt zu erschaffen, in der mehr Menschen die Möglichkeit erhalten, ihre Talente zu entwickeln.

16. E-(motionales) Business

In *Funky Business* haben wir eine zentrale Idee entwickelt, an die wir immer noch glauben: Die Mechanismen des Marktes lassen sich nur austricksen, wenn man es schafft, die Menschen auf emotionaler Ebene, nicht auf rationaler Ebene anzusprechen. Unsere Zeiten sind einfach emotional. Wir glauben nicht mehr unhinterfragt an die Wissenschaften. Nach einem ganzen Jahrhundert strenggläubiger Wissenschaftlichkeit hat sich Skeptizismus breitgemacht, als Dinge geschahen, die, so wurde uns gesagt, völlig unmöglich seien – Tschernobyl, AIDS, der Ebola-Virus und so weiter. Wenn die Wissenschaft keine beruhigenden Antworten mehr geben kann, bleibt nur eins: dem eigenen Gefühl trauen.

Deshalb muss wirkliche Konkurrenzfähigkeit auf etwas aufbauen, das wir alle kennen, das in der Geschäftswelt aber nur selten diskutiert wird: Emotionen und Imagination. Steve Jobs von Apple wurde gefragt, warum das neue Betriebssystem Mac OS X so großartig sei. Er antwortete: »Wir haben die Schaltflächen auf dem Bildschirm so verlockend gestaltet, dass man sie abschlecken möchte.« Kein Wort über Megahertz und Gigabytes. Unsere Sinne machen Überstunden.

Die Frage, die die meisten Unternehmen sich heute stellen müssen, lautet: Lieben – nicht mögen oder schätzen – *lieben* wir unsere Produkte, Kollegen und Kunden? Und haben diese eine Leidenschaft für Sie entwickelt? Der wirkliche Lackmustest ist: Wie viele Ihrer Kunden haben sich in den letzten zwei Jahren Ihre Marke auf den Bizeps tätowiert? Wenn Harley-Davidson das bei seinen Stammesanhängern schafft – warum sollten es nicht auch andere schaffen? Das klingt zu schwammig und gefühlsduselig? Mag sein, aber die Forschungen im Bereich der Neurowissenschaften haben gezeigt, dass das limbische System des Gehirns, das unsere Gefühle regiert, viel machtvoller ist als der Neokortex, der unseren Intellekt kontrolliert. Die Verkehrsregeln, mit der die Evolution unsere Gehirne ausgestattet hat, sind klar und deutlich: Emotionen haben Vorfahrt. Die Logik muss warten.

17. Grau ist im Kommen

Wir alle werden älter. Die über Sechzigjährigen sind die neuen über Dreißigjährigen. Ist Ihr Unternehmen bereit für die graue Welle? Die Alten haben nun Falten; die Dollarnoten brennen Löcher in ihre randvollen Geldbeutel.

18. RuheInFrieden Inc.

Wie geht es also weiter mit der Unternehmensgesellschaft im Allgemeinen? Antwort: Die Unternehmensgesellschaft, so wie sie im letzten Jahrhundert ausgelegt und konstruiert wurde, ist genauso ausgestorben wie der »norwegische Blauling« im Sketch von Monty Python. SOS GmbH. Die Gesellschaft mit beschränkter Haftung wurde als Antwort auf die Tatsache entwickelt, dass wir Kapital benötigten, um das volle Potenzial der neuen Technologien nutzen zu können. Das Schöne daran war, dass wir bei geringem individuellem Risiko ein maximales Risiko eingehen konnten. Doch was, wenn das Kapitel keine beschränkte Ressource mehr ist? Brauchen wir dann nicht eine neue Institution?

Die Technologie ermöglicht mittlerweile globale, sich selbst organisierende Systeme wie Linux und Die Sims. Die Elemente der Selbstorganisation sind auch in den Geschäftsmodellen von Amazon und eBay ersichtlich. Organisatorische Experimente gibt es im Überfluss, aber die institutionellen Implikationen sind vielleicht noch bedeutender. Wenn Wissen und Ideen heute die entscheidenden Aktiva sind, warum sollten dann diejenigen, die über diese Aktiva bestimmen, irgendwelche Erträge daraus an jene übergeben, die ihren Beitrag nur in Form von »dummem« Geld liefern können? In kapitalintensiven Industrien mag dies der Fall sein, aber in anderen Fällen müssen wir eine institutionelle Innovation herbeiführen, die die Wissensbildung unterstützt. Das Internet eröffnet Möglichkeiten für eine interpersonelle Tauschbörse, wo wir mit Dienstleistungen und Erfahrungen Handel treiben können. Die Tatsache, dass diese Dinge nicht besteuert werden können, zeigt schon, dass die Regierungen künftig eine andere Rolle werden spielen müssen. Technologische Neuerungen haben schon immer auch institutionelle Erneuerung erfordert, und dies wird auch in Zukunft so sein.

19. Das Du im Netzwerk

Der nicht enden wollende Boom sozialer Netzwerke und von den Kunden definierter Geschäftsmodelle ist ein unglaublich leistungsstarkes und interessantes Phänomen. Koproduktion ist angesagt. Mr. Potato Head alias Charly Naseweis aus *Toy Story* verbündet sich mit Ryan Air nach Ikea-Art.

Kein Wunder, dass wir 2006 vom *Time Magazine* alle zur Person des Jahres gewählt wurden. Werfen Sie einen Blick auf YouTube and MySpace: Eine neue Welt und eine neue Sprache ist entstanden. Diese Netzwerke konnten dank der Technologie entstehen, aber es gibt sie auch, weil wir ein tiefes und größtenteils unerfülltes Bedürfnis nach Gemeinschaft haben. »Zumindest in den westlichen Gesellschaften gibt es ein wachsendes Unbehagen gegenüber dem perfekten Rollenspieler oder – noch schlimmer – dem ausgebildeten Apparatschik, ob politischer oder firmeninterner Natur. Wir haben zunehmend den Verdacht, dass wir ›gearbeitet‹ werden. Die Suche nach Authentizität wird immer drängender«, sagen Rob Goffee und Gareth Jones in ihrem Buch *Why Should Anyone Be Led By You.* »In unserer Alltagskultur gibt es jede Menge Anzeichen für den Wunsch nach Authentizität. Der anscheinend unaufhaltsame Aufstieg des Reality-TV (ein wahrhaft Orwellsches Szenario, denn die Teilnehmer werden für ein anonymes und isoliertes, voyeuristisches Publikum manipuliert) ist nur eine Manifestation. Oder werfen wir einen Blick auf die TV-Soaps, die eine nostalgische Ansicht der Gemeinschaft zeichnen – und damit eine Lücke füllen, die durch den Rückgang echten Gemeinschaftslebens entstanden ist. Diese Fragen zur Authentizität gehören zu einem größeren Spektrum an Bedenken bezüglich der Weise, wie wir heute leben.« Wir alle möchten zu einer Gemeinschaft gehören und den Mangel daran überwinden – wie Robert Putnam in *Bowling Alone* so lebhaft porträtiert hat. Dieses menschliche Bedürfnis ist eine der größten Herausforderungen und Chancen unserer Tage.

Dies sind einige der Dinge, die wir beobachtet und gelernt haben, seitdem *Funky Business* erschienen ist. Wir hoffen, dass *Funky Business forever* Ihnen einige Anregungen und Inspirationen zu eigenen Beobachtungen und eigenem Lernen bietet. Wenn dem so ist, lassen Sie uns wissen, wohin es Sie geführt hat.

Kjell A. Nordström und Jonas Ridderstråle

1

Funky Times

»A working class hero is something to be«

John Lennon

PROLETARIER
TOUS LES

Wir haben gewonnen. Das Zeitalter des kapitalistischen Triumphs ist angebrochen. Die Welt ist erobert – von Peking bis Baltimore und von St. Petersburg bis Singapur. Die politischen Führer des Westens können ihr Lächeln kaum verbergen, während sie die neuen Börsenplätze in jenen Ländern bereisen, die einst Vorposten der kommunistischen Macht waren. Die Augen der Geschäftsleute glänzen vor Stolz, wenn sie chinesischen Unternehmern vorgestellt werden, die über Nacht ein Vermögen gemacht haben, oder russischen Oligarchen, denen eine britische Fußballmannschaft gehört. Sie sabbern beim Auftauchen indischer Multis. Selbst Nordkoreas Kim Jong Il nähert sich der großen Idee des Kapitalismus. Seit dem Fall der Berliner Mauer liegt Triumphalismus in der Luft. Kapitalismus über alles.

Die Planwirtschaft ist – dem Funk sei Dank – eine aussterbende Spezies. Denken Sie nur an das Bild des Eisbären, gefangen auf einer Eisscholle, die im sich erwärmenden Wasser langsam abschmilzt. Der Klimawandel in unseren Gesellschaften ist für Gentlemen wie Kim Jong eine unbequeme Wahrheit (um Al Gore frei zu übersetzen).

Doch es gibt ein kleines Problem. Karl Marx hatte recht.[1]

Wir alle sollten das erste Flugzeug nach Heathrow nehmen und in ein Taxi zum Highgate Cemetery steigen. Auf diesem Friedhof liegen unter einem von Efeu umrankten Denkmal die sterblichen Überreste des Verfassers des *Kommunistischen Manifests* – des kommunistischen Theoretikers Karl Marx. Der Strom der Besucher auf dem Friedhof, die den letzten Ruheplatz des großen Mannes sehen möchten, reißt nicht ab. Anderswo in der Welt versammeln sich Menschenmengen, um die sterblichen Überreste von Marx' Schülern zu sehen. Auch ihnen sollten wir die letzte Ehre erweisen.

Wir sollten Ho Chi Minh die Ehre erweisen. Er mag bei einer kontrollierten Luftfeuchtigkeit von 60 Prozent und einer Temperatur von 22 Grad Celsius in einem Kristallsarg in Hanoi liegen, aber er kann sich damit trösten, dass er recht gehabt hat. Dasselbe gilt für Wladimir Iljitsch Lenin. Er nimmt alle 18 Monate ein Bad in einer Mischung aus Wasser, Alkohol, Glyzerin und Kaliumacetat. Zwei Wochen später ist seine Haut wieder weich wie ein Babypopo. Gut 80 Jahre nach seinem Tod ist Lenins Mausoleum nur noch eine Touristenattraktion für kapitalistische Genossen aus dem Westen. Doch aller Entwürdigung und

1 Diese eine Zeile hat uns mehr Probleme gemacht als jede andere, und erklärt auch, warum sich *Funky Business* – obwohl es den Rest der Welt eroberte – in den Vereinigten Staaten beschämend schlecht verkauft hat. Der amerikanischen Leserschaft fiel es schwer, über diesen Punkt des Buches hinauszugehen. Wenn Sie Amerikaner sind, möchten wir Sie inständig bitten, dies zu tun.

Respektlosigkeit zum Trotz hatte auch Lenin recht. Ebenso wie der Vorsitzende Mao Tse-tung. Mao wird heute hemmungslos vermarktet – für knapp 50.000 Hongkong-Dollar können Sie bei Sing Kwong Jewelry & Gold Co. eine goldene Statue des großen Vorsitzenden aus 24 Karat erwerben. Ihre Bestellungen für das Teeservice von Erich Honecker und Memorabilien von Enver Hoxha sollten Sie möglichst bald aufgeben. Sie waren alle miese, kommunistische Diktatoren – aber auch sie hatten recht.

Sie hatten recht, weil sie die marxistische Weltsicht teilten, dass die Arbeiter den größten gesellschaftlichen Reichtum, die wichtigsten Produktionsmittel, besitzen sollten. Heute tun wir das wirklich, wenn auch eher individuell als kollektiv. Vielleicht haben wir das bereits die ganze Zeit getan, ohne uns dessen bewusst zu sein.

Die Arbeitnehmer kontrollieren die wichtigsten Produktionsmittel. Teil eins der Revolution ist vorbei. Heute benutzen Arbeitnehmer – ob sie Angestellte in Softwarehäusern in Frankfurt, Werftarbeiter in Stavanger, Künstler in chinesischen Werbeagenturen, Beamte in den Behörden von Sydney, Fabrikarbeiter in Los Angeles oder Derivatenhändler in Singapur sind – ihren Kopf und gelegentlich auch ihre Muskeln, um neuen Wohlstand zu erzeugen.[2] In einem modernen Unternehmen werden 70

2 Wie sich die Welt geändert hat. Als wir die Worte »Künstler in chinesischen Werbeagenturen« schrieben, bewegten wir uns eigentlich im Bereich des Imaginären und, wir geben es zu, fühlten uns dabei ein bisschen exzentrisch. Und jetzt ist es schon so weit: Es gibt große chinesische Werbeagenturen und funky chinesische Künstler. Das nennen wir Fortschritt.

bis 80 Prozent der gesamten Arbeitsleistung vom Intellekt der Angestellten erbracht. Das wesentliche Produktionsmittel ist klein, grau und wiegt etwa 1,3 Kilogramm. Es ist das menschliche Gehirn.

Das menschliche Gehirn ist unglaublich komplex und kompliziert. Es funktioniert nach holografischen Organisationsprinzipien, das heißt die einzelnen Teile reflektieren immer auch das Ganze. Laboruntersuchungen haben ergeben, dass man neun Zehntel eines Gehirns entfernen kann und es trotzdem noch funktioniert. Versuchen Sie das mal mit Ihrem Wagen, Ihrem iPod oder Statellitennavigationsgerät.

Bagdad Bob erzählt Ihnen, dass schwarz in Wirklichkeit weiß ist.

Unser Gehirn ist dazu in der Lage, den leistungsstärksten Computer der Welt zu schlagen. Vielleicht möchten Sie als Gegenargument auf das große Schachfinale zwischen dem IBM-Computer Deep Blue und Gary Kasparow hinweisen. Hat nicht der Computer im Februar 1996 den menschlichen Großmeister besiegt? Ja, er hat. Aber dieser Sieg war nur möglich, weil beide Spieler an Regeln gebunden waren, an eine beschränkte Anzahl möglicher Strategien. Das Problem der Schachspieler in den Unternehmen dieser Welt ist, dass für ihre zukünftige Wettbewerbsfähigkeit nicht das Befolgen von Regeln entscheidend sein wird. Entscheidend wird vielmehr sein, ob sie fähig sind, alte Regeln zu durchbrechen und neue aufzustellen. Für den Erfolg in der Zukunft wird maßgeblich sein, dass gängige Weisheiten angefochten und der Bauer in einem Zug von A2 auf E7 gesetzt wird.

Es scheint, als hätte auch John F. Kennedy recht gehabt – selbst wenn man heute schätzt, dass die Leistungsstärke von Computern die der gesamten Menschheit übertrifft –, als er sagte: »Der Mensch ist immer noch der außergewöhnlichste Computer von allen.« Menschen können kreativ sein, neue Ideen haben, neue Regeln erfinden und Emotionen empfinden. Das können Computer nicht – noch nicht![3]

3 Auch zehn Jahre später ist der coolste Apple Computer mit allen Gigabytes, die sich ein Mensch nur wünschen kann, immer noch dumm.

Das menschliche Gehirn ist in seiner Struktur einmalig und enthält unglaublich komplizierte Mechanismen. Doch Gott sei Dank gibt es auf die Frage, wer Eigentümer des Gehirns ist, eine einfache Antwort. Das Gehirn wird nicht von Aktionären, Investmentfonds oder anderen Körperschaften kontrolliert. George Soros mag zwar Währungen und Märkte destabilisieren können, über das menschliche Gehirn jedoch hat er keine Kontrolle. Bagdad Bob kann Ihnen erzählen, dass schwarz in Wirklichkeit weiß ist, aber Sie müssen ihm nicht glauben. Regierungen können die gesamte Welt mit Propaganda überziehen, aber das Gehirn gehört jedem und jeder Einzelnen selbst. Es wird – zum Guten oder Schlechten – vom Individuum kontrolliert.

Die Schlacht der Gehirne

Perfekt ausgestattet und in individuellem Besitz übertrifft das menschliche Gehirn die traditionellen Produktionsmittel wie Rohstoffe, harte Arbeit und Kapital. Versuchen Sie einmal, ein modernes Unternehmen zu nennen, dessen Erfolg auf körperlicher Arbeit beruht. Selbst die Mafia und die Hells Angels sind mittlerweile eher von Geisteskraft gesteuert als von Brutalität und Pferdestärken.

Ein Autohersteller? Nein. Im neuen Jahrtausend wird eine Autofirma dann konkurrenzfähig produzieren können, wenn sie geeignete Technologien für das logistische Management einsetzt, überzeugende Produkte entwickelt und herstellt, einen zuverlässigen Kundendienst anbietet und intern ebenso kommunizieren kann wie mit den Netzwerken der Zulieferer und Händler. Die Wertschöpfung liegt nicht mehr im Metall oder im Motor, sondern in immateriellen Dingen. Das Immaterielle macht etwa 70 Prozent vom Wert eines neuen Autos aus. Das bedeutet, wer auf Muskelkraft setzt, ist schon morgen ein bankrotter Autohersteller. Die Autoproduktion besteht nicht mehr aus stumpfsinnigen Arbeitsschritten am Fließband. Henry Ford ist schon lange tot und seine Methoden auch. Ford beklagte einst: »Ich will nur ein Paar Hände, aber jedes Mal bekomme ich auch einen Menschen dazu«.[4] Heute lautet die Frage in den Unternehmen eher: Wer benötigt schon ein paar Hände?

Jack Welch, ehemaliger Vorstand von General Electric, schätzte, dass der Anteil von GE Capital 50 Prozent des Unternehmens ausmachen könnte – nicht in Bezug auf die Zahl der Angestellten, der Bürogebäude oder Parkplätze, sondern in puncto Gewinn. Warum ist der unumstrittene König der Schwerindustrie weich geworden?[5] Weil heutzutage der wirklich harte Stoff ausgesprochen soft ist.

Ganze Länder liegen in wachsendem Maße in einem Wettstreit des Wissen miteinander. Wenn Sie zurückdenken, sind die meisten Länder durch eine Kombination von natürlichen Ressourcen, Arbeit und Kapital reich geworden. In die Zukunft gedacht spielen diese Faktoren keine Rolle mehr. Heute kann man mit natürlichen Ressourcen allein kein Geld mehr verdienen. Selbst Papst Johannes Paul II. stimmte dem zu. 1991 kam er in seinen Schriften zum Jahrhundert zu dem Schluss: »Früher war der entscheidende Produktionsfaktor das Land, später das Kapital ... Heute sind der Mensch und sein Wissen der wesentliche Faktor«. Geschäftlicher Erfolg stellt sich folglich dann ein, wenn es gelingt, eine Truppe kluger Gehirne um sich zu scharen.

Es spielt keine Rolle, ob wir über Thailand, Deutschland, die Türkei, die Vereinigten Staaten oder Chile sprechen. Wissen ist zum entscheidenden Wettbewerbsfaktor geworden. Natürliche Ressourcen, Arbeit und Kapital verlieren rapide an Bedeutung. Werfen Sie einen Blick auf Dubai: Kein Öl, aber viele Talente.[6] Aus diesem Grund sprachen Bill Clinton und Tony Blair auch von einem »Kalten Krieg des Wissens«. Ihr vorrangiges Ziel war es, Bedingungen zu schaffen, die eine

4 Henry Ford wird oft wegen seiner Einführung des Fünf-Dollar-Tages gepriesen. Meist heißt es, dies sei ein Akt kapitalistischer Wohltätigkeit gewesen. Doch das scheint eher unwahrscheinlich. Henry Fords Denken war ungebrochen kapitalistisch: Besitzgier war gut und höhere Löhne bedeuteten vor allem, dass die Arbeiter auch die Autos kaufen würden.

5 Jack Welchs Rückzugsbemühungen – Heirat mit der ehemaligen Journalistin der Harvard Business Review, die er bei einem Interview wohl etwas zu gut kennenlernte, sowie einigen seichten Selbsthilfe-Beststellern – sollten nicht davon ablenken, wofür er stand: deutliche Worte, Ergebnisorientiertheit und harte Arbeit. Ein Arbeiter im ultimativen Managerjob. Welch ist der Springsteen der Unternehmerschaft.

Zuwanderung kluger Köpfe fördern und ihre Abwanderung verhindern. Im Kalten Krieg der Nachkriegsjahre ging es um militärische Stärke, wie die Panzeraufmärsche vor dem Kreml sie symbolisierten. Der neue kalte Krieg findet auf einer subtileren Ebene statt (er wird auch noch nicht groß geschrieben), ist aber von ebenso weitreichender Bedeutung. Jetzt heißt es: Gehirne gegen Gehirne.

6 Seltsamerweise haben wir vom Harvard-Absolventen George W. Bush nur wenig über Wissen gehört.

Die dritte Revolution des Wissens

Wissen ist Macht ist ein hübscher Aphorismus. Jahrzehntelang wurde er gedankenlos zitiert, und egal wie oft oder laut wir ihn wiederholt haben, wirklich daran geglaubt haben wir nicht. In der Realität war schließlich Macht gleich Stärke oder Macht definierte, was als Wissen galt. Heute ist Wissen wirklich Macht. Wir sagen es laut *und* glauben es auch. Selbst wenn Sie all Ihre Kraft aufwenden, jemanden tyrannisieren, bedrohen oder ihn umschmeicheln: Es wird Ihnen nicht das Geringste nützen, wenn Sie es mit jemandem zu tun haben, der smarter, schneller und gieriger ist. Ein wendiges Leichtgewicht wird ein plumpes Schwergewicht immer schlagen, ausgenommen im Boxring. Den Neandertaler gibt es schon lange nicht mehr – nun müssen wir uns auch von seinen Verhaltens- und Denkweisen verabschieden.

Skeptiker mögen einwenden, dass Wissen immer schon ein wesentlicher Faktor der Wertschöpfung war. Und damit haben sie auch recht. Im Jahr 1452 erlebte die Menschheit die Morgendämmerung der ersten Revolution des Wissens. Dank der Erfindung der Druckerpresse durch Johann Gutenberg wurden Informationen in einem nie dagewesenen Ausmaß allgemein zugänglich. Etwa 500 Jahre später brach die zweite Welle über uns herein, als Rundfunk und Fernsehen immer mehr unser Alltagsleben bestimmten. Anfang der 90er-Jahre setzte die dritte Welle ein. Das *Time Magazin* brachte diese Entwicklung auf den Punkt: »Anstatt 500 TV-Sender haben wir jetzt Millionen von Websites.« >7< Und sie sind interaktiv, bieten eine Zwei-Wege-Kommunkation und sind lebendig.

Das Ausmaß und die Geschwindigkeit der dritten Revolution des Wissens sind einmalig. Man schätzt, dass etwa 90 Prozent aller Wissenschaftler, die jemals auf Erden gewirkt haben, heute leben. Als die US-Armee in Vietnam kämpfte, besaßen nur 15 Prozent der Soldaten einen Collegeabschluss. Während der Operation *Desert Storm* im Irak waren es bereits 99,3 Prozent.

Das Wissen ist das neue Schlachtfeld – hier kämpfen Länder, Unternehmen und Einzelne. In zunehmendem Maß sind wir Bedingungen ausgesetzt, die mehr Wissen von uns fordern, damit wir funktionieren und langfristig überleben können. Um das Wissen kann man keine Mauer bauen. Man kann es nicht abschirmen. Es ist einfach da. Es schlüpft durch Telefonleitungen. Es liegt in der Luft – im Cyberspace. >8< Es umfasst die gesamte Menschheit.

Das Internet stellt mittlerweile beinahe alles jedem und jederzeit zur Verfügung. Es ist auf gloriose (und manchmal beängstigende) Weise unabhängig von Zeit, Raum und Gerät. Wenn Wissen Macht ist, dann ist die Macht potenziell überall zu finden. Das Ausmaß der Veränderungen und die Vielzahl neuer Chancen machen deutlich, dass wir es wirklich mit einer Revolution zu tun haben. In solchen Zeiten sind wir alle dazu verdammt, permanent als unwissend dazustehen. Oder wie Sokrates einst sagte: »Ich weiß, dass ich nichts weiß«. >9<

7 Eine interessante Sache am letzten Irak-Krieg war, dass die besten militärischen Köpfe sich heutzutage nicht mehr mit Strategien auf dem Schlachtfeld beschäftigen. Stattdessen befassen sie sich mit den Medien. Die amerikanische Medienoffensive wurde angeführt von Brigadegeneral Vincent Brooks, einem der klügsten Köpfe der US-Armee und laut eines Berichts »ein Meister der lebhaften Beschreibung und gleichzeitig der undurchdringlichen Vernebelung.«

8 Aber Vorsicht! Artikuliertes Wissen wird zunehmend zu einer Handelsware.

9 Eine interessante Fußnote ist hier, dass Sokrates in der Wirtschaftsliteratur momentan hoch im Kurs steht. Sokratische Diskussionen und Fragen sind in. Wir sind ganz Ohr.

Das revolutionäre Manifest breitet sich mit beängstigender Geschwindigkeit auf der ganzen Welt aus. Früher konnten Einzelpersonen oder Unternehmen über eine relativ lange Zeit ein Wissensmonopol hüten. Wenn eine Firma in den 50er-Jahren eine zündende Idee hatte, dann dauerte es eine ganze Weile, bis andere auf diesen Wagen aufsprangen oder sie auch nur begriffen. Typische Firmen für Anfang und Mitte des 20. Jahrhunderts waren Unternehmen wie der englische Glasproduzent Pilkington, das südafrikanische Bergbauunternehmen De Beers und der amerikanische Riese Xerox. Diese Unternehmen hatten häufig 20 oder 30 Jahre Zeit, um ihren Wettbewerbsvorteil, das, was sie einmalig machte, weltweit auszubauen. Sie konnten sich die wachsende Internationalisierung zunutze machen und allmählich ein Land nach dem anderen erobern. Wenn sie Argentinien beherrschten, folgte Peru und so weiter. Die Welt wurde unerbittlich unterjocht.

Das ist vorbei. Heute breitet sich Wissen sofort international aus. Die besten Geschäftspraktiken werden schneller als je zuvor Allgemeingut. Business Schools und Universitäten überziehen die Welt mit erbarmungsloser Effizienz. In den 60er-Jahren machten etwa 5.000 Studenten pro Jahr ihren Abschluss als Master an einer amerikanischen Business School. Heute beläuft sich ihre Zahl auf 75.000. Im Jahr 1967 existierten in Großbritannien zwei solcher Master-Studiengänge. 2006 waren bereits 152 eingerichtet. In den USA sind es heute circa 800. In den Vereinigten Staaten gibt es eine halbe Million MBA-Studenten und bis zum Jahr 2012 wird die Million vermutlich voll werden. Etwa 100.000 MBA-Absolventen werden jedes Jahr in die Welt entlassen. Und während sie noch unter den Nachwehen ihres Prüfungsstresses leiden, müssen sie vielleicht schon feststellen, dass ein Großteil ihres Wissens Schnee von gestern ist.

Wissen breitet sich aus. Die dänische Hörgerätefirma Oticon beschritt einen anderen Weg der Firmenorganisation – sie setzte auf Projektstrukturen und verzichtete auf herkömmliche Hierarchien. Keine Berichte, eine neue Büroarchitektur und so weiter. Das war innovativ und fantasievoll. Jack Welch von General Electric lancierte das Konzept einer Organisation ohne Grenzen – er transformierte den Wal in einen Schwarm von Delfinen. Es dauert nicht lange, bis solche brillanten Ideen in Fallstudien beschrieben werden. Sie setzen Maßstäbe für andere Organisationen. Unternehmen sehen sich ständig um. Ideen haben Flügel. Andere Firmen kopieren Oticon und GE. Ist Wissen erst einmal da, breitet es sich aus wie ein tödlicher Virus – und niemand kann es dann noch aufhalten.

Blick auf die Revolutionen

Karl Marx und seine diktatorischen Schüler mögen recht gehabt haben, das bedeutet jedoch nicht, dass wir wieder auferstandene Kommunisten sind. Sie hatten zwar recht, aber keinesfalls in allem. Eigentlich hatten sie sogar nur in einem kleinen Punkt recht. Sehen Sie sich um: Den Reichen ging es nie besser als heute. Der Kapitalismus scheint gesünder denn je.

Sicher stimmt nicht jeder mit dieser Anschauung überein. Selbstgefälligkeit ist eine weit verbreitete Krankheit. In einer seiner abscheulichen, langen Reden teilte der kubanische Führer Fidel Castro seinem leidgeprüften Volk mit, dass es nun *un periodo especial* durchlaufen werde. Castro versprach, dass die normale Versorgungslage (was für einen Kubaner den normalen Mangel an Versorgung bedeutet) schon bald wiederhergestellt würde. Castro erteilte seinem Volk den Rat, sich zurückzulehnen und in Ruhe abzuwarten. Vermutlich warten sie noch heute. Man trifft nicht oft auf einen Menschen, der total, absolut und hundertprozentig daneben liegt. Bei Fidel ist das der Fall. Bei ihm ist revolutionärer Eifer zu blankem Wunschdenken verkommen.

Ob es Ihnen gefällt oder nicht – der Wandel lässt sich nicht einfach an- und ausknipsen. Im Augenblick verläuft er in völlig unkontrollierbaren Bahnen. Wenn Sie ihn zu fassen versuchen, fließt das Wasser in alle Richtungen davon. Wenn Sie sich zurücklehnen, ertrinken Sie. Willkommen in der realen Revolution, Fidel.[10]

Wahrscheinlich ist die Revolution, die wir aktuell erleben, gewaltiger, als sich das selbst Karl Marx vorgestellt hatte. Diese Revolution wird unsere Gesellschaft und Wirtschaft, unsere Firmen, Jobs und unser persönliches Leben in den Grundfesten erschüttern. Sie ist allumfassend. Und sie findet in diesem Moment statt. Sie werden zwar keine Barrikaden auf den Straßen sehen und die Luft ist auch nicht mit Tränengas geschwängert. Dennoch ist sie in vollem Gange – in Ihrem und unserem Bewusstsein.

Aller Wahrscheinlichkeit nach haben Sie noch nie eine Revolution erlebt. Wir auch nicht (schließlich sind wir trotz allem Schweden). Aber wir wissen, dass während einer Revolution alle Spielregeln außer Kraft gesetzt werden.[11] Revolutionen sind gesetzlos, spontan und gefährlich. Wir wollen Sie nicht zum Plündern anregen, aber wir weisen darauf hin, dass es unter diesen neuen Bedingungen keine Regeln und keine Gesetze gibt. Nichts

10 Inzwischen hat Fidel Castro das Amt des Staatspräsidenten an seinen Bruder Rául übertragen.

11 Herb Kelleher hat genau dies mit South West Airlines getan. Er steckte das Unternehmen in Brand. Dasselbe versuchte Greg Dyke mit der BBC. Seine die Regeln aufhebende Initiative lief unter dem munteren Motto »Ausmisten« an. Leider hat Dyke dies dank einigen politischen Schreckgespenstern bei der BBC nicht geschafft.

mehr ist vorgegeben. Alles ist fortwährend im Fluss – in einer endlosen Krise. Traditionelle Rollenverteilungen, Jobs, Fähigkeiten, Methoden, Einsichten, Strategien, Hoffnungen, Ängste und Erwartungen zählen nicht mehr.

Unter diesen Bedingungen gibt es eines gewiss nicht: *Business as usual.* Wir brauchen *Business as unusual.* Wir brauchen ein anderes Business. Ein innovatives, unvorhersehbares und überraschendes Business: Funky Business.

Funky Business ist wirklich global

Nun aber Scherz beiseite. Die Internationalisierung hat bereits einige falsche Morgendämmerungen erlebt. Jetzt aber findet der entscheidende Durchbruch statt. Es gibt keine Grenzen für Luciano Pavarotti oder die Kaiser Chiefs, eine Band aus Yorkshire in Großbritannien, benannt nach dem südafrikanischen Fußballteam, das Live8 in Philadelphia eröffnet hat. Madonna fühlt auch keine Grenzen. Lenovo kümmert sich nicht um Nationalstaaten. Der Terrorismus ist auf dem gesamten Globus gegenwärtig – und am Flughafen muss man seine Zahnpasta in einer Plastiktüte mit sich führen.

Und es gab noch nie einen größeren Wirtschaftsraum. In den letzten 40 Jahren ist der internationale Handel um 1.500 Prozent angewachsen.[12] Kein Wunder, dass sich gleichzeitig die Durchschnittszölle stark reduzierten. Wir durchkreuzen die Welt und die sieben Meere. Wir besitzen globale Satellitenkanäle, internationale Zeitschriften, TV-Shows, Kinofilme, Musikcharts und so fort. Das globale Dorf, wie Marshall McLuhan es in den 60er-Jahren schilderte, ist hier.

12 Das gesamte Exporthandelsvolumen hatte 1948 einen Wert von 58.000 Millionen und 2006 belief es sich auf 10.431.000 Millionen – und zwar US-Dollar zum aktuellen Kaufpreis.

Der Kapitalismus ist in Bewegung. Ein Blick nach Osteuropa und in die ehemalige Sowjetunion genügt. Seit dem Fall der Mauer gibt es 30 neue Nationen wie Weißrussland, die Ukraine und Georgien. Es sind arme Länder, aber sie wünschen sich eine schnellstmögliche Anbindung an den Westen. Deshalb haben sie exportiert wie wahnsinnig. Sie exportieren Zellulose und Papierprodukte. Sie exportieren Software. Sie exportieren Chemikalien. Sie exportieren wirklich alles, was sie haben. Sie frieren – ja, sie erfrieren – und exportieren dennoch Kohle und Öl. Sie sind unsere neuen Konkurrenten. Selbst die

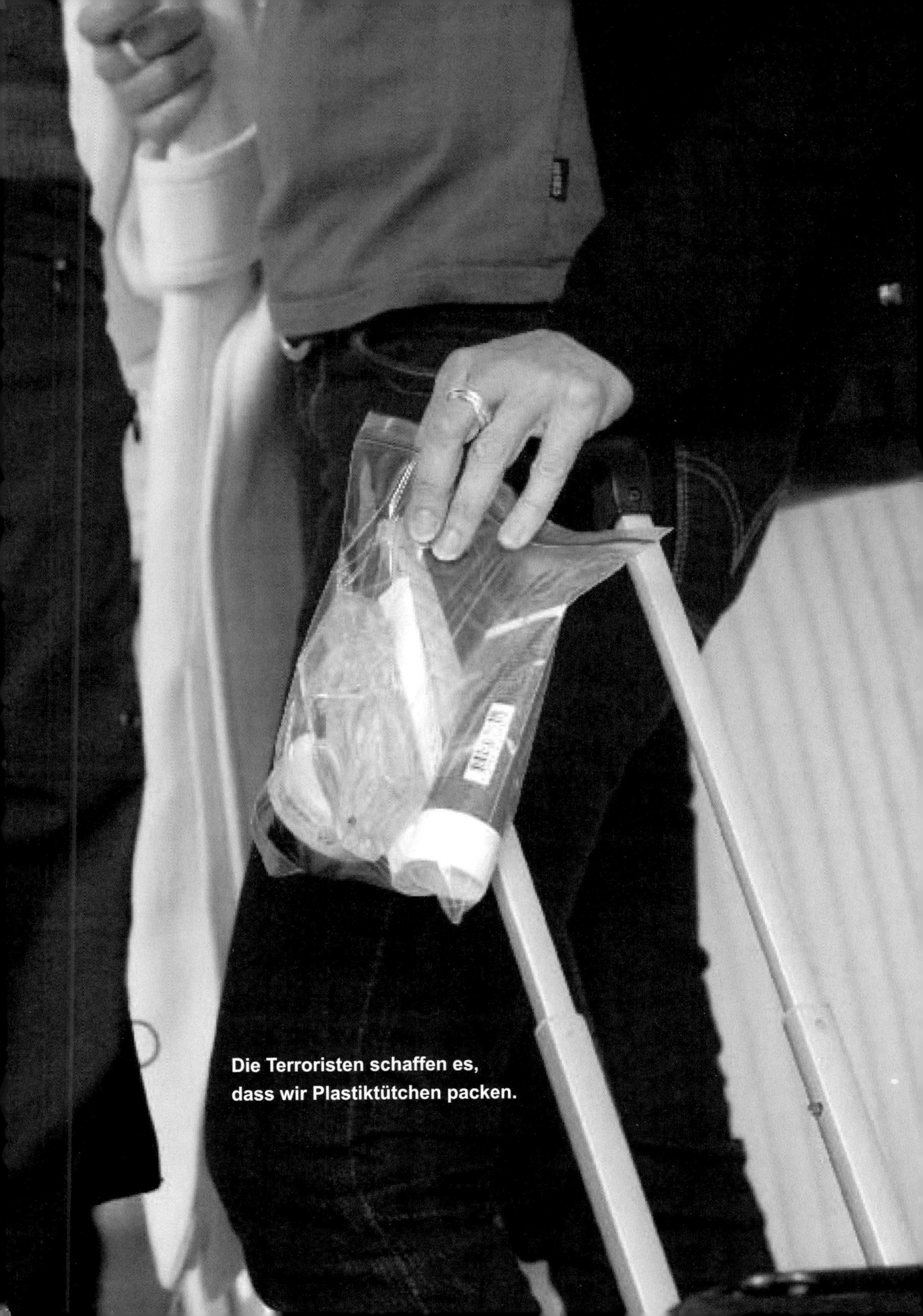

Die Terroristen schaffen es,
dass wir Plastiktütchen packen.

wohlhabende Schweiz trat 2002 der UN bei, nachdem sie mehr als 50 Jahre gezögert hatte.

Und viele andere drängen zusätzlich herein. Vor ein paar Jahren gab es außerhalb der Länder der OECD, der Organisation für wirtschaftliche Zusammenarbeit und Entwicklung, knapp 200 Millionen Menschen, die sich realistische Hoffnungen auf einen Anschluss an den Siegeszug des Kapitalismus machen konnten. Länder wie Japan, Singapur und Hongkong erlebten einen rasanten Aufschwung. Sie hatten fast aufgeholt. Jetzt sind 3.000 Millionen Menschen in Bewegung. Okay, wir wissen nicht mehr genau, woher wir diese Zahl hatten. Die Weltbevölkerung beläuft sich auf etwa 6,7 Milliarden – und wie viele davon sind bereit, dem wirtschaftlichen Wohlstand hinterherzujagen? Viele, viele Millionen. Sie kommen vom indischen Subkontinent (über 1 Milliarde Menschen), aus den Nachfolgestaaten der ehemaligen Sowjetunion (273 Millionen), aus Polen (38 Millionen)>13<, Vietnam (85 Millionen), Pakistan (167 Millionen), Indonesien (236 Millionen) und so weiter. >14<

13 Seit *Funky Business* veröffentlicht wurde, sind Tausende von Polen nach Großbritannien ausgewandert. Städte wie Reading haben jetzt eine polnische Zeitung und fantastische Klempner.

14 Es ist erstaunlich, dass die in *Funky Business* verwendeten Zahlen viel niedriger waren. In Ländern wie Indien nimmt die Bevölkerung weiter zu – es sind viele Millionen Menschen mehr als vor wenigen Jahren.

Sie alle sind damit beschäftigt, ihr Leben und ihre Gesellschaften nach westlichem Vorbild aufzubauen. Sie wünschen sich denselben Komfort, denselben materiellen Besitz und dieselbe Dekadenz. Und sie werden ihr Ziel auch erreichen. Es ist nur eine Frage der Zeit.

In Indien haben bereits 20 Prozent der Menschen denselben Lebensstandard wie ein Durchschnittseuropäer (gemessen an der Kaufkraft). Im Jahr 2006 leben 22 Prozent der Inder unterhalb der Armutsgrenze. Eine schlimme Statistik, aber 1995 waren es noch 50 Prozent. In diesem Moment sind in Bangalore 140.000 IT-Ingenieure tätig. Bangalore ist mittlerweile im Bereich der Software-Entwicklung die zweitgrößte Stadt der Welt. Novell, Siemens und Ericsson haben dort Niederlassungen. Tatsächlich sind in Bangalore 20 Prozent der Unternehmen aus der Liste *Fortune 500* (in der alljährlich die 500 größten Unternehmen der Welt erfasst werden) zu finden.

Die multinationalen Unternehmen sind nicht aus Gründen der Wohltätigkeit in Indien. Überlegen Sie einmal, wie viel diese indischen Informatiker verdienen. Die Antwort liegt irgendwo zwischen 500 und 1.000 Dollar pro Monat. Warum sollte ein Unternehmen jemand aus Schweden,

Deutschland, Frankreich oder den USA anstellen, wenn indische Ingenieure so billig arbeiten und die Qualität mit den Produkten aus unseren angeblich so hochentwickelten Gesellschaften identisch ist? Die wirtschaftlichen Rahmenbedingungen könnten nicht günstiger sein und die Verflechtungen nicht enger.

Die Konkurrenz der Experten aus Bangalore ist so groß, dass einige der renommiertesten Universitäten in den USA – einschließlich Stanford, Berkeley und UCLA – bereits ein Quotensystem eingeführt haben, das nur noch eine begrenzte Anzahl nichtamerikanischer Studenten zulässt. Denn die nackte Wahrheit ist: Ginge es allein um das Ausbildungsniveau, hätten viele US-Studenten keine Chance gegen ihre asiatischen Kommilitonen. Die Begrenzung dieses Talentepools ist von Autoren wie Richard Florida stark kritisiert worden. Ohne den Zustrom ausländischer Studenten könnten die USA weniger innovativ werden, ahnt er.

Wir leben nicht allein im globalen Dorf. Wir müssen uns Weltklasse-Partner suchen. Und wir brauchen die Besten – den besten Architekten, den besten Zulieferer, den besten Berater – und nicht mehr die Nächsten. Diese Verschiebung ist bereits im Gang. Der Ford Focus wird in diesen Werken produziert: Saarlouis (Deutschland), Valencia (Spanien), Santa Rosa, Laguna (Philippinen), Pacheco (Argentinien), Chongqing (China) und Wayne, Michigan (Vereinigte Staaten). Bausätze werden zur Montage nach Vsevolzhsk nahe St. Petersburg (Russland) geliefert. Die Zwischenprodukte, aus denen ein Ford Escort besteht, kommen aus 15 verschiedenen Ländern. Dazu gehören nicht nur die Rohstoffe, sondern auch Einzelteile und ganze Systeme, die von einem weltweiten Netzwerk aus Subunternehmern und Zulieferern stammen. Die Autos werden schließlich in zwei Anlagen montiert – eine befindet sich in Großbritannien und eine in Deutschland.

Die wirtschaftlichen Realitäten unserer Zeit machen deutlich, dass jeder mit jedem konkurriert. Wir stehen alle in einem globalen Wettbewerb.[>15<] Der Einzelne steht in einem globalen Wettbewerb. Die Unternehmen befinden sich in einem globalen und generischen Wettbewerb. Daraus gibt es kein Entrinnen. Weder für uns noch für Sie. Auch nicht für Enron. Für Fiat. Für U2. Für Oprah. Für Leo DiCaprio.

15 Dieses Langzeit-Phänomen ist nicht nur eine nette Buchidee, sondern Realität. In den meisten Industrien nimmt die Kategorie »Sonstiges« rapide zu. Es kann heute sehr profitabel sein, auf kleine Verbrauchergruppen abzuzielen.

Funky Business heißt: Mehr Wettbewerb für alles und überall

Im Westen sind wir mit dem Glauben »Je mehr, desto besser« aufgewachsen. Dies muss nicht unbedingt wahr sein. Aber wohin der Blick auch fällt, es gibt von allem immer mehr – mehr Produkte, mehr Märkte, mehr Menschen, mehr Wettbewerb. Das ist eine Tatsache.

Im Jahr 1996 gewann Schweden bei den Olympischen Spielen von Atlanta zwei Goldmedaillen. Als die Gewinner nach Stockholm zurückkehrten, hielten sie am Flughafen eine Pressekonferenz ab. Eine Medaillengewinnerin bemerkte, dass die 271 Goldmedaillen, die in Atlanta zu vergeben waren, auf 53 Nationen aufgeteilt wurden. Vier Jahre davor in Barcelona hätten 37 Nationen Goldmedaillen gewonnen. Sie sagte vorher, dass im Jahr 2000 in Sydney 80 oder 90 Nationen eine Goldmedaille gewinnen würden. Als Athlet kann man nie wissen, aus welchem Land die nächste große Konkurrenz kommen wird.[16]

16 Sie hatte nicht recht, es waren nur 51 Länder. Aber es stimmt, dass es immer härter wird, Gold zu gewinnen, sowohl in der Leichtathletik als auch in der Autoherstellung.

Ähnliche Spielregeln gelten auch andernorts. Selbst die heiligen Hallen der Universität sind dagegen nicht immun. Wir lehren an der *Stockholm School of Economics*. Pro Jahr gibt es 5.000 Anwärter für nur 300 freie Plätze. Es werden nur diejenigen angenommen, die in jedem einzelnen Fach

die besten Noten vorweisen können. Die Akademie wurde Anfang des 20. Jahrhunderts gegründet, um die Elite der Elite auszubilden. Noch vor zwanzig Jahren galt: Wer Schwede war und sich für Management und Wirtschaft interessierte, hatte nur eine Wahl – unsere Akademie. Dies galt weitgehend auch noch vor fünf Jahren.

Heute sehen sich kluge, zwanzigjährige Skandinavier erst einmal um. Sie richten ihren Blick auf die Universität Köln, Ashridge in Großbritannien, SDA Bocconi in Italien, Insead in Frankreich und die Duke University in North Carolina. Sie wägen Pro und Contra ab. Sie vergleichen die Hochschulen. Stockholm war einmal die einzige Wahl – heute ist es eine unter tausend. Und es kommt noch schlimmer – oder besser – je nach Standpunkt. Das Netz wird sich noch weiter ausdehnen. In Zukunft werden die Studenten auch automatisch asiatische Wirtschaftsunis (noch nicht gebaut) in Betracht ziehen oder gar Universitäten im Cyberspace. In Indien können Sie mittlerweile aus mehr als tausend MBA-Programmen wählen. Aber Sie können sich auch dann zum perfekten MBA ausbilden lassen, wenn Sie in Lappland leben. Sie kaufen sich einfach einen PC, lesen aufmerksam Ihren Michael Porter und brauchen das Haus nicht zu verlassen.[>17<]

17 MBA = »medioare but arrogant«

Wir bewegen uns in eine Richtung, die Wissenschaftler als techno-ökonomische Gleichstellung bezeichnen. Techno-ökonomische Gleichstellung bedeutet, dass es nur noch wenige Einrichtungen, Technologien, Produkte, Dienstleistungen, Erkenntnisse, Wissensbereiche oder Verfahren in London, Paris, New York, Mailand und Madrid gibt, die nicht auch unseren Freunden, Brüdern und Schwestern in Bangalore, Seoul, Gdansk, Buenos Aires und Kuala Lumpur zur Verfügung stehen. Techno-ökonomische Gleichstellung bedeutet auch, dass die Grundvoraussetzungen für wirtschaftliches Handeln sich täglich weiter angleichen.[>18<]

18 Vielleicht mochte Tom Friedman unsere Metapher als er sein Buch *Die Welt ist flach* schrieb.Kürzlich bemerkte der Ökonom, dass die Welt uneben sei.

War das Spielfeld früher so schwer zu erklimmen wie der Mont Blanc, so ist es heute gezwungenermaßen fast eben. Im Wesentlichen bedeutet die techno-ökonomische Gleichstellung, dass der beste Mann oder die beste Frau gewinnen, wo auch immer sie herkommen. Die Industrienationen haben kein Wissensmonopol mehr, denn das Wissen ist frei. Deshalb sollten wir uns auf die »Olympischen Spiele des Business« vorbereiten. Und dieses Ereignis wird nicht alle vier Jahre abgehalten. Es findet in diesem Augenblick statt – in Realzeit und nonstop.

Funky Business erfordert eine kreative Suche nach Unterscheidungsmerkmalen

In der derzeit herrschenden ungezügelten Marktwirtschaft wird es zunehmend schwierig, sich von anderen abzuheben. Das meiste, was eine Firma anbietet, könnte auch eine beliebige andere Firma aus den Gelben Seiten oder Google anbieten. Wenn Sie eine brillante Idee haben, wird diese binnen zwei bis drei Wochen von Ihren Konkurrenten gestohlen. Wo drei Milliarden Menschen versuchen, ihr Leben und ihre Gesellschaftsstrukturen den unseren anzugleichen, erreicht der Wettbewerbsdruck seinen Siedepunkt. Und sie werden weiter einheizen.

Es gibt nur einen Ausweg. Und dieser ist trügerisch einfach: Stoppen Sie das Karaoke und machen Sie etwas Neues. Machen Sie etwas, was die Welt nie zuvor gesehen hat. Führen Sie Innovationen ein, damit Sie – für kurze Zeit – den Wettbewerbsvorteil der Einmaligkeit haben.

Aber seien Sie gewarnt: Sie müssen Ihre Unverwechselbarkeit auf neue Art und Weise unter Beweis stellen. Die alte Methode, Einmaligkeit zu erreichen, bestand darin, ein Produkt mit ein paar Extras auszustatten. Dies funktioniert nicht mehr – es wird in nur wenigen Tagen, wenn nicht gar Stunden kopiert. Und die Kunden lassen sich nicht mehr so einfach für dumm verkaufen.

Organisationen, Dienstleistungen und Produkte werden sich immer ähnlicher. Häufig benötigt man quasi ein Mikroskop, um die Unterschiede zu erkennen. In den USA wartet die Automobilindustrie sehnsüchtig auf die Berichte des Warentestinstituts JD Power. Dessen Abschlussbericht begann 1996 mit der Bemerkung: »Es gibt keine schlechten Autos mehr, weil sie alle gut sind.« Die Automobilfirmen, ob Audi, Toyota, Ford oder Renault, sind alle im Besitz des kompletten Wissens über die verfügbare Technologie. Sie kennen die Produkte der Konkurrenz. Sie nehmen ihre Autos auseinander und kehren das Unterste zuoberst. Die Unterscheidungsmerkmale für die Autoindustrie müssen deshalb aus anderen Bereichen kommen.

Auf dem neuen Schlachtfeld des Wettbewerbs geht es nicht mehr um den Motor oder die Klimaanlage – es geht vielmehr um das Design, die Garantieleistungen, den Kundendienst, das Image und die Finanzierungsangebote. Intelligenz und immaterielle Werte. Und selbstverständlich geht es um Menschen. Nur Menschen können ein Unternehmen, seine Produkte und Kundendienstleistungen unverwechselbar machen. Wie Sie Menschen führen und Arbeitsstrukturen organisieren, wird darüber entscheiden, ob Sie erfolgreich sind oder nicht.

Aus diesem Grund müssen wir neu definieren, was wertvoll für uns ist. Laut *Economist* besteht der neue Lackmustest für Unternehmensqualität darin zu prüfen, ob es wehtut, wenn Sie sich Ihren Wettbewerbsvorteil auf die Zehen fallen lassen. Ist dies der Fall, sollten Sie sich über Innovationen Gedanken machen. Denn alles, was wehtut, besteht aus zu viel Material und zu wenig Wissen. Die neuen Werte aber bestehen aus sehr wenig Material und viel Wissen. Das Durchschnittsgewicht eines Dollars aus US-Exporten hat sich seit 1970 halbiert.>19< Die Substanz eines erfolgreichen Kundenangebots ändert sich. Heute wiegen Wettbewerbsvorteile nicht mehr als die Träume eines Schmetterlings.

19 Manches bleibt gleich. Dies war 1999 wahr, und es ist immer noch die Hälfte.

Funky Business erfordert organisatorische Innovation

Die Kunst der Organisation besteht darin, mit einfachen Menschen Außergewöhnliches zu erreichen. Organisatorische Innovation bedeutet heute, dass man Bedingungen schafft, die Kreativität ermöglichen und fördern, nicht dass man die nächste Fließbandproduktion standardisierter Produkte oder Dienstleistungen in Gang setzt. Eine funky Firma muss anders sein, anders aussehen und auf neue Art agieren.

Alle modernen Unternehmen konkurrieren um Wissen, aber Wissen ist leicht verderblich. Wir müssen es wie Milch behandeln – und mit einem Verfallsdatum versehen. Wenn wir das Wissen unserer Firma nicht nutzen, wird es sauer und verliert seinen Wert. Kontinuierliche Innovation – sowohl revolutionäre als auch evolutionäre – ist deshalb notwendig. Oder wie David Vice als Geschäftsführer der Northern Telecom so trefflich formulierte: »In Zukunft gibt es nur noch zwei Arten von Firmen: schnelle und tote.« Entweder sind wir schnell oder wir verschwinden in der Versenkung. In der neuen Ökonomie gibt es kein Tempolimit. Agilität regiert. Geschwindigkeit ist alles. Die Notwendigkeit der Erneuerung betrifft alle Bereiche und Personen in einer Organisation; und sie findet permanent statt. »Wir möchten so schnell wie möglich vorankommen und dabei die Straße hinter uns aufreißen«, sagt Craig Barrett von Intel. Und er meint es ernst. Sehen Sie sich um, und Ihnen wird ein Licht aufgehen:

Schnell. Im Jahr 1995 kamen tausend neue Softdrinks auf den japanischen Markt. Ein Jahr später war gerade noch 1 Prozent davon zu kaufen.

Schneller. Für ein Automodell aus dem Jahr 1990 waren sechs Jahre Entwicklungszeit nötig. Heute erledigen die meisten Unternehmen diese Aufgabe in zwei Jahren.

Am schnellsten. Bei Hewlett-Packard werden die größten Einnahmen mit Produkten erzielt, die es vor einem Jahr noch gar nicht gab.>20<

Weltrekord. In Tokio können Sie am Montag ein Auto mit individueller Ausstattung bestellen und am Freitag in diesen Wagen einsteigen.

20 Und was für noch mehr Kontroversen sorgen könnte: Das Unternehmen hat diese Technik in jüngster Zeit auch bei der Einstellung der eigenen Vorstandsvorsitzenden angewandt.

Funky Business stellt das Management in den Mittelpunkt

Führungsqualitäten und Management sind wichtiger als je zuvor. Allerlei Gurus und Kommentatoren prophezeien dies schon seit Jahren – vielleicht um ihre Existenz zu rechtfertigen. Jetzt aber ist es Realität geworden.

Wir leben in der Ära von Zeit und Talent. Wir verkaufen Zeit und Talent, wir beuten Zeit und Talent aus, wir organisieren Zeit und Talent, wir heuern Zeit und Talent an und wir verpacken Zeit und Talent.[21]

Die wichtigste Ressource trägt Schuhe und spaziert jeden Tag gegen fünf Uhr zur Tür hinaus.[22] Daraus folgt, dass Management und Personalführung die Schlüssel zum Wettbewerbsvorteil geworden sind. Wie Sie Ihre Mitarbeiter gewinnen, halten und motivieren, ist wichtiger als jede Technologie. Wie Sie Ihre Kunden und Lieferanten behandeln, ist wichtiger als Technologie. Verwaltung und Führung eines Unternehmens stellen wesentliche Unterscheidungsmerkmale dar. Diese können zu tragenden Säulen einer unverwechselbaren Unternehmenskultur werden. Aber im gleichen Maße wie Management und Personalführung sich zu potenten Waffen im Wettbewerb entwickelt haben, hat sich auch ihr Wesen verändert.

Der Boss ist tot. Exekutiv-Dinosaurier – Chefs, die behaupten, immer alles besser zu wissen und immer recht zu haben – sind für uns nicht mehr tragbar. (Offensichtlich sind Mitglieder dieser Spezies die Letzten, die bemerken, dass ihre Tage gezählt sind.) Das Management auf der Basis trockener Zahlen ist Geschichte. Management auf der Basis von Angst und Schrecken funktioniert nicht. Wenn Menschen das Kapital heutiger Unternehmen sind, dann muss Management zum *Humanagement* werden.

Der Job ist tot. Unser Glaube an ein Stück Papier mit der Überschrift Stellenbeschreibung ist weggefegt. Die neue Wirklichkeit fordert weit größere Flexibilität. Fast im gesamten 20. Jahrhundert übten die meisten Manager einen einzigen Beruf aus und durchliefen eine einzige Karriere. Heute ist von zwei Karrieren und sieben Jobs die Rede. Die Tage des langjährigen, loyalen Mitarbeiters, der warm und sicher im Schoß des Unternehmens eingebettet ist, sind vorbei. Schon bald wird die Betonung darauf liegen, dass man sich ein Leben anstelle einer Karriere aufbaut, und die Arbeit wird dann nur noch als eine Reihe von Auftritten und Projekten gesehen werden.

21 Talent = Intellektuelles Kapital + soziales Kapital + psychologisches Kapital. Um das Kapital tanzen zu lassen, benötigen Sie das erforderliche Wissen, die notwendigen Personen und eine Ich-kann's-Attitüde. Entscheidend ist es also, die Kompetenzen zu mehren, das Netzwerk zu erweitern und die Dinge mutig anzugehen.

22 Wir behaupten nicht, dass jeder der Schuhe trägt, eine entscheidende Ressource ist. Es müssen schon die richtigen Leute sein. Außerdem sind die falschen Leute – aus der Perspektive der Firma betrachtet – keine Aktiva, sondern Belastungen

Neue Rollen verlangen auch neue Fähigkeiten. Vor 30 Jahren mussten wir uns pro Jahr eine neue Fähigkeit aneignen. Heute ist es eine pro Tag. Morgen vielleicht schon eine pro Stunde. Im Jahr 1960 musste ein Durchschnittsmanager im Laufe seiner Karriere 25 Namen lernen, heute müssen wir uns pro Monat 25 neue Namen merken. Morgen sind es vielleicht schon 25 pro Woche (und die Hälfte davon stammt wahrscheinlich aus anderen Sprachen).

Funky Business gibt uns Macht

Keine Jobs, aber mehr Macht. Wir besitzen heute das wichtigste Kapital unserer Gesellschaft – unser eigenes Bewusstsein. Und Macht ist gleich Freiheit. Wir alle sind potenziell frei, zu wissen und zu tun, was wir wollen, und zu sein, wer immer wir sein möchten. Wir haben die Wahl. Es liegt ganz bei uns. Aber die Freiheit wird uns nicht auf dem Silbertablett serviert. Sie muss erobert werden.>23< Und heute besteht Macht darin, die knappste aller Ressourcen zu kontrollieren: die menschliche Intelligenz.

> 23 Endlich frei! Aber wir befinden uns auch mitten in einem großen Freiheits-Kater. Die Menschen beginnen zu erkennen, dass mit der Freiheit auch die Verantwortung einhergeht. Doch diese müssen wir übernehmen. Wir sollten nicht vergessen, dass Freiheit zwar gut oder schlecht sein kann, die Abwesenheit von Freiheit aber immer schlecht ist.

Je unverwechselbarer wir sind, desto besser werden wir unsere Aufgaben erfüllen. Und im Gegensatz zu den physikalischen Ressourcen wächst Wissen mit dem Gebrauch an und ist einfach zu transportieren – es lässt sich überallhin mitnehmen. Wenn Sie sich also ein gutes Leben aufbauen – und/oder nur Geld machen – möchten, so ist der Weg zum Erfolg klar und deutlich: Legen Sie los und bleiben Sie am Ball. Macht und Machtmissbrauch liegen in Ihren Händen.

In die funky Zukunft

Mit der Einführung des Ackerbaus sind wir von einer Jäger- und Sammlergesellschaft zu einer Ackerbaugesellschaft geworden. Mit der Einführung der Elektrizität haben wir das industrielle Zeitalter erreicht. Lenin sagte einmal, Kommunismus sei Sowjetmacht plus Elektrifizierung. Funkyismus bedeutet Informationsmanie plus die Macht zu wählen. Einige Leute bezeichnen die heutige Welt als Informationsgesellschaft, andere nennen sie kopflastig. Sicher ist nur, dass die wesentlichen Fähigkeiten und Antworten von morgen nicht die von heute sind. Noch wichtiger ist indes die Tatsache, dass sich die relevanten Fragen ändern. Paradoxerweise wird die Fähigkeit zu vergessen – einmal Gelerntes wieder beiseite zu legen – in einer Geschäftswelt, die sich mit Lichtgeschwindigkeit verändert, zu einem entscheidenden Erfolgsfaktor.

Unablässige Veränderung ist notwendig. Wir sind einer Welt des Chaos und der immanenten Ungewissheit ausgesetzt. Kent Foster von GTE bringt die neuen Gegebenheiten auf den Punkt: »Produkte, die sich noch in der Entwicklung befinden, werden auf einen Markt geworfen, der gerade erst entsteht – mit einer Technologie, die sich täglich ändert.« Dieser Prozess wird nicht langsamer, damit Sie verstehen können, was los ist, oder Zeit für einen Schnappschuss haben. In einer solchen Welt können wir uns nur auf eins verlassen: Das Sichere wird unsicher und das Unwahrscheinliche wird wahrscheinlich.

Die Zukunft lässt sich nicht vorhersagen – sie muss gestaltet werden. Entweder sind Sie dabei Zuschauer oder Sie werden selbst zur treibenden Kraft. Möglicherweise sind Sie versucht, die in diesem Buch diskutierten Ideen und Trends als gut oder schlecht beziehungsweise schwarz oder weiß zu bewerten. Widerstehen Sie dieser Versuchung. Evolution ist nicht richtig oder falsch – sie existiert einfach. Wir können die Elektrizität dazu benutzen, Menschen zu töten oder Weißbrot zu toasten. Das Internet lässt sich dazu benutzen, Kinderpornografie zu vertreiben oder die künftige Ehefrau kennenzulernen. Das Internet existiert. Es ist nicht gut oder schlecht. Es wird zu dem, was wir daraus machen. »Was ist, ist«, sagt der Dalai Lama (während Bill Clinton noch über die genaue Bedeutung dieses Satzes grübelt).[>24<] Funk ist.

Funky Business bedeutet, dass es immer mehr Fragen geben wird und immer weniger universell gültige Antworten. Einstein hatte Unrecht. Die letztgültige Welt-

24 Bill Clinton ist nicht mehr im Amt und seine semantischen Probleme verblassen gegen diejenigen der Bush-Regierung. Wie Ex-Verteidigungsminister Donald Rumsfeld es so eloquent formulierte: Es gibt bekanntes Bekanntes. Das sind Dinge, von denen wissen wir, dass wir sie wissen. Es gibt bekanntes Unbekanntes. Das heißt, es gibt Dinge, von denen wir wissen, dass wir sie nicht wissen. Aber es gibt auch unbekanntes Unbekanntes. Es gibt Dinge, von denen wir nicht wissen, dass wir sie nicht wissen. Auch Henry Kissinger soll einmal Ähnliches auf einer Pressekonferenz gesagt haben: »Hat irgendjemand die richtigen Fragen zu meinen Antworten?« Willkommen in der Ökonomie des Wissens!

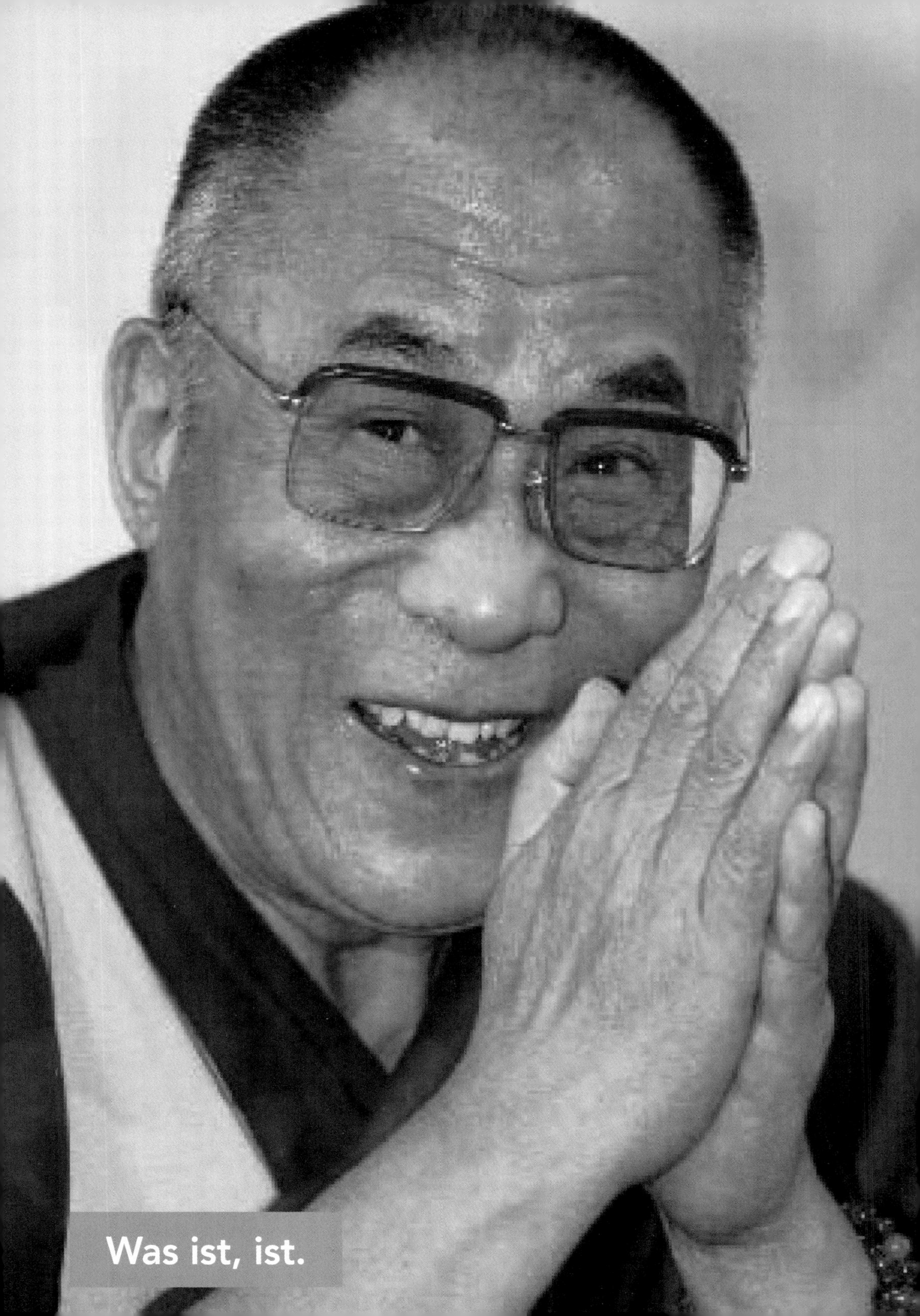

Was ist, ist.

theorie, an der wir uns orientieren können, gibt es nicht. Vielfalt regiert. Fragen und nicht Antworten werden in die Zukunft weisen. Und auf diesem Weg sollten Sie keine Hilfe von der Technologie erwarten, denn wie Pablo Picasso einst bemerkte: »Computer sind sinnlos. Sie geben nur Antworten«. Aber wenn Sie intelligente Fragen auf nie dagewesene Art und schneller als andere stellen, werden Sie für einen Augenblick die Nase vorn haben. Genießen Sie diesen Moment. Denn Sekunden später werden Sie schon über die nächste Frage nachdenken müssen. Und dann wieder die nächste.

STÄR

2

Stärken des Funk

»I am the trouble starter –
punkin instigator«
Prodigy

Wenn Sie Gefahr laufen, die neue funky Welt zu unterschätzen, halten Sie sich einfach eine Auswahl der nachstehenden Fakten vor Augen. Rechnen Sie mit dem Unerwarteten. Vergessen Sie die trockenen Statistiken; wir brauchen jetzt funky Statistiken:

- Gerry Adams von der irischen Partei Sinn Fein und dessen loyalistischer Erzfeind, Reverend Ian Paisley, hielten gemeinsam eine Pressekonferenz ab.
- Im Jahr 1999 brachte seine Heiligkeit, Papst Johannes Paul II., die CD »Abbà Pater« auf den Markt, auf der er einen Rap hinlegt. In Zusammenarbeit mit Techno- und Genre-Musikern macht sich der Papst auf den Weg zum Pop. Später kündigte der Vatikan eine Nachfolge-CD an, auf der man den päpstlichen Gebeten, interpretiert von N'Sync und Britney Spears, lauschen kann. Ooops, they did it again!
- Die Terroristengruppe Rote Armee Fraktion sandte 1998 einen Brief an die Medien mit der Erklärung, dass sie ihre Aktionen einstelle. Sie bekannten, dass ihre Ideen nicht mehr auf fruchtbaren Boden fielen. Im Februar 2007 beschloss ein Stuttgarter Gericht, dass Brigitte Mohnhaupt, eine der letzten inhaftierten RAF-Mitglieder, begnadigt und entlassen würde.
- Die Dinge werden immer seltsamer. Zu der Zeit, als wir das Buch *Karaoke Kapitalismus* schrieben, vor etwa fünf Jahren, blickten wir in eine Welt, in der der beste Rapper ein Weißer und der beste Golfer ein Schwarzer war; Larry Flynt, Begründer des Pornomagazins Hustler, wollte Gouverneur von Kalifornien werden, und sein stärkster Konkurrent in diesem Rennen war der Terminator – Arnold Schwarzenegger; Frankreich beschuldigte die USA der Arroganz und Dänemark schickte ein Mini-U-Boot in den Wüstenkrieg.
- Gott und der Mammon geben sich endlich die Hand und werden Freunde. Eine Universität in Großbritannien bietet jetzt MBA-Studiengänge für Kirchenmanagement an.
- Artikel 11 der chinesischen Verfassung wurde überarbeitet und lautet jetzt: »Die individuelle, private Wirtschaft der Werktätigen in Stadt und Land, soweit im Rahmen der gesetzlichen Bestimmungen, ist eine Ergänzung der sozialistischen Wirtschaft des Gemeineigentums«. >1<

1 Weiter heißt es in der Verfassung: »Der Staat schützt die legitimen Rechte und Interessen der privaten Wirtschaft. Der Staat leitet, unterstützt und beaufsichtigt die private Wirtschaft durch administrative Kontrolle.«

- Die Fabrik von General Electric in Louisville, Kentucky, wurde 1953 erbaut und besitzt 25.000 Parkplätze. Eindrucksvoll. Das Problem ist, dass die Fabrik im Jahr 1997 nur noch 10.000 Mitarbeiter beschäftigte. Die Mitarbeiterzahlen von General Electric aus dem Jahr 2003 belaufen sich auf 7.600 für ganz Kentucky.
- Die Grace-Kelly-Tasche von Hermes wird in 17 Stunden produziert und kostet neu 50.000 US-Dollar. Eine Hermes-Birkin-Tasche (benannt nach der englischen Schauspielerin und Sängerin Jane Birkin, lange wohnhaft in Frankreich) brachte bei einer Auktion in New York 64.250 US-Dollar ein. Ein einziger Künstler verbringt 25 Stunden sorgfältiger Arbeit, um die Tasche zu konstruieren. Nissan ist, was Produktivität anbelangt, der führende Automobilhersteller mit 28,24 Stunden Arbeitszeit pro Wagen – nur ca. drei Stunden länger als eine Hermes-Tasche.

Die Welt ist eine Bühne (und diese Bühne ähnelt einem Marktplatz).[2] Wir alle spielen eine Rolle darauf – Unternehmen ebenso wie Einzelpersonen. Aber anstelle der klassischen Dramen werden jetzt ständig neue Stücke ohne Drehbuch improvisiert. Der Regisseur hat sich verabschiedet, das Originalstück wurde abgesagt und das Drehbuch ist verloren gegangen. Die Zuschauer stürmen auf die Bühne, schließen sich den Schauspielern an und fordern eine Hauptrolle für sich. Die Grenzen verwischen sich. Keine Rolle ist besetzt. Alte Regeln gelten nicht mehr – die Guten und die Schlechten sind ein und dieselbe Person. Alles ist zu haben, wenn man schnell genug zugreift.

2 Der Erzglobalist Kenichi Ohmae beschreibt in seinem neuesten Buch *The Next Global Stage* den Standpunkt der Globalisierung, indem er wie der Besucher eines Supermarktes in Tokio in die Welt blickt. Hier sind alle Produkte dieser Erde für alle ausgebreitet: Zitronen aus Spanien, Lamm aus Neuseeland, italienische Oliven, britische Würste, etc. Die Welt ist eine globale Bühne und wir alle drücken uns in der exotischen Eingangshalle herum.

Wir alle tragen zu der neuen Gesellschaft bei, die sich vor unseren Augen entwickelt. Es ist erschreckend. Es ist fantastisch. Es macht Spaß. Es ist deprimierend. Es ist Schicksal. So ist das Leben im Funkdorf.

Und wenn die Welt kopfüber in einen Strudel aus endloser Ungewissheit und unaufhörlichen Überraschungen gestürzt wird, hätten wir das Recht zu fragen, welche Kräfte uns mit Schallgeschwindigkeit vorantreiben? Wer hat das Theater geschlossen, den Direktor gefeuert und das Drehbuch zerrissen? Was hat uns in diesen Funk gebracht?

Wir glauben nicht, dass hinter den revolutionären Kräften, deren Wirken wir augenblicklich beobachten können, etwas besonders Mysteriöses steckt. Revolutionen haben sich noch nie durch Subtilität ausgezeichnet. Ruhe und Ordnung spielen beim Sturm auf den Palast eben keine vorrangige Rolle. In Zeiten radikaler Veränderung sind feine Differenzierungen nicht an der Tagesordnung. Wir glauben, dass Technologie, Institutionen und Werte die drei zentralen Antriebskräfte bilden, die uns in eine unbekannte Welt vordringen lassen. Keine davon entfaltet ihre Wirkung in einem Vakuum. Vielmehr überlagern sie sich und sind wechselseitig miteinander verknüpft. Sie beeinflussen sich gegenseitig, aber sie haben auch Einfluss auf die Gesellschaft, die Unternehmen und den Einzelnen.

Technologie: Der endlose Rhythmus

Die Technologie – zum Beispiel die Biotechnologie, Informationstechnologie, Transporttechnologie und viele andere Spielarten – gestaltet unsere Welt neu. Die Technologie gibt den Rhythmus von Funky Business vor.[3] Vom Management-Guru Tom Peters stammt eine prägnante Zusammenfassung des derzeitigen Status quo: »Die Fachidioten haben gewonnen.«

Technologie beschränkt sich nicht auf Nieten und Bolzen oder Bits und Bytes. Sie ist keine Spezialvorstellung, sondern die größte Massenveranstaltung überhaupt.[4] Es ist seltsam – und auch ein wenig erschreckend –, wenn man nur ein paar Jahrzehnte zurückdenkt. In den 50er-, 60er- und 70er-Jahren war die Technologie die Domäne von Militärs, Weltraumspezialisten sowie obskuren Wissenschaftlern und Professoren, die in den Entwicklungsabteilungen der pharmazeutischen Industrie arbeiteten. Die Technologie war etwas für Nobelpreisträger, Juri Gagarin, Apollo-Astronauten, für Raketen- und Radarsysteme. Dann wurde sie kommerzialisiert, gekidnappt von Hasardeuren aus dem Unternehmertum. Die ehemaligen Produzenten von Massenvernichtungswaffen wurden zu Handlangern der Massenunterhaltung.

Nehmen Sie zum Beispiel die Computerfirma SiliconGraphics:[5] Vor 15 Jahren war der beste Kunde

3 Die Unternehmen beginnen zu erkennen, dass die Technologie an den Menschen angepasst werden muss – und nicht umgekehrt.

4 Heute ist es möglich, eine defekte DNA zu ersetzen, ehe ein Baby auf die Welt kommt. Designer-Sperma ist eine Realität. Es gibt auch eine Samenbank, die von Nobelpreisträgern bestückt wird. Es ist schon etwas seltsam, wenn die Herren erst einen Preis aus der Hand des Königs in Empfang nehmen und dann in eine Klinik fahren, um ihre eigenen Hände für einen ganz anderen kreativen Zweck zu benutzen.

dieses Unternehmens die US-Armee – seit Kurzem ist es Micky Maus. Wenn bei SiliconGraphics eine Anfrage von Walt Disney eingeht, wissen die Ingenieure, dass ihr Zahlmeister am Apparat ist. Heute sind es Filme und Computerspiele, die die Entwicklung in der Informationstechnologie ständig vorantreiben. Häufig geben die Händler die Richtung der technologischen Entwicklung vor und nicht mehr die Hersteller. Die Software hat die Oberhand über die Hardware gewonnen.

Der Rhythmus der Technologie ist unaufhaltsam und unwiderstehlich. Wir stellen das Axiom auf: Die Technologie ändert sich und wird sich immer schneller ändern, als eine Regierung Vorschriften zu ihrer Kontrolle erlassen kann.

Man vergisst leicht, wie weit wir in so kurzer Zeit gekommen sind. Alvin Toffler, ein Mann, der immer mit wachsamen Augen in die Zukunft sah, schrieb 1980 seinen Bestseller *Die Zukunftschance*. Wenn Sie heute in diesem Buch blättern, werden Sie sich wundern. Obwohl die Veröffentlichung noch gar nicht lange zurückliegt, haben sich seit seinem Erscheinen gewaltige technologische Entwicklungssprünge vollzogen. Toffler musste zum Beispiel erklären, was eine Textverarbeitung ist – und benutzte dazu umschreibende Bezeichnungen wie »die smarte Schreibmaschine« oder »Texteditor«. Er beschreibt das Büro der Zukunft: »Der eigentliche Clou des elektronischen Büros liegt jedoch nicht in der Zeitersparnis einer Sekretärin beim Briefschreiben. Das automatisierte Büro kann Briefe auch in Form elektronischer Bits und Bytes auf Bändern oder Disketten speichern. Außerdem kann es sie (zumindest in naher Zukunft) durch ein elektronisches Wörterbuch laufen lassen, das die Rechtschreibung automatisch korrigiert. Wenn die Maschinen miteinander und mit der Telefonleitung verbunden sind, kann eine Sekretärin den Brief sofort an den Drucker oder Bildschirm des Empfängers schicken.« Im Jahr 1980 hat die große Mehrheit von Tofflers Lesern dieses Buch wie einen Science-Fiction-Roman gelesen. Heute ist es für die große Mehrheit in der industrialisierten (oder aus Tofflers Sicht *de-industrialisierten*) Welt bereits Realität. Für andere ist es schon graue Vorzeit.[>6<]

5 Der Fluch des Funk? SGI meldete im Mai 2006 Konkurs an, konnte sich aber bereits im Oktober 2006 wieder aus dem Gläubigerschutz befreien. Im Jahr 2005 wurde es bereits aus der Nasdaq-Liste genommen. Der ehemalige Firmensitz von SGI ist nun der Sitz von Google. Es scheint also kein schlechtes Karma zu geben. Die umstrukturierte SGI hat ein neues Geschäftsmodell. Die Firma liefert »ein Komplettpaket für leistungsstarke Server und Speicherlösungen«.

6 Alvin und Heidi Tofflers *Revolutionary Wealth* wurde 2006 geschrieben. Die Tofflers konzentrierten sich dabei auf die Revolution des Reichtums, der nun den gesamten Planeten überschwemmt.

Digitale Daten

Der wichtigste Beitrag der Technologie zum *funky business* besteht darin, dass sie Informationssysteme bereitstellt. Die Auswirkungen der Informationstechnologie sind omnipräsent. Heute fließen Informationen ungehindert. Das ist unvermeidbar. Es ist, als ob man Sand in der Badehose hätte – lästig, aber kaum mehr loszuwerden.

Der Rhythmus hört nie auf, wie ein mystischer Gesang. Schlag folgt auf Schlag. Heute gibt es in einem Durchschnittsauto mehr Computerpower als in der ersten Apollorakete, die die Menschen zum Mond beförderte. In jeder Grußkarte, die *Happy Birthday* singt, steckt mehr Computerpower, als in den 50er-Jahren auf dem gesamten Planeten Erde existierte. Eine Bluray disc hat die Kapazität, 25 Millionen Seiten Text zu speichern. Das sind etwa 100.000 Exemplare von Funky Business. Vor nicht allzu langer Zeit war das Fax ein wichtiger technologischer Fortschritt. Wer redet heute noch von Fax-Technologie? Gleiches gilt für die elektrische Schreibmaschine (mit Speicher!) oder für Disketten.

Wenn sich auf dem Gebiet der Flugzeugtechnik dieselbe Entwicklung vollziehen würde, wie wir sie in der Informationstechnik in den letzten 25 Jahren erlebt haben, würde ein Flug von Skandinavien nach New York nicht mehr 500 $ oder mehr kosten und acht Stunden dauern. Bis zum Jahr 2024 würde er dann weniger als eine Sekunde dauern und weniger als einen Cent kosten. Die Kehrseite der Medaille wären allerdings winzige Flugzeuge, die wohl einmal pro Woche abstürzen würden – ein triviales Problem angesichts eines derartigen Preis-Leistungs-Verhältnisses.

The beat goes on. Die aktuelle Welle der Digitalisierung betrifft uns bereits alle. Die Informatik wird sich auch in Zukunft in gewaltigen Schritten weiterentwickeln. Die meisten Menschen im Westen besitzen ein Mobiltelefon oder zwei. Unsere Wohnungen werden schon bald mit kleinen technischen Apparaturen angefüllte Tempel der virtuellen Realität sein – genauso wie die von Bill Gates, nur kleiner.[>7<]

Diese Bewegung ist aus verschiedenen Gründen unaufhaltsam. Stellen Sie sich nur vor, wie öde es wäre, wenn Sie als Einziger in Besitz eines Mobiltelefons wären, die einzige Person mit Zugang zu E-Mail oder das einzige Mitglied eines Netzwerkes. Das mag grotesk klingen, führt aber zu einer entscheidenden Erkenntnis. »Metcalfes Ge-

7 Wir geben zu, dass wir Bill Gates in *Funky Business* manchmal harte Zeiten bereitet haben. Er pflegte zu jener Zeit eine gewisse fachidiotische firmenpolitische Weltsicht, die wir etwas irritierend fanden. Sein jüngstes Werk zwingt uns jedoch zum Umdenken. Seine Menschenliebe zeigt sich großartig und durchdacht.

setz« besagt: Der reale Nutzen der Zugehörigkeit zu einem elektronischen Netzwerk steigt exponentiell mit der Anzahl der Benutzer. Oder einfacher: Zu zweit macht es mehr als doppelt so viel Spaß wie allein.

Und dann sind es drei, vier und so weiter. Wenn diese Netzwerke einmal eine kritische Menge erreicht haben, explodieren sie förmlich. Es geht eine so große Faszination von ihnen aus, dass die Leute nicht widerstehen können. Sie breiten sich unaufhaltsam aus wie Efeu. Handys und das Internet demonstrieren Metcalfes Gesetz in der Praxis. Bemerkenswerterweise hört man heute nur noch selten kritische Stimmen zu diesen beiden Technologien, sofern dies überhaupt je der Fall war. Die maschinenstürmerischen Traditionalisten, die das Internet als Big Brother verdammt haben, sind verstummt – zweifellos haben sich viele bereits selbst angemeldet und surfen gerade irgendwo im Cyberspace. Im Jahr 2007 hat das Internet die Kleingärtnerei als beliebteste Beschäftigung für Pensionäre laut einer Umfrage der AXA-Versicherung in Großbritannien abgelöst. Die Briten blühen vor ihren Bildschirmen auf.

Die verbleibenden Kritiker treffen meist nicht den Punkt. »Setzt mich mit Papier und Stift zusammen mit hundert Leuten an hundert Computern in einen Raum – ich werde trotzdem bessere Texte schreiben als all diese Trottel«, argumentiert der Autor Ray Bradbury und übersieht dabei das kreative Potenzial, das diese Technologie ebenfalls bietet.

Metcalfes Gesetz erklärt, weshalb Computerfreaks ihre Freunde so eifrig bekehren, sich ebenfalls zu vernetzen. Je mehr Menschen erreichbar werden, umso mehr steigt der Wert des eigenen Handys, des eigenen Internetanschlusses oder der Website. Der IT-Unternehmer Martin Varsavsky gründete im Jahre 2005 Fon. Die Idee war, dass alle Mitglieder des Fon-Netzwerkes ihre Router weltweit teilen und auf diese Weise eine freies Breitbandnetzwerk erstellen sollten. Für eine symbolische Schutzgebühr wurde den Mitgliedern ein Router bereitgestellt. ›8‹

8 MOORES GESETZ
+ METCALFES GESETZ
+ COASES GESETZ
= HIERARCHIE
Ruhe in Frieden

Wissenschaftler sprechen in diesem Fall von Netzwerkexternalitäten oder dem Gesetz steigender Skalenerträge. Hier gelten die alten Regeln nicht mehr: Der Wert steigt nicht mit zunehmender Knappheit, sondern er sinkt. Übersetzt bedeutet dies: Wer hat, dem wird noch mehr gegeben. Wer anfänglich Vorteile oder Marktanteile für sich gewinnt, wird später von zusätzlichen positiven Nebeneffekten profitieren. Je bekannter oder verbreiteter Ihr Kundenangebot ist, desto mehr Menschen werden es in Anspruch nehmen wollen. Das bedeutet außerdem, dass früher oder später jemand beginnen wird, das gleiche Produkt, das Sie gerade verkaufen, fast umsonst auf den Markt zu werfen. Er wird es verschenken, um diese Startvorteile für sich zu verbuchen, und schließlich alle anderen ausbooten. Das Gesetz »Geben, um zu verdienen« ist unter den zehn Gesetzen von Kevin Kelly, Gründer des *Wired Magazine*, zu finden, die er in seinem Buch »*The New Rules of the New Economy*« vor ein paar Jahren veröffentlicht hat.

Digitale Träume

Neue Technologie erhöht sowohl die Geburten- als auch die Sterblichkeitsrate. Zeitalter kommen und gehen. Sieger steigen auf und fallen. Immer wieder werden die Fundamente, auf denen unsere Gesellschaft aufgebaut ist, morsch und unsere Grundstrukturen brechen zusammen. Das Alte muss dem Neuen weichen. Als die Schifffahrt zu einem bedeutenden Machtfaktor für die Erringung von Wettbewerbsvorteilen wurde, blühten Städte wie Venedig und Lissabon auf. Später verwandelte die Eisenbahn diese Städte in Touristenattraktionen, während neue Kreuzungspunkte wichtig wurden. Dann kam das Automobil. Dann das Flugzeug. Ebenso wie Petra im Mittleren Osten seine Stellung als führendes Handelszentrum verlor und heute hauptsächlich in archäologischer Hinsicht interessant ist, wird die Digitalisierung manchem ein Ende bereiten und Neues aus der Taufe heben.

Die Informationstechnologie lässt Zeit und Raum schrumpfen. Wir leben in einer immer kleiner werdenden Welt. Der Cyberspace – einst vom Autor William Gibson als »gemeinsame Halluzination« beschrieben – ist zum siebten Kontinent geworden. Wir haben keinen Arbeitsplatz mehr, sondern eine Arbeitswelt – und eine Lebenswelt. Unser schwedischer Verleger hat sein gesamtes Büro von Stockholm nach Mallorca verlegt, um dem Winter zu entgehen. Ein Laptop, ein Drucker und eine Breitbandverbindung ist alles, was er braucht. Dann kommt er mit den Zugvögeln zurück. Die neuen Immigranten werden virtuelle Immigranten sein. Sie werden die Jobs von anderen übernehmen und dabei nicht einmal ihre Gesichter zeigen. Anstelle von Personen werden deren Gedanken und Ideen mobil. Ein ganz neues Ballspiel hat begonnen – mit völlig neuen Regeln. Und die meisten Unternehmen, die sich diesen Regeln nicht anpassen, werden untergehen.

Die Informationstechnologie ermöglicht totale Transparenz. Menschen mit Zugang zu relevanten Informationen beginnen jede Art von Autorität infrage zu stellen. Der dumme, treue und bescheidene Kunde, Angestellte und Bürger ist tot. Wähler stellen die Politiker infrage, Untergebene ihre Manager, Studenten ihre Professoren, Patienten ihre Ärzte, Kinder ihre Eltern, Kunden die Unternehmen und Frauen die Männer. Jeder, dessen Anspruch auf Ruhm auf einem historischen Informationsvorsprung beruht, wird von Individuen, Organisationen und Regionen herausgefordert, die direkten Zugang zu den gleichen Informationen haben. Eine gewaltige Machtverschiebung findet statt. Die Macht gehört nun dem Volk.

Zu dieser Herausforderung kommt es, weil die digitale Welt den Kaiser seiner Kleider entledigt. Sie macht Bill Clinton, General Electrics und die Vereinten Nationen transparent. Und Sie sind ebenfalls transparent. Andererseits bietet die Informationstechnologie die Möglichkeit, anonym zu bleiben. Sie können sich im Internet – wie in einer Cafeteria – eine eigene Persönlichkeit zulegen. Sie können in jede beliebige Rolle schlüpfen. Sie können Mann oder Frau sein, alt oder jung, schwarz oder weiß. Es ist allein Ihre Entscheidung. Doch die Informationstechnologie macht uns nicht unsichtbar. Ganz im Gegenteil. Wir hinterlassen Spuren. Jedes Mal, wenn Sie im Netz surfen, hinterlassen Sie Spuren. Jedes Mal, wenn Sie Ihre Kreditkarte verwenden, hinterlassen Sie Spuren. Jedes Mal, wenn Sie einen Telefonanruf tätigen, hinterlassen Sie Spuren. Diese Spuren lassen sich für viele Zwecke verwenden. Informationen können dazu benutzt werden, Kriminelle oder Kunden zu fangen – Pädophile oder Bibliophile. Ob es uns gefällt oder nicht, wir geben Segmente unseres Selbst preis. Firmen, Organisationen und Behörden können herausfinden, wer ähnliche Spuren hinterlässt. Menschen mit ähnlichen Spuren werden zu unseren binären und imaginären Zwillingen im Cyberspace. Aber auch wir können solche Untersuchungen anstellen.

Durch die totale Transparenz werden außerdem tendenziell all diejenigen aufgespürt und bloßgestellt, die keinen wirklichen Wertzuwachs erzeugen. Die Informationstechnologie bedeutet den Tod des Zwischenhändlers in seiner klassischen Ausprägung. An seine Stelle werden Infohändler treten: Informationsbroker. Die Aufgabe der Infohändler wird darin bestehen, unnötige Akteure in der Wertschöpfungskette auszuschalten und zugleich als Kaufagenten für Kunden und als Vertriebsagenten für Verkäufer zu fungieren. Vielleicht übernehmen ganz neue Akteure diese Aufgabe, oder aber bereits existierende Firmen schlüpfen selbst in diese Rolle. Heutzutage kaufen wir unsere Tickets routinemäßig online bei den Fluggesellschaften. Warum sollten Sie Ihr Geld einem Reisebüro geben? Warum sollten Sie Ihr

Geld einem Großhändler geben? Warum sollten Sie Ihr Geld einer traditionellen Plattenfirma geben? Warum sich an Wiederverkäufer wenden, wenn es elektronische Direktverkäufer gibt?

Zurück auf dem Basar.

Die Informationstechnologie perfektioniert die Märkte. Am Anfang gab es Marktplätze. Wir handelten. Die Menschen tauschten Waren gegen Waren und später Waren gegen Geld. Der Preis wurde zum Informationsträger. Auf dem heimischen Basar standen alle Informationen unmittelbar zur Verfügung. Sie konnten die Tomaten, den Fisch, den Schmuck oder was immer sehen, fühlen und riechen. Aber je komplexer die Produkte wurden und je größer die geografischen Entfernungen, umso spärlicher wurden die Informationen und umso mehr verzögerte sich das Feedback. Unsicherheit breitete sich aus. Der Marktmechanismus wurde problematisch.

Als Reaktion darauf begannen wir Hierarchien aufzubauen und daraus Organisationen zu bilden. Wir erzeugten die Produkte innerbetrieblich, anstatt sie von anderen zu erwerben. Märkte und Hierarchien erfüllen im Wesentlichen dieselbe Funktion – sie regulieren den Austausch zwischen Individuen. In Wirklichkeit sind Firmen nicht mehr als privat geplante Ökonomien. Der Mensch und nicht das Geld koordiniert sie. Sie werden von Plänen, nicht von Preisen regiert. Langfristige Verträge dominieren auf Kosten permanenter Verhandlungen. Mit dem Aufkommen hierarchischer Organisationen wurde es möglich, die Unsicherheit künstlich zu reduzieren. Es funktionierte, zuweilen mit gewaltigen Effizienzgewinnen.

In einer Informationswüste regieren Unternehmen. Nun aber betreten wir einen Informationsdschungel, in dem Informationen wieder jedem zur Verfügung stehen. Wir sind zurück im Basar – allerdings befindet dieser sich heute im Cyberspace, in der vernetzten Nachbarschaft.›9‹

9 Es gibt eine On-Demand-Revolution mit dem Nebeneffekt einer »umgekehrten Schlangenbildung«. Diesmal warten die Unternehmen in der Schlange und nicht die Kunden. Wenn Sie ein solches Geschäft erst mal eröffnet haben, können Sie es nicht mehr schließen – wenn Sie ein Nickerchen machen, haben Sie schon verloren.

Tag für Tag werden die Märkte dank der Informationstechnologie effizienter. Allmählich vernichten die Märkte Hierarchien – sei es in Unternehmen oder in anderen Organisationen. Anstatt alles intern zu produzieren, sind die Betriebe dazu übergegangen, mehr und mehr Produkte vom externen Markt zu beziehen. Anstelle der vertikalen Integration – Aufkauf von Zulieferern und manchmal auch Kunden – geht der neue Trend in Richtung virtueller Integration und realer Dis-Integration.

Die große, fette Katze wird verdrängt von mehreren schlanken, geschmeidigen Kätzchen, die in Netzwerken zusammenarbeiten. Der E-Commerce von Business zu Business ist im Augenblick fünfmal umfangreicher als der E-Commerce von Business zu Kunde. Weltweit umfasst der E-Commerce von Business zu Business ein Umsatzvolumen von etwa 4 Billionen Dollar. Durch einen virtuellen Zusammenschluss mit anderen Spitzenunternehmen können wir Bestände gegen Informationen tauschen. Bei der gigantischen US-Einzelhandelskette Wal-Mart gelangen 97 Prozent der Waren nie in ein Lager. Die Waren gehen direkt vom Hersteller in die Regale und dann an den Kunden. Die digitale Lieferkette operiert in der Echtzeit. Wenn Sie eine Wolljacke von Benetton kaufen, geht ein Impuls durch das gesamte Netzwerk – bis hinab zum Schaf. Von der Registrierkasse wird ein Signal ausgesandt und sofort beginnen die digitalen Dominosteine zu fallen. Schon bald weiß das gesamte Netzwerk, dass es an der Zeit ist, eine neue Jacke zu produzieren. Alle Organisationen sind dazu gezwungen, ihre Operationen in Zukunft elektronisch abzuwickeln. Sie verwandeln ihre Geschäfte in Basare. Speicherplatz kostet nichts.

Die Informationstechnologie betrifft alle und alles. Ihre Konkurrenten sind nie mehr als einen Mausklick entfernt. Die Märkte schlucken Firmen, wo immer Sie auch hinsehen. Alle Organisationen basieren heute auf Informationsverarbeitung – ob Schulen, das Rote Kreuz, die Gewerkschaften, die französische Fremdenlegion, Rockgruppen oder Betriebe. Wir alle werden vernetzt.[>10<] Der einzige Unterschied besteht darin, dass einige gut sind in der Verwertung der Informationstechnologie und andere schlecht. Schon gibt es große geografische Unterschiede – vor nicht allzu langer Zeit kamen in den USA auf 100 Arbeiter 63 PCs – in Japan dagegen nur 17.

10 Doch die mobile Revolution ist drahtlos.

Der Manager einer großen Baufirma sagte uns kürzlich: »Das Internet ist das Beste, was der Bauindustrie seit der Erfindung des Krans passiert ist.« Eine Baufirma wird dadurch in die Lage versetzt, die Arbeit vollkommen neu zu organisieren. In der Tat befähigt und zwingt uns die Informationstechnologie – wie später noch auszuführen sein wird –, unsere gesamten Operationen neu zu organisieren und neue Konzepte zu entwickeln. Innerhalb von gerade einmal fünf Jahren hat sich das Internet von einer problembehafteten Lösung in ein Instrumentarium verwandelt, das eine völlig neue Geschäftslogik ermöglicht. Als Verkäufer können wir einen größeren Markt erreichen – da draußen ist die Welt und wartet auf uns im Cyberspace. Doch damit nicht genug: Die Vertriebskosten lassen sich drastisch reduzieren, wenn anstelle von Atomen nur noch Bits bewegt werden. Denken Sie nur an digitale Tageszeitungen oder Computerspiele. Als Kunden kommen wir nicht nur in den Genuss niedrigerer Preise, auch Bequemlichkeit und Auswahl steigen. Wenn Sie den im Cyberspace verfügbaren Produktkatalog des Buchhändlers Amazon.com ausdrucken würden, erhielten Sie ein Paket im Umfang von 14 New Yorker Telefonbüchern. Neben dem Komfort und den niedrigeren Preisen profitieren wir auch von einem besseren Service – sofortiges Feedback und Empfehlungen von Produkten, die andere Kunden mit ähnlichem Geschmack erworben haben. Amazon handelt nicht mit den Produkten – nur mit der Information und der Bezahlung. (Versuchen Sie es mit deren Programm Pro Merchant.)

Wir befinden uns mitten in einer Bewegung von der Revolution zur Relevanz. Aber Revolutionen brauchen Zeit. Aus einer Untersuchung von Paul David an der Stanford University wird ersichtlich, dass es 20 Jahre dauerte, bis die Fabriken von der Einführung des Elektromotors profitierten. Und der Ökonom Alfred Marshall stellte bereits vor mehr als einem Jahrhundert fest: »Die ganze Tragweite einer Epoche machenden Idee wird der Generation, in der sie aufkam, häufig noch nicht bewusst. Eine neue Entdeckung ist selten sofort effektiv für praktische Zwecke einsetzbar. Meist müssen zuvor noch viele kleinere Verbesserungen und zusätzliche Erfindungen hinzukommen.« Der Wandel findet nicht über Nacht statt. Aber er wird stattfinden. Wann? Professor Michael Hawley im Media Lab vom Massachusetts Institute of Technology (MIT) meint dazu: »Wenn Computer so unverzichtbar wie Unterhosen, so sexy wie Reizwäsche und so absorbierend wie Pampers geworden sind, dann sind wir angekommen. Nun sind wir hier: YouTube, MySpace, SecondLife – das Ergebnis wird eine große Umwälzung sein.« Wir glauben zu wissen, was er meint, aber vielleicht dauert es doch etwas länger.

Eines jedoch ist sicher: Die »Infostruktur«, das elektronische Nervensystem einer Firma, wird wichtiger werden als die Infrastruktur. Organisationen mit mangelhaften Infostrukturen werden aussehen wie 65-Jährige, die in Abendgarderobe und mit Stöckelschuhen am olympischen Marathonlauf teilnehmen.

Institutionen: Remake der Mausoleen

Die zweite treibende Kraft der Veränderung kommt von den Institutionen. Institutionen sind vertragliche Arrangements oder Vereinbarungen, die Menschen in politischen Parteien, Ehen, Nationen, Familien oder anderen Gruppierungen miteinander verbinden. Die Institutionen sind das schlummernde Fundament unserer Welt. Sie verkörpern die ge-

> **11** Erinnern Sie sich daran, was wir weiter vorne zur anonymen Organisation des Kapitalismus gesagt haben?

sellschaftlichen Strukturen, die wir aufbauen, um Stabilität und Verlässlichkeit zu gewährleisten. Die Institutionen ruhen in großen Mausoleen, während wir geschäftig durchs Leben gehen. Sie strahlen eine Art zeitloser Permanenz aus. Unberührt und anscheinend unantastbar existieren sie. Und weil sie existieren, spielen sie auch eine Rolle.[11]

Ursprünglich war es Aufgabe der Institutionen, bestimmte Vorgänge zu vereinfachen. Starke und stabile Institutionen beschränken unsere Freiheiten. Dadurch wird die Unsicherheit reduziert. Wir sind frei, aber innerhalb klar umrissener Grenzen, die von unseren Institutionen errichtet wurden. Institutionen fungieren als Stabilisatoren – wie Grautöne, die helle Farben dämpfen. Auch wenn Institutionen von außen betrachtet träge wirken, entwickeln sie sich beständig. Sie verändern sich vor unseren Augen. Sie erwecken den Anschein schlafender Riesen, doch sobald wir ihnen den Rücken zuwenden, wälzen sie sich im Schlaf herum und nehmen nie wieder ihre vorherige Position ein.

Der Augenschein kann trügen.[12] Verwirrenderweise geben sich Institutionen häufig den Anschein, älter zu sein, als sie eigentlich sind. Business Schools präsentieren sich zum Beispiel gerne als alt und ehrwürdig, um den Eindruck von Dauerhaftigkeit zu erzielen. Ein paar Efeuranken am Gebäude – und schon sind sie selbst und andere davon überzeugt, dass sie bereits seit Anbeginn der Zivilisation existieren.

12 Denken Sie an die pensionierten Surfer und Hacker. Und doch hat sich das Zeitalter der Errungenschaften paradoxerweise in das Zeitalter des Aussehens verwandelt. Die Gesellschaft ist zunehmend oberflächlich. Früher war wichtig, was man gemacht hat. Heute ist wichtig, wie man aussieht. Paris Hilton ist nicht für den Aufbau einer Hotelkette berühmt, sondern dafür, dass sie Paris Hilton ist.

Institutionen sind nicht gerade für ihre kreativen oder unternehmerischen Fähigkeiten bekannt, aber auch sie verändern sich. Sie müssen. In einer vernetzten Welt, in der Wissen einfach von Menschen und Orten abgetrennt werden kann, hängt die Wettbewerbsfähigkeit davon ab, wer über das beste System und das günstigste institutionelle Umfeld verfügt. Der Erfolg hängt davon ab, ob ein fruchtbarer Boden für die Entwicklung und Nutzung von Wissen vorhanden ist; eine Umgebung, in der Ideen entstehen, ausprobiert, umgesetzt und ausgebeutet werden können.

Wenn sich neue Institutionen entwickeln, wenn es sogenannte institutionelle Innovationen gibt, dann ändert sich unser Leben. Diese Veränderungen sind nicht so offensichtlich wie ein schönes neues Stück Technik, das Einzug in unseren Haushalt hält. Institutionen werden uns – noch – nicht hübsch verpackt und mit Markennamen ins Haus geschickt und sie versprechen uns nicht, unsere Arbeit zu halbieren. Aber denken Sie an die Veränderungen, die im Augenblick in einigen großen Institutionen im Gang sind und unser tägliches Leben beeinflussen.

Die Institution des Kapitalismus

Auf der Makroebene gibt es institutionelle Experimente im Überfluss. Der Kommunismus war beispielsweise ein institutionelles Experiment, das vor dem technologischen Fortschritt und einem Wandel der Werte kapitulieren musste. Die Veränderung ist für Gesellschaften, die nach Fünfjahresplänen funktionierten, ein schwieriges Unterfangen. In einer Gesellschaft, in der Kapital mit einem Fluch belegt ist, ist es schwierig zu vermitteln und zu ermessen, was intellektuelles Kapital bedeutet.

Es wäre ein Leichtes, nach dem Niedergang des Kommunismus den Kapitalismus zum Sieger im Kampf der institutionellen Experimente zu erklären. Der Triumph könnte verfrüht sein, denn heute gibt es mehr als eine Form des Kapitalismus. In Wirklichkeit gibt es verschiedene *Kapitalismen.* Diese Kapitalismen basieren zwar auf denselben Prinzipien, dennoch unterscheiden sie sich. Selbst eine scheinbar noch so felsenfeste Institution ist nur auf Treibsand gebaut.

Zunächst einmal gibt es die europäische Version des sozialliberalen Kapitalismus mit einem relativ starken Staat, der eingreifen kann und wird. (Tu, was du willst, bis zu einem bestimmten Punkt.) Dann gibt es den nordamerikanischen Kapitalismus des freien Marktes mit minimaler Intervention. (Tu, was du willst.) Einen dritten Typus finden wir im ostasiatischen kollektiven Kapitalismus, der auf Vertrauen und einem sehr starken Staat basiert. (Wir alle wissen, was wir tun, und die Regierung weiß es auch.) Eine letzte Variante ist der räuberische Kapitalismus oder die *Kleptokratie,* die augenblicklich in manchen ehemaligen Mitgliedstaaten der UdSSR und in einigen Teilen Lateinamerikas zu finden ist. (Tu, was ich will, oder ich erschieße dich.)>13<

13 Seit wir dies das erste Mal geschrieben haben, haben wir gesehen, wie Muhammad Yunnus den Friedensnobelpreis für seinen Neo-Bankierismus erhalten hat. Man gebe ihnen nur ein wenig von dem, was sie brauchen, und sie werden Kapitalisten werden.

An diesem Punkt könnte man in der Tat zu dem Schluss gelangen, dass die angebliche robuste Gesundheit des Kapitalismus ein reines Hirngespinst ist. Schließlich haben gerade in den letzten Jahren eine Reihe von Unruhen in großen Unternehmen beträchtliche Schäden angerichtet; außerdem gab es die Asienkrise, und auch in Russland ist der Übergang zur Marktwirtschaft nach wie vor problematisch.

Doch wir setzen darauf, dass der Kapitalismus robust ist. Er wird fortbestehen. Aber die Veränderungen, deren Zeugen wir jetzt werden, sollten und dürfen nicht unterschätzt werden. Der Kapitalismus erfindet sich selbst neu; er führt eine Revolution von innen durch. Revolutionen sind nicht nach einem Tag oder einer Nacht vorbei, sie rumoren immer weiter – vergleichbar einem Film, der unendlich viele Folgen hat. Auf die *Revolution* folgt *Revolution II,* dann *Revolution III* ad infinitum. Anders als in der Filmwelt muss jede Folge die vorhergehende wieder außer Kraft setzen. Es ähnelt mehr *Der Pate* und *Der Pate II,* also einem der seltenen Fälle, in denen die Neuverfilmung die Vorlage übertraf, ähnlich wie bei *Rocky* und *Rocky II.*

Der Nationalstaat

In *Macht der Triade* (1985) argumentiert Kenichi Ohmae, dass Länder eigentlich nichts weiter als Schöpfungen von Regierungen sind. In der entstehenden »verknüpften Ökonomie«, die Ohmae prophezeit, werden Kunden nicht mehr durch nationale Gefühle zum Kauf von Produkten getrieben – unabhängig davon, was Politiker vorschlagen oder sagen. »An der Registrierkasse kümmert sich niemand um Ursprungsort oder Wohnsitz. Niemand denkt dort an Arbeitslosenzahlen oder Handelsdefizite«, schrieb Ohmae.>14<

14 Erinnern Sie sich an die auflaufende Tsunami des Billigen.

Ohmae hat recht. Der Nationalstaat ist kein relevanter Faktor für Marktanalysen mehr. Die Studenten, die Prospekte von Business Schools auf der ganzen Welt sammeln, beschränken sich nicht auf bestimmte Nationalstaaten, sie interessieren sich gar nicht dafür. Für die Großverdiener von morgen ist es irrelevant, ob sie in Schweden, Italien, Deutschland, Taiwan, Argentinien, Island, Australien oder Südafrika studieren.>15<

15 Transparenz ermöglicht eine wirkliche Leistungsgesellschaft.

Ihre Entscheidung basiert allein darauf, wo ihnen das beste Programm geboten wird. Nicht mehr und nicht weniger. Sie wählen nach den gängigen stereotypen Kriterien aus – wo gibt es die hübschesten Mädchen und Jungs, die schönsten Strände, die billigsten Bars und die faulsten Klassen? Vielleicht lachen Sie jetzt, aber denken Sie einmal darüber nach, dass die-

se Kriterien – mit Ausnahme des letzten – möglicherweise zu den wenigen Faktoren gehören, die einer Region in Zukunft reale Wettbewerbsvorteile verschaffen.

Multinationale Unternehmen denken nicht mehr in der Kategorie des Nationalstaats. Der Möbelhändler Ikea wird mit den besten Zulieferern arbeiten, wo immer diese auch sind. Warum sollten Sie eine Niederlassung in Finnland, eine in Norwegen und eine in Schweden haben? Ein skandinavisches Büro genügt doch. Warum sollten Sie Niederlassungen in Österreich und in Deutschland haben? Eine Niederlassung für den deutschsprechenden Teil Europas ist ausreichend. Andere Faktoren wie Sprache, Kultur, Alter, Klima, Geschlecht, Lebensstil, sexuelle Vorlieben oder was auch immer sind viel relevanter.

Der Untergang des Nationalstaats ist untrennbar mit dem Aufstieg der Internationalisierung als Wachstumsfaktor in der Wirtschaft wie anderswo verknüpft. Institutionell gesehen durchlaufen wir eine Periode der Globalisierung nie zuvor gesehenen Ausmaßes. Dieses eine Mal stehen Propaganda und Realität in Einklang miteinander. Ob im Rahmen der Europäischen Union, der Nordamerikanischen Freihandelszone oder unter den Ländern des Asiatisch-Pazifischen Wirtschaftlichen Zusammenschlusses – wichtige Entscheidungen werden auf übernationaler Ebene gefällt. Wir bauen Superstrukturen auf. Leider gibt es kaum Beweise dafür, dass diese Superstrukturen effizient sind. Vielleicht ist dies der Grund, warum die meisten modernen Unternehmen diese Lösung bereits wieder aufgegeben haben. Die Vereinten Nationen waren lange ein machtloses Instrument. Die Europäische Union agiert wie eine ehrgeizige Firma aus den 70er- und 80er-Jahren – sie will alles und überall regeln, mit dem Ergebnis, dass ihr nichts zufriedenstellend gelingt.

Aus ökonomischer Sicht gibt der Nationalstaat die Zügel der Macht aus der Hand. Wir leben in einer globalen Wirtschaft. Die heutigen Märkte sind virtuell und international, nicht mehr national. Informationen kennen keine Grenzen. Auf der Makroebene lassen sich die Probleme und Chancen der Menschheit nicht mehr lokal definieren. Arbeitslosigkeit ist kein holländisches Problem, auch kein französisches. Umweltschutz ist keine Aufgabe für Deutschland oder die Türkei. Nationale Bemühungen in diesen Bereichen sind zwar löblich, gleichen aber unweigerlich Erste-Hilfe-Maßnahmen, wo tatsächlich ein radikaler chirurgischer Eingriff erforderlich wäre.

Bezüglich dieser globalen Themen ist der Nationalstaat eine viel zu kleine Einheit, um sinnvolle Entscheidungen zu treffen. Arbeitslosigkeit, Umweltverschmutzung, Armut und andere Themen erfordern umfassendere Organe, in denen weitreichendere Entscheidungen getroffen werden können.

Und nun kommt das Paradox: Während der Nationalstaat auf der einen Seite zu klein ist, ist er für bestimmte Belange zu groß. In wachsendem Maße scheint der Nationalstaat unfähig – manchmal auch nicht willens –, uns bei unseren kleinen Problemen zu helfen. Was ist mit der Schule meiner Kinder los? Wer kümmert sich um die Pflege meiner Großmutter? Kann der Nationalstaat mir helfen? Der Nationalstaat scheint irgendwo in der Mitte dieser beiden Ebenen gefangen: zu klein, um die großen Fragen zu lösen – zu groß, um bei den kleinen Problemen Abhilfe zu schaffen.

Politische Parteien

Politische Parteien sind im Grunde Institutionen, die auf Idealen gründen. Die meisten modernen Parteien, von links bis rechts, sind ursprünglich als Gruppierungen mit einer einzigen Stoßrichtung und Ideologie angetreten, um die Welt zu verändern. Mit der Zeit entwickelten sie sich dann zu Meinungskonglomeraten, die sich mit dem Gesundheitssystem, dem Schulsystem, der Gesetzgebung, dem Rentensystem, dem Militärdienst et cetera auseinandersetzen mussten. Das Problem ist, dass die Menschen nicht mehr einer einzigen, in sich schlüssigen Weltanschauung anhängen. Es wäre vielleicht sinnvoller, wenn wir alle zehn Stimmen hätten, die wir auf eine Reihe von Parteien verteilen könnten, denn sie alle haben gute und schlechte

Ideen. Bestrebungen, eine unflexible politische Kohärenz herzustellen, stehen nicht in Einklang mit unserer zersplitterten und zusammenhanglosen Wahrnehmung und Erfahrung der Welt. Die Folge ist, dass die Meinungskonglomerate der Parteien ihre Legitimation verlieren und nur noch Verachtung und Geringschätzung ernten.

Damit nicht genug: Die politischen Parteien sind zudem Gefangene einer geografischen Falle. Sie sind national organisiert. Doch wie können sie in einer globalen Welt Entscheidungen fällen, die internationale Kapitalmärkte betreffen, multinationale Firmen und globale Superspezialisten? Anstatt darauf zu hoffen, dass die Europäische Union und die Vereinten Nationen alle diese globalen Probleme in Angriff nehmen, und auf jedes globale Führungsvakuum mit der Forderung nach mehr Macht für diese Institutionen zu reagieren, sollten wir unseren Lösungsansatz noch einmal gründlich überdenken. Vielleicht wäre es eine sinnvollere Alternative, ein Vereintes Unternehmertum zu gründen. Schließlich wurde die UN zu einer Zeit ins Leben gerufen, als der Nationalstaat noch ein mächtiges und relevantes Instrument war. Heute regieren Unternehmen die Welt. Das muss seinen Niederschlag in den Institutionen finden, die Einfluss und Kontrolle über sie haben sollen. Selbst der Gönner und ultimative Befürworter eines schrankenlosen globalen Superkapitalismus, George Soros, äußerte dazu ähnliche Ideen.

Die neuen politischen Institutionen sind themen- und problemorientiert – und sie sind global. Dazu gehören zum Beispiel Organisationen wie Greenpeace und Amnesty International. Schwierig wird es für sie dann, wenn sie versuchen, eine breite Akzeptanz in der Bevölkerung zu erreichen. Die Grünen in Deutschland hatten zum Beispiel damit zu kämpfen, eine Partei mit einem breitgefächerten Themenspektrum zu werden. Anstatt sich als pointierte externe Provokateure zu profilieren, mussten sie sich unweigerlich anpassen und endeten als zahnloser Tiger. Wie Sir Winston Churchill ausführte, »formen wir zuerst unsere Strukturen und dann formen die Strukturen uns«.

Das ewige Unternehmen

Die bürokratische Firma ist tot. Sie ist zu klein für eine effektive Ausbeutung und zu groß für wirksame Experimente. Wie wir später noch sehen werden (siehe Funky Inc.), werden und müssen die Unternehmen nach vollkommen

Atrium-Neid.

neuen Kriterien umgebaut werden. »Viele Firmen müssen sich selbst neu erfinden. Dabei ist es nicht damit getan, bereits Vorhandenes zu ändern, sondern es gilt etwas noch nie Dagewesenes zu schaffen. Ein Schmetterling ist nicht einfach eine bessere Raupe, sondern ein völlig anderes Geschöpf. Eine Neuschöpfung erfordert eine Fülle kontinuierlicher Metamorphosen dieser Tragweite über einen bestimmten Zeitraum«, sagt der amerikanische Unternehmensberater und Hochschullehrer Richard Pascale.

Den Kernsatz dieser Neuerfindung bildet die Erkenntnis, dass Firmen nicht für immer und ewig existieren sollten und müssen. In der Vergangenheit wurde der Erfolg einer Firma an nichts so sehr gemessen wie an ihrer Fähigkeit zu überleben.

Es gibt viele 80 Jahre alte Menschen, die ein mühseliges und unproduktives Leben gelebt haben, und viele Menschen, die jung sterben, deren Leben aber voller Aufregung und Spitzenleistungen war. Gleiches gilt für Unternehmen. Früher herrschte die Meinung, dass Dauerhaftigkeit immer positiv ist. Daraus erklärt sich, warum die Unternehmen derart riesige Zentralgebäude errichten. Je größer, desto besser; je tiefer die Fundamente und je höher die Türme, desto besser die Firma. In dieser Welt ist die Größe des Atriums sehr wichtig. Der Neid auf das Atrium des anderen geht um.

16 Immer wieder stellt sich heraus, dass die Unternehmen die Weichen nicht richtig stellen. W. Chan Kim und Renée Mauborgne unterstreichen in ihrem Bestseller *Blue Ocean Strategy*, dass ganze Industriezweige verschwinden. In seinem Buch *Sweet Spot* meint der Absatzspezialist Arun Sinha: »Laut Experten wird die Hälfte aller S&P-500-Unternehmen das Jahr 2020 nicht erleben. Die Beratungsfirma McKinsey & Company hat bis in das Jahr 1935 zurückrecherchiert und herausgefunden, dass die Hälfte aller S&P-500-Unternehmen nach jeweils 20 Jahren wieder verschwunden war.«

Langlebigkeit gilt als attraktiv, weil Leben besser ist als Sterben. Das ist ein nettes Argument, aber nicht sehr überzeugend. Doch nach wie vor gelten Firmen, die schon lange existieren, als besonders vertrauenswürdig. Wenn es sie schon so lange gibt, dann muss ja was Gutes dran sein. Arie de Geus zitiert in *Jenseits der Ökonomie* eine niederländische Umfrage zur Lebenserwartung von Firmen in Japan und Europa. Die durchschnittliche Lebenserwartung für alle Firmen betrug 12,5 Jahre.

»Die durchschnittliche Lebenserwartung multinationaler Unternehmen – die zum Beispiel bei *Fortune 500* aufgeführt werden – liegt zwischen 40 und 50 Jahren«, stellt de Geus fest und bemerkt, dass ein Drittel der 1970 in *Fortune 500* aufgelisteten Firmen 1983 bereits verschwunden waren. De Geus zufolge ist diese Sterblichkeitsrate darauf zurückzuführen, dass die Manager sich mehr auf Profitmaximierung als auf die menschliche Gemeinschaft konzentriert haben, aus denen ihre Organisation besteht. Wenn Sie die Bedeutung dieses Satzes erfasst haben, haben Sie den Jungbrunnen gefunden.[16]

Was aber, wenn de Geus mit seiner Forderung, Firmen sollten nach dem ewigen Leben streben, gänzlich falsch läge? Größe ist vergänglich und für Unternehmen wird sie noch vergänglicher werden. Das höchste Ziel eines Unternehmens, eines Künstlers, eines Athleten oder eines Börsenmaklers könnte auch darin bestehen, sich über einen kurzen Zeitraum in einem exzessiven Rausch der Wertschöpfung zu verausgaben anstatt ewig dahinzuleben. Überraschenderweise haben die Orte mit den höchsten Wachstumsraten und den fantastischsten Erfolgsgeschichten, wie etwa Silicon Valley und der IT-Sektor von Houston, auch eine extrem hohe Firmensterblichkeit.

Für die Unternehmen bedeutet dies, dass eine Firma auch leichter auf dem Müllhaufen der Geschichte landet – dass sie nichts weiter als eine Art Camp für nomadisierende Individuen ist, die weiterziehen, um neuen Menschen zu begegnen und sich neuen Herausforderungen zu stellen. Vielleicht sollten wir uns, wie Sir Paul McCartney sagt, nach der Devise richten: »Leben und sterben lassen«.

Die Wegwerf-Firma ist kein neues Phänomen. Zu den ersten uns bekannten Unternehmen gehörten die alten Segelschiffe, die von Ober- nach Unterägypten fuhren, um Gold, Diamanten und Sklaven zu holen. Die Menschen investierten in diese Schiffe, und wenn sie erfolgreich zurückkehrten, strichen die Investoren und die Crew das Gold ein. Nach der Reise hörte dieses spezielle Unternehmen dann auf zu existieren. Die Geschichte wiederholt sich. Seien Sie also nicht überrascht, wenn es sich in der Zukunft mehr lohnt, ein reinkarniertes Insekt zu sein als eine 300 Jahre alte Schildkröte. Die Firma mit Zukunft, ob kurzlebig oder nicht, ist eher energiegeladen als auf die Ewigkeit ausgerichtet. Hören Sie auf die kanadische Rocklegende Neil Young: »Es ist besser auszubrennen als dahinzuwelken.«[17]

17 Natürlich hat sich gegen alle Erwartungen herausgestellt, dass Neil Young ein großer Überlebenskünstler ist. Seine Arbeit und die Kanäle für seine Arbeit haben sich mit der Technologie und der Zeit weiterentwickelt. Hut ab vor Neil.

Die Familie

Eine mystische Aura umgibt die Idee der Familie – ein rosiger Schimmer des Wohlbehagens. Die Familie ist der mütterliche Busen. Die zuckersüße Sentimentalität der Waltons – Vater und Mutter, die stolz auf ihre Kinder

blicken. Sie bietet eine ausgeglichene und kultivierte Atmosphäre voll Wärme und Unkompliziertheit – unbefleckt von aller Realität.

Die häusliche Realität sieht allerdings ganz anders aus als die süßlichen Gefühle, die uns Werbung und Medien suggerieren. Egal wie intelligent, glücklich und kultiviert die Mitglieder einer Familie auch sein mögen – Familien sind ihrem Wesen nach dysfunktional. Die Frage ist lediglich, wie dysfunktional.

Es gibt kaum Zweifel darüber, dass die traditionellen Vorstellungen über die Wesensmerkmale einer Familie zusammenbrechen. Die Scheidungsraten schießen raketenartig in die Höhe, und viele junge Leute heiraten überhaupt nicht mehr – sie leben allein oder ohne Trauschein zusammen. Die Dinkies (Double Income No Kids = doppeltes Einkommen, keine Kinder) sind im Kommen. Wie es aussieht, könnte die Familie schon bald zu einem Luxusartikel werden. Glücklich verheiratete Paare mit 2,5 glücklichen Kindern (einem Hund und einem hübschen Haus mit Gartenzaun) werden die Ausnahme sein – ungewöhnliche Archetypen eines verblassenden Ideals. Auch wenn Gesetze und Regelungen dies nicht immer widerspiegeln, sind Mehrfachehen, Dreierkonstellationen etc. für viele bereits Realität. Viele Kinder wachsen ohne stabile, dauerhafte Beziehungen auf. Sie haben vielleicht zwei Väter und drei Mütter. Zwei ihrer Brüder haben einen anderen Vater und ihre Schwestern haben ganz andere Eltern. Und dann erwarten wir von ihnen, ihr ganzes Leben lang für nur eine Firma und einen Chef zu arbeiten!

Und wenn die Menschen sich doch in Familien zusammenschließen, verbringen sie längst nicht mehr so viel Zeit miteinander wie früher. In den 60er-Jahren sprach der durchschnittliche US-Vater 45 Minuten pro Tag mit seinen Kindern. Heute sind es nur noch 6 Minuten.

Wir wachsen mit bestimmten Wertvorstellungen auf. Frühere Generationen haben diese Grundsätze genannt und erzählen den jüngeren Generationen gerne, dass es keine Grundsätze mehr gäbe. Aber in Wirklichkeit haben sich die Grundsätze nur geändert. Wenn es jedoch um die Familie geht, werden wir noch immer an den alten Maßstäben gemessen. Wir halten uns selbst für Versager. Wir hegen den bohrenden Verdacht, dass wir wider alle Vernunft zu viel vom Leben erwarten. Vielleicht aber ist daran nichts Falsches. Vielleicht sind wir einfach nur anders.

Werte: Vom Teleskop zum Kaleidoskop

Die letzte der drei treibenden Kräfte ist das Wertesystem. Ob zum Guten oder Schlechten, Werte beeinflussen die Gesamtheit unserer Gedanken und Taten. Werte bestimmen unser Verhältnis zur Arbeit, zu Technologien und Menschen. Werte beeinflussen unsere Werke und Handlungen. Werte sind ungeheuer machtvoll, omnipräsent und von Ort zu Ort und von Person zu Person sehr verschieden. Werte schaffen Einheitlichkeit oder Konflikte. Aber Werte ändern sich auch – langsam, sehr langsam.

Arbeitsethik

Kapitalismus und Christentum sind eng miteinander verbunden. Der Kapitalismus in seiner heutigen Form ist undenkbar ohne die protestantische Revolution, die in einer neuen Arbeitsethik mündete. Schon die Benediktiner sagten, wir sollten beten und arbeiten – *ora et labora* auf Lateinisch. Arbeit war ein Wert an sich, ein Akt der Huldigung, der den Geist läuterte und zur Demut erzog.

Die Quintessenz dieser Auffassung lautet, dass der tatsächlichen Art der Arbeit keine große Bedeutung zukommt. Arbeit ist an und für sich gut. Auch wenn Sie zwölf Stunden an einer Maschine stehen und immer die gleichen monotonen Handgriffe ausführen, ist die Arbeit gut. Der Akt der Arbeit selbst ist etwas Gutes; deshalb möchten und müssen Sie arbeiten. Luthers Edikt produzierte unzählige Generationen selbstmotivierter Arbeiter. Sie wollten arbeiten, weil Arbeit der Weg zur Besserung war.

Wenn Sie sich anderswo auf der Welt umsehen, werden Sie feststellen, dass dort andere Wertesysteme als im Westen herrschen. Während die Arbeit der Dreh- und Angelpunkt der westlichen Welt war – und die Basis unserer ursprünglichen industriellen Vorrangstellung –, brachte der Osten seinen eigenen Luther hervor: Konfuzius. Luther verehrte die Arbeit, Konfuzius verehrte die Weisheit. Im Fernen Osten beginnen viele Menschen schon, Geld für die Ausbildung ihrer Kinder zu sparen, bevor sie überhaupt einen Partner gefunden haben. Im Osten steht Weisheit über allem.

In den östlichen Volkswirtschaften glauben viele Leute sowohl an Buddha als auch an Konfuzius. Der Buddhismus steht für horizontale Solidarität und der Konfuzianismus propagiert die vertikale Unterordnung. Was für die meisten im Westen ein klassisches Paradox wäre – gleichzeitig horizontal und vertikal ausgerichtet zu sein –, ist für diese Menschen das Normalste auf der Welt. Fügen Sie dieser Mischung noch ein wenig Kapitalismus hinzu, um ihr eine Richtung zu geben, und Sie erhalten eine höllische Maschine, die sich mit Lichtgeschwindigkeit fortbewegt. Setzt man den Kommunismus obenauf, dann erhält man eine andere Art von Höllenmaschine – nur allzu viele Leute können dies bezeugen.

Werte sind verschieden. Die chinesische Wirtschaft basiert auf der Idee des Vertrauens – *Guanxi* –, ein starker und kostengünstiger Ersatz für Verträge und Anwälte. Diese Vorstellung erstreckt sich auch auf die Übersee-Chinesen, die zu kooperieren versuchen, wo immer sie sich befinden. Sie haben auf diese Weise ein globales Netzwerk errichtet, in dem Wissen und Kapital, Waren und Dienstleistungen frei fließen. Auf welche Geschäfte würden Sie sich einlassen, wenn Sie keinen Vertrag hätten? Wenn wirklich die Vertrauensfrage gestellt würde, wie vielen Kollegen, Zulieferern und Kunden würden Sie dieses entgegenbringen?

Werte sind verschieden. In Japan werden Roboter nach berühmten Sängern benannt. Wie viele von Ihnen arbeiten schon mit einer Madonna zusammen? In Japan verstehen die Gewerkschaften unter einem Streik eine einstündige Arbeitsniederlegung während der Mittagspause. Da die Firma gleichzeitig die Familie ist, überlagern sich die Ziele von Arbeitgebern und Arbeitnehmern. Ein Streik während der Arbeitszeit wäre aus diesem Grunde kontraproduktiv, denn man würde sich dann selbst bestreiken.

Muhammad Yunus, der Bankier der Armen, stellt heraus, dass das Banker-Wort »Kredit« sprachlich eigentlich »Vertrauen« bedeutet. Doch die Banken scheinen nur wenig Vertrauen zu zeigen, wenn sie von Ihnen verlangen, dass Sie alle Sicherheiten hervorkramen, ehe Sie für kreditwürdig erachtet werden. Werte sind verschieden.

Fusion im globalen Dorf

Heute haben die Werte ihre eigenen geografischen Grenzen gesprengt. Früher waren Wertesysteme an bestimmte Orte gebunden. In unserem Teil der Welt stand einst die Kirche mitten im Dorf und hatte ein Monopol über die lokalen Werte. Heute steht nicht weit von der Kirche auch eine Moschee. 1970 lebten in Schweden etwa 10.000 Muslime. Heute sind es mehr als 350.000. Wir sind ständig mit den unterschiedlichsten Werten konfrontiert. An die Stelle von Mutmaßungen ist die Notwendigkeit von Entscheidungen getreten. Wir müssen wählen. Wollen wir in die Kirche oder in die Moschee gehen? Wodurch unterscheiden sich die Wertvorstellungen beider?

Das Ergebnis ist oft nicht so eindeutig wie früher. Heute glauben wir vielleicht an Gott, nähern uns aber gleichzeitig anderen Kulturen und Werten an. Der Schauspieler Richard Gere bekennt sich zum buddhistischen Glauben und durchläuft zugleich eine erfolgreiche Karriere in der gewiss nicht buddhistischen Sphäre von Los Angeles. In unserem Innern sind wir konsistent, aber unser Verhältnis zu Institutionen und äußeren Werten besteht aus einem verwirrenden Nebeneinander.

Labradudel.

Die neue Realität spiegelt sich in der Zusammensetzung von Managementteams und Fußballmannschaften wider; in den Waren, die wir kaufen, in unserer Ernährung (Thai-Hühnchen auf Pasta mit Tomatenketchup), in unserem Lebensstil und unserer Identität. Kulturen, Geschmacksrichtungen, Erfahrungen prallen aufeinander und bilden ein Sammelsurium von Werten. Bollywood trifft auf Hip-Hop mit einem Schuss Frank Sinatra. Die reinste Kreuzungsmanie.›18‹

18 Auffällig auch die legitimierten Hundekombis. Denken Sie nur an den Labradudel – die bellende, frohe Kombi aus Labrador und Pudel.

Fusion wird oft vorschnell mit Konfusion gleichgesetzt. Doch beides ist nicht dasselbe. Japanische Lebensanschauungen können gut mit westlichen Philosophien harmonieren. Amerikanische Unternehmen können in Japan erfolgreich sein. Aber Erfolg wird nur denjenigen beschert sein, die offen und feinfühlig gegenüber anderen Wertesystemen sind. Denn der Wettbewerb ist heute global und basiert auf Werten.

Wo Werte zu neuen leistungsstarken Fusionen kombiniert wurden, die nationale Grenzen sprengen, werden alte Vorurteile vom Tisch gefegt. Es gibt keine einfachen und allgemeingültigen Antworten auf die Frage nach dem Wert von materiellem Besitz versus Wissen, nach richtig oder falsch, gut oder böse. Die Fragen bleiben, aber die Antworten sind verschwommener geworden. Zum ersten Mal in der Geschichte stehen Menschen aus den verschiedensten Teilen der Welt – mit unterschiedlichen Vorstellungen darüber, was, wie Sokrates es nannte, ein »gutes Leben« sei – miteinander im Wettbewerb. Individualisten gegen Kollektivisten. Angstmacher gegen Angstnehmer. Alle gegen alle.

Geistige Leere

Hinter all diesen Bemühungen tut sich ein gigantisches geistiges Vakuum auf. Willkommen im Zeitalter des Erscheinungsbildes. Unser Planet wird paris-hilton-ifiziert. Der Sinn des Lebens hat der Bedeutung *light* Platz gemacht. Ein Dunstschleier liegt über der Welt und erfüllt uns mit Zweifeln. Wir sind keine Pilger mit eindeutiger Mission mehr, die in einer klar strukturierten Umgebung leben. Stattdessen sind wir umherschweifende Vagabunden auf der Suche nach Wer-weiß-was.

Dieser Trend tritt in einem Land wie Schweden besonders deutlich zu Tage. Der schwedische Wohlfahrtsstaat galt als der beste der Welt und doch wird Schweden nun von einem Land nach dem anderen überholt. Vielleicht ist es an der Zeit, unsere Grundüberzeugungen zu hinterfragen und neu zu bestimmen, welche Werte in einer Informationsgesellschaft ohne Grenzen nach wie vor gültig sind. Gute Freunde sind für 18-jährige Skandinavier wichtiger als ihre Familien oder Lehrer.

Ist dies das Ende der Religion? Gehören die Zehn Gebote, die Sharia oder Bahá'í nun zur Klasse der aussterbenden Arten? Wie viele Ihrer Freunde gehen regelmäßig in die Kirche und glauben wirklich an etwas anderes als sich selbst? Der französische Schriftsteller Émile Zola hatte recht, als er 1886 bemerkte: »Wir haben aufgehört, an Gott zu glauben, aber nicht an unsere eigene Unsterblichkeit«. Ist dies das Ende der Ideologien? Kein Wunder, dass 1996 nur die Hälfte der Wahlberechtigten ihr Recht wahrnahmen, den neuen Präsidenten der USA – der »größten Demokratie der Welt« – zu wählen. Die Zahlen für 2004 waren nicht viel besser – 60,3 Prozent – und dies mit einem Krieg im Gepäck, der die Gesellschaft gespalten hat. Im Jahr 1999 lag die Wahlbeteiligung zum Europäischen Parlament in vielen Ländern unter 40 Prozent. Verfall der Demokratie? Wenn die Menschen nur noch sich selbst gegenüber loyal sind, beziehungsweise dem jeweiligen Trend des Monats, können wir dann vom Ende der Solidarität reden? Wir leben in einer Welt, in der wir uns Freibriefe erwerben, indem wir Live8-Konzerte ansehen, ein paar Euro an Greenpeace überweisen oder am Red Nose Day eine rote Nase für wohltätige Zwecke tragen.

Ist dies das Ende des Projekts der Moderne? Haben wir die Idee aufgegeben, eine Gesellschaft aufzubauen, in der alle Menschen gut leben können? Ist nicht die Akzeptanz, ein paar verlorene Seelen vor dem Tor stehen zu lassen, in den letzten Jahren gestiegen? Und wenn es keine Seele, keine Ziele und keinen Sinn mehr gibt – ist der Fortschritt dann am Ende? Denn schließlich – wenn Sie ohnehin keine Idee davon haben, wo Sie hin möchten, spielt es doch auch keine Rolle, welche Straße Sie nehmen?

Papst Paul VI. hat diese Entwicklung bereits vor 35 Jahren vorausgesehen. Er vertrat die Ansicht, dass »die technologische Gesellschaft zwar die Gelegenheiten, sich zu amüsieren, vervielfacht hat, aber große Schwierigkeiten damit habe, wirkliche Freude zu machen.« Willkommen also in einer Welt von Gewalt, Sex, Drogen und Rock'n'Roll. Willkommen in der globalen Freakshow.

Die Deregulierung des Lebens: Zur Freiheit verdammt

Die drei treibenden Kräfte Technologie, Institutionen und Werte haben eine internationale, auf Wissen gegründete Welt erschaffen. In dieser neuen Umgebung ist der Wettbewerb total und persönlich. Wenn Wissen der Schlüssel zum Erfolg ist, stehen wir alle im Wettbewerb miteinander. Der Geist ist aus der Flasche entwichen und lässt sich nicht wieder einsperren. Menschen, die ihre Zeit damit vergeuden, den Geist wieder in die Flasche zurückzubefördern, sollte man nicht zu nahe kommen, geschweige denn sie einstellen. Es gibt kein Zurück. Vielen Menschen ist zwar klar, dass der Geist aus der Flasche entwichen ist, nur wenige aber besitzen die nötige Einsicht, um diese Erkenntnis in Handeln umzusetzen.

Die Freiheit ist wieder in unsere Hände gelegt worden. Üblicherweise war es Aufgabe der Institutionen, Sicherheit zu schaffen. Jetzt schwinden diese Sicherheiten dahin. Blinde Loyalität ist tot. Wir geloben Institutionen gegenüber nicht mehr lebenslange Treue, was auch immer sie sind oder tun. Wir sehen uns um. Lebenslange Mitgliedschaft ist dysfunktional, ob in einer politischen Partei, einer Beziehung, einem Fanclub, einer Firma oder einem Land. Unser Verhältnis zu unseren Institutionen ist eher von Promiskuität geprägt. Doch Promiskuität basiert auf freier Wahl. Technologie hatte früher meist mit Mechanisierung zu tun. Jetzt schafft sie komplexe Systeme. Werte kristallisierten sich um Einschränkungen und klare Erwartungen. Jetzt sind sie ein beweglicher Feiertag, weil unsere Wertesysteme liberalisiert wurden.

Wir heben die Kontrolle über die Banken, über die Telekommunikation, Fluggesellschaften etc. auf. Wir heben die Kontrolle über die Moral auf. Wir lassen der Technologie freien Lauf. Als Einzelpersonen können wir jede Grenze überqueren – einschließlich der Geschlechterrollen. Wir deregulieren unser Leben und das unserer Kinder. Sie können frei wählen, wo sie leben, was sie tun, wo sie arbeiten, was sie studieren und wo sie sein möchten. Sie können wählen, ob sie homosexuell, heterosexuell, sadomasochistisch oder Transvestiten sein möchten. Sie können wählen, wann sie arbeiten und wann sie Kinder bekommen möchten, wenn sie überhaupt Kinder wollen. Wir haben die Freiheit der Wahl. Das ist der amerikanische Traum auf seinem Höhepunkt – die totale Freiheit.

Genießen Sie es. Vielleicht wachen wir schon morgen in einer Welt auf, in der wir alle erkennen müssen, dass wir zur Freiheit verdammt sind – die Qual der Wahl haben. Es gibt kein Entkommen. Die Institutionen werden keine Verantwortung übernehmen, weil sie sich in einem Zustand beständigen Wandels befinden. Es gibt keine Kirche, keinen Nationalstaat, keinen Markt, auf den man sich verlassen kann. Es gibt keine eindeutig festgeschriebenen Werte mehr, die man als Fluchtwerkzeug benützen könnte. Die Funktion der Technologie besteht darin, Chancen zu schaffen, Effizienz zu ermöglichen, aber nicht dazu, uns die Verantwortung abzunehmen. Am Anfang des neuen Jahrtausends stehen wir also vor der Aufgabe, die Bürde unserer eigenen Freiheit zu tragen.

Wer seine Wahl getroffen hat, muss auch die Verantwortung dafür übernehmen. Die Verantwortung für die eigene Gesundheit, für die eigene Erziehung, für die eigene Karriere – die Verantwortung für unser eigenes Leben. Je mehr Chancen sich uns eröffnen, desto mehr Verantwortung lastet auf jedem Einzelnen. Mit dem Dahinschwinden der alten Sicherheiten ging allmählich diese größere Verantwortung auf uns über. Die Institutionen, Werte und Technologien, die einst existierten, sind im Verschwinden begriffen. Die Entscheidungen von heute und die Optionen der Zukunft werden in einem Klima allumfassender Ungewissheit getroffen.

Der Umgang mit dem Chaos

Wieder einmal sind chaotische Zeiten angebrochen.[19] Das Problem ist, dass die menschliche Rasse nicht sehr gut mit Unsicherheiten umgehen kann. Veränderung führt unweigerlich zu Unruhe.

19 Die Wohlfahrtsgesellschaft scheint von Ikea entworfen zu sein – sie wird in flachen Paketen zur Selbstmontage geliefert – leider ohne Montageanleitung.

Eine allgemeine Reaktion darauf kann sein, dass die Freiheit drastisch eingeschränkt wird. Die faschistischen Bewegungen des 20. Jahrhunderts sind immer in Perioden wirtschaftlicher Unsicherheit entstanden. Die Menschen riefen nach starken Führern – Führern, die ihnen die Unsicherheit nehmen sollten. Heute kann sich der Unsichere ebenso gut einer religiösen Sekte wie einer politischen Partei anschließen. Menschen tun sich zusammen, weil sie dadurch der Komplexität und Unsicherheit des täglichen Lebens entkommen wollen. Sie müssen sich dann nicht um die Einkommenssteuer kümmern, nicht um die amtliche Politik oder ihre Kreditkarten. Sie überwinden den Zweifel durch solche Sicherheiten. Es wird oft gesagt, wirklich Gläubige hätten einen entrückten Blick in den Augen. Und das ist wahr. Echte Gläubige sind ausgestiegen. Doch die Kehrseite der Medaille ist, dass man gleichzeitig auch irgendwo einsteigen muss. Und wenn dieses Etwas Unsicherheit und Zweifel nimmt, so ist es auf lange Sicht vermutlich nicht gut für Ihre geistige Gesundheit.

Während nur eine kleine Minderheit ihre Unsicherheit bewältigt, indem sie Mantras murmelt und einem Guru folgt, schalten andere den Fernseher ein. Das Fernsehen überzeugt uns immer davon, dass die Dinge noch schlechter stehen könnten. Dieses Motto erklärt den betrüblichen Erfolg so vieler Talkshows mit kaputten Gestalten. Diese Shows haben Erfolg, weil sie dem Zuschauer seine Normalität attestieren. Selbst Dr. Phil und die Supernanny bewirken, dass wir uns überlegen fühlen. Wir schauen fern, um uns selbst wahrzunehmen. Wir versichern uns dabei, dass wir besser dran sind – geistig, körperlich oder finanziell – als die Kaputtniks auf dem Bildschirm.

Es liegt in der menschlichen Natur, Unsicherheit zu vermeiden. Unternehmen stellen Berater ein, um eine Reduktion der Unsicherheit zu erkaufen. Wir wissen nicht, was geschieht, also holen wir uns ein paar wirklich schlaue Leute, die ein Modell haben, das mit diesem Problem fertig wird. Der Bericht einer Unternehmensberatung ist nichts weiter als ein Schnuller für die Firma. Wir kennen einen Unternehmensberater, der seinen Kunden drei Dinge zur Wahl anbietet: »Möchten Sie Valium? Ein Aufsichtsrats-Alibi? Oder Geschäftsergebnisse?«, fragt er.

In der Wirtschaft gibt es eine Fülle von Modellen, Begriffsrahmen und Annahmen dazu. Sie sind allesamt Management-Versionen von Beruhigungsmitteln: garantierte Unsicherheitsvernichter. Die Manager – meist wenig mit der Revolution vertraut – haben sich ihre eigenen Heiligen geschaffen und schließen sich in religiösen Sekten den Managementgurus an. Die neuesten Akronyme haben dem Geschäftsführer einen erholsamen Nachtschlaf und den Menschen einige Monate sinnloser Umstrukturierungen beschert: Probieren Sie es mit TQM, mit BPR und versuchen Sie sich dann an JIT.

Wirkliche Führungskräfte befreien Menschen.

Die Verminderung von Unsicherheit ist ein ritueller Teil des Lebens in einem Unternehmen. Wenn Sie eine neue Stelle antreten, nehmen Sie erst einmal ein oder zwei Tage an einem Einführungsprogramm teil. Die Organisation sagt Ihnen, wie Sie sich zu verhalten haben. Das alles ist eingepackt in eine nette, freundliche Unternehmenssprache, doch im Wesentlichen soll Ihnen Ihre Unsicherheit genommen werden. Wir meinen, dass diese gefällige, firmeninterne Sicherheit aufgegeben werden muss, um den Blick auf die komplexen Zusammenhänge zu ermöglichen. Wir meinen, dass die optimale Antwort darin besteht, sich auf die Komplexität einzulassen – und nicht darin, sie zu eliminieren. Komplexität ist erschreckend, aber auch faszinierend. Wir müssen den Mut aufbringen, ihr gegenüberzutreten. Es kann unseren gesunden Verstand retten. Wenn Sie sich selbst an der Unsicherheit messen, sieht das Leben schließlich ein bisschen besser aus. Sich selbst dagegen an der Sicherheit zu messen, ist sinnlos und deprimierend. Wenn alles im Fluss ist, ist das Individuum der einzige Fixpunkt. Daher ist ein klares Selbstbild letztlich das Einzige, worauf Sie hoffen können.

Bis in die jüngste Vergangenheit waren unsere Rollen vordefiniert. Die Kirche oder das Unternehmen lieferten das historische Drehbuch. Das ist vorbei. Um in einer Welt des Improvisationstheaters erfolgreich zu sein, müssen Sie sich selbst hinterfragen. Sie müssen sich selbst und Ihre Ziele kennen. Das bedeutet Management durch Ziele für Individuen. Nur wer sich selbst definiert, gelangt auf den Weg zu einem befriedigenden Leben. Das verschafft Führungspersonen in allen Organisationen eine neue Aufgabe. Sie müssen Unsicherheit produzieren. Wirkliche Führungskräfte fordern die Menschen heraus. Sie kontrollieren sie nicht. Wirkliche Führungskräfte befreien die Menschen.

FUN

3

Funky Dorf

»Je mehr, desto besser«

Sprichwort

埼京線
Saikyo Line
1

Wir sind so klein und es gibt so viel von allem. Sehen Sie zu den Sternen auf und zählen Sie. Sehen Sie aus einem Flugzeug herab und betrachten Sie die Lichter. Wir sind bedeutungslos, Sandkörner in einem Meer von Wahlmöglichkeiten, umspült von den Gezeiten der Veränderung. Es gibt so viel. Das Problem ist: Wir wollen immer noch mehr.

Erst möchten wir Bungee-Springen. Dann möchten wir über einem Canyon Bungee-Springen und dann von einem Hubschrauber. Dann nackt. Dann nackt und dabei die größten Hits von Neil Diamond pfeifen. [1]

Wir leben im Zeitalter des Immer-Mehr. Noch mehr Auswahl. Mehr Konsum. Mehr Spaß. Mehr Angst. Mehr Unsicherheit. Mehr Wettbewerb. Mehr Chancen. Wir haben eine Welt der Exzesse betreten: Das Zeitalter des Überflusses.

> 1 Der Fall dauert nicht lang.

Welch ein Schock. Denken Sie an die Bilder zurück, die in den 70er- und 80er-Jahren in Fernsehberichten über Moskaus erstes Kaufhaus GUM zu sehen waren. Die Regale waren immer vollkommen leer – für die, die im Westen lebten, hatte dies etwas Komisches an sich. Ein beleibter Russe stand an einer Verkaufstheke. Hinter ihm war immer eine einzelne Flasche extra starker Dieselbrennstoff zu sehen, der als Wodka ausgegeben wurde. Die einsame Moskauer Hausfrau träumte in einer Welt der Beschränkung vor den leeren Regalen vom Überfluss.

Das war einmal. Heute sieht es so aus: Denken Sie an Saks in der Fifth Avenue, eBay, Printemps, Selfridge's, Amazon.com, Macy's, die Galerie Lafayette, Harrods oder Zara. Selbst in Moskau ist ein überwältigender Überfluss an die Stelle der leeren Regale getreten. Anstatt Brot und Spiele gibt es heute Champagner und Kaviar, Canapés und Modeschmuck. Besuchen Sie den vornehmen Skiort Courchevel und erleben dort, wie Russen in ihren Privatmaschinen auf den Schneepisten landen und sich dann mit dem teuersten Champagner und exorbitant teurem Essen vollstopfen. Willkommen im Canapé-Kapitalismus. Wenn Sie in eines der teuren Spa-Hotels in Karlovi Vary (ehemals Karlsbad) in der tschechischen Republik fahren möchten, sollten Sie besser Monate im Voraus buchen. Die Massagetische sind beladen mit russischen Damen, die ihre Extra-Canapé-Kilos ebnen lassen möchten.

Die Überflussgesellschaft

2 Ein interessantes Nebenthema hierzu ist, wie Procter & Gamble seine Bemühungen im Bereich Research & Development angepasst hat. Anstatt die großen Ideen intern zu entwickeln und dann auf den Markt zu bringen, arbeitet die Firma nun zunehmend mit externen Leuten, um die Produkte von morgen zu erfinden. Der neue R&D-Ansatz namens »Connect & Develop« lässt die Dividenden reifen.

In Norwegen – mit einer Bevölkerung von 4,6 Millionen – können Sie unter 200 verschiedenen Zeitungen, 100 Wochenzeitschriften und circa 20 Fernsehkanälen auswählen. In Schweden – mit einer Bevölkerung von 9 Millionen – hat sich in den letzten zehn Jahren die Anzahl des Bierangebots von 50 auf 350 Sorten erhöht. In einem einzigen Jahr wurden in Amerika über 1.700 Bücher aus dem Business-Bereich veröffentlicht. Die größten Plattenfirmen brachten letztes Jahr in den USA 30.000 Alben heraus. In demselben Land nahm die Anzahl von Lebensmittelprodukten von 2.700 auf 20.000 zu. Um all diese neuen Produkte auf den Markt zu werfen, stellte Procter & Gamble mehr Wissenschaftler (über 7.000) ein, als Harvard, Berkeley und MIT zusammen auf der Gehaltsliste haben.>2< Im Internet gibt es mehr als 10 Millionen Blogs und pro Tag kommen 40.000 neue hinzu.

Luxus in Hülle und Fülle. Die Dame im GUM hat mittlerweile 50 Fernsehkanäle auf NTV-Plus, dem ersten direkten Heimsatelliten-TV-System in Russland, zur Verfügung und eine Viertelmilliarde Homepages zur Auswahl (auch wenn sie sich von dem, was im Supermarkt steht, nichts leisten kann). Es lebe die Auswahl! Seiko bringt mehr als 5.000 verschiedene Modelle von Armbanduhren heraus. In einem Jahr brachte Sony 5.000 neue Produkte auf den Markt – mehr als zwei neue Produkte pro Arbeitsstunde. Vielleicht entspricht dies den Erfordernissen eines Marktes, bei dem der durchschnittliche Lebenszyklus eines Elektronikprodukts für Verbraucher jetzt bei drei Monaten liegt. Doch verglichen mit Walt Disney ist Sonys Innovationskraft nicht erwähnenswert. Der ehemalige geschäftsführende Vorstand von Disney, Michael Eisner, behauptet, dass das Unternehmen alle fünf Minuten ein neues Produkt entwickle – einen Film, ein Comic, eine CD oder was auch immer.

Exzesse sind in und der Weg zur Welt der Exzesse ist das Fernsehen. Der Tempel unserer Zeit ist nicht die Kirche, sondern das TV. Die Schlacht um unsere Seelen wird wochentags ausgetragen, wenn David Letterman, der König der amerikanischen Late-Night-Shows, um das Interesse von John und Jane Smith kämpft. Vergleichbare Sendungen gibt es auch in vielen anderen Ländern. Das Konzept ist einfach: zehn Minuten Talk gefolgt von etwas Werbung, dann mehr Talk und wieder Werbung, noch mehr Talk und noch mehr Werbung. Am Ende eines Tages hat der amerikanische Bürger im Durchschnitt 247 Werbespots gesehen. Im Alter von 18 Jahren hat er bereits 350.000 TV-Werbespots kennengelernt. Jetzt ist das Internet live im Fernsehen zu empfangen – komplett interaktiv. Alles ist digital, und Ihr Wohnzimmer wird bald sehr voll sein.

Auch das Wissen nimmt explosionsartig zu. Denken Sie an die 100.000 IT-Ingenieure, die in Bangalore Software entwickeln – ihre Anzahl wird das Silicon Valley bald einholen. Denken Sie an die Ausbreitung der MBA-Abschlüsse. Denken Sie an die enorme Anzahl von Menschen, die ein College absolvieren. Denken Sie an die Flut der Wissenschaftler. Denken Sie an die gut ausgebildeten Soldaten der Operation *Desert Storm*.

Auf der Welt wimmelt es von Wissen, Produkten, Dienstleistungen und Informationen. Häufig aber bedeutet »mehr« nur »mehr von demselben«. Die Überflussgesellschaft weist einen Überschuss an ähnlichen Firmen auf, die ähnliche Leute anstellen, mit ähnlichen sozialen Hintergründen, die in ähnlichen Jobs arbeiten, ähnliche Ideen entwickeln, ähnliche Dinge produzieren, die ähnliche Preise, Garantien und Qualität haben. Und auch wenn sie das noch nicht wissen, alle diese Firmen, Personen und Kundenangebote stehen miteinander im Wettbewerb. Dies ist für die Verbraucher eine gute Nachricht – für die Produzenten aber schlägt die Stunde des Gebets.

Das Entstehen der Überflussgesellschaft lässt sich auf drei große Kräfte zurückführen: Das Wachstum der Märkte, das in eine Marktmanie mündete, das sinnlose Überangebot sowie der technische Fortschritt, der eine fast kostenlose Kommunikation ermöglicht. Und hinter diesen Kräften können wir wieder den Einfluss der Veränderungen in den Technologien, Institutionen und Werten feststellen.

Marktmanie

Der erste Baustein dieser Welt des Exzesses ist das Wachstum der Märkte. Es gibt heute mehr Märkte für mehr Dinge, die ein größeres geografisches Gebiet abdecken als je zuvor. Deregulierung und Handelsliberalisierung haben in fast allen Bereichen menschlicher Aktivität die Kräfte des Marktes freigesetzt. Zu Beginn des 20. Jahrhunderts lebten etwa 10 bis 15 Prozent der Weltbevölkerung innerhalb eines Marktsystems. In den 70er-Jahren waren es bereits 40 Prozent. Heute geht man von 90 Prozent aus.

Aber noch sind nicht alle Märkte global – zum Beispiel der Arbeitsmarkt. Nur 1,5 Prozent der Arbeitskräfte arbeiten außerhalb ihres Heimatlandes.[3] In der Europäischen Union liegt die entsprechende Zahl bei zwei Prozent. Das Kapital bewegt sich immer noch freier als die Menschen.

3 Die International Labor Organisation (ILO) schätzt, dass es in Afrika über den Kontinent verteilt 20 Millionen Arbeitsmigranten, Immigranten und deren Familien gibt. In Nordamerika sind es 18 Millionen, in Mittel- und Südamerika 12 Millionen, in Südostasien 7 Millionen und im Mittleren Osten 9 Millionen. In ganz Europa sind es 30 Millionen. Das sind eine Menge Menschen.

Doch in dieser verrückten Welt gibt es wirklich für alles einen Markt. Märkte für Rohstoffe und Kapital, für menschliche Körperteile, jede nur erdenkliche Art von Sex, Industrieprodukte und Dienstleistungen. Es gibt Märkte für Wetten – über Warentermingeschäfte an der Börse bis hin zu Sportwetten –, Märkte für Alkohol – ein holländischer Nachtclubbesitzer betreibt eine Terminbörse für Drinks in seinem Club – und Märkte für Wissen und Talente. Stellen Sie sich Märkte für Körperdekoration oder Märkte für Museen vor.

Wenn Sie möchten – und es sich leisten können –, können Sie sogar Versailles anmieten, um die ultimative Firmenparty zu geben. Etwa 200 Jahre nach der Französischen Revolution gehört die *Galerie des Batailles* für knapp 70.000 Dollar Ihnen. Oder warum nicht in die Ferne schweifen? Das Andere suchen – wie die amerikanische Investmentbank, die eine Party in Pekings Verbotener Stadt veranstaltete. Alles nur eine Preisfrage. Der Louvre ist auf dem Markt von Abu Dhabi. Der Markt regiert.

Sinnloses Überangebot

Bis in die jüngste Vergangenheit war die Erde ein großes Dorf. Technologische Spitzenkenntnisse waren überwiegend in der industrialisierten westlichen Welt zu finden. Dort hatten auch die namhaften Universitäten, die expandierenden Unternehmen und andere produktive Organisationen ihren Sitz. Das war das Zeitalter vor den Joint Ventures und strategischen Allianzen; die Ära, bevor die globale Zusammenarbeit durch neue Technologien einfach wurde, die Zeit vor der explosionsartigen Entstehung neuer, andersartiger Technologien.

In dieser Welt überstieg die Nachfrage meist das Angebot. Nach dem Zweiten Weltkrieg herrschte ein enormer Bedarf an neuen Arbeitsplätzen,

Produkten und Dienstleistungen. Die europäischen und asiatischen Infrastrukturen der Industrie lagen in Trümmern. Das waren herrliche Zeiten für alle Unternehmen in allen Industriezweigen. Wir waren ihnen auf Gedeih und Verderb ausgeliefert – als Angestellte ebenso wie als Verbraucher. Zudem war damals das Tempo der technologischen Veränderung langsamer und die Verbraucherwünsche waren längst nicht so vielfältig wie heute. Die Dinge bewegten sich langsam und veränderten sich meistens nur lokal. Es war das Zeitalter der Massenproduktion, in der Märkte als naturgegeben und unumstößlich angesehen wurden. Dem Kunden wurde diktiert, was er wollte – und er bekam jede Farbe, solange es Schwarz war. Wie Supertanker mit Autopilot segelten die großen Firmen dahin, überladen mit einer schwerfälligen Managerkaste und ohne ersichtliche Notwendigkeit, einen weiteren Horizont im Blick zu haben.

Nun aber ragen Klippen auf und der Leuchtturm ist abgeschaltet. In immer mehr Industriezweigen und auf immer mehr Märkten übersteigt das Angebot allmählich die Nachfrage. Die Volkswirtschaftsprofessoren Sumantra Ghoshal und Christopher Bartlett stellten dazu fest: »In der Periode des geringen Wirtschaftswachstums der 90er-Jahre allerdings war Überkapazität in den meisten Branchen die Regel: Sie lag bei 40 Prozent in der Automobilindustrie, bei 100 Prozent in der chemischen und bei 140 Prozent in der Computerindustrie. Sowohl der technologische Fortschritt als auch die Bedürfnisse der Kunden steuern auf kleinere Produktmengen und größere Variabilität zu.« Langsames Wachstum hängt wie ein schlechter Geruch in vielen westlichen Unternehmen.

Die alten, lokal begrenzten Firmen können nun auf der ganzen Welt miteinander in Wettbewerb treten und sie tun dies auch. Neue Firmen stoßen in traditionelle Industriezweige vor. Denken Sie an Lenovos Akquisition des PC-Geschäfts von IBM oder Dong Fengs Einstieg in Europa. Da die Unternehmen nicht mehr alles selbst herstellen müssen, was sie verkaufen möchten – sie können es von anderen erwerben –, schwinden die Zugangsbarrieren dahin. Komplette Branchenneulinge oder Firmen, deren Ursprünge in anderen Branchen liegen, können diverse Komponenten anderer Firmen neu kombinieren. Dazu ist kein großes Kapital oder Spezialwissen notwendig. Unsichtbare Invasoren können konventionelle Unternehmen aus allen Richtungen angreifen. Das Angebot steigt – und es wird weiter steigen.

Kostenlose Kommunikation

Schließlich kommt noch das Phänomen der gesunkenen Kommunikationskosten hinzu. Die Kosten für Informationen sind dramatisch gefallen. Im Jahr 1930 kostete ein Telefonanruf von New York nach London circa 250 (heutige) Dollar. Dreißig Jahre später lagen die Kosten für einen vergleichbaren Anruf bereits bei nur noch 50 Dollar. Heute gehen die Kosten gegen Null, etwa bei Skype-to-Skype-Telefonaten. Ähnlich sieht es bei den Kosten für den Versand eines 40-seitigen Dokuments von Los Angeles nach Washington aus: 9 Dollar per Fax, 16 Dollar per FedEx, 3 Dollar per Post, 9 Cents per E-Mail. Das Internet bietet Transaktionskosten für geschäftliche Vorgänge – zum Beispiel das Aufsetzen und Kontrollieren von Verträgen –, die gegen Null tendieren. Kein Wunder, dass Michael Dell meinte, das Internet sei nur noch von der Telepathie zu überholen.

Das Versenden von Informationen war nie preisgünstiger. Dasselbe gilt für die Suche nach Informationen. IT bietet uns die Möglichkeit, ganze Märkte zu durchforsten. Wir können die ganze Welt einscannen. Bewaffnet mit unseren Suchmaschinen sind wir nicht mehr auf die speziellen Angebote in unserer Nähe beschränkt. Googlen Sie einfach danach! CompareNet bietet zum Beispiel detaillierte Informationen zu mehr als 100.000 Konsumgütern. Die Flut der Informationen erlaubt es uns, immer das beste Angebot ausfindig zu machen. Die Info-Vermittler sind bereits eine mächtige Kraft. In den USA werfen etwa 16 Prozent aller Autokäufer einen Blick ins Internet, ehe sie bei einem Händler auftauchen. Das Internet oder andere Quellen aufbereiteter Informationen machen Vergleiche beim Kauf zu einem Kinderspiel.

Die Rückkehr des anspruchsvollen Kunden

Wir bewegen uns auf immer perfektere Märkte zu. Das Ergebnis ist der totale Wettbewerb. In der Überflussgesellschaft ist der Kunde mehr als König. Der Kunde ist die Mutter aller Diktatoren. Und dieses Mal stimmt der Satz wirklich. Wenn der Kunde pfeift, müssen Sie tanzen. Der Kunde wünscht die Produkte in oranger Farbe mit roten Punkten. Der Kunde möchte sie heute auf den Fidschi-Inseln. Und Sie müssen liefern, sonst sind Sie bald aus dem

4 Man beachte die Innovations-Jam-Session von IBM, bei der Angestellte und Kunden lebhaft große Ideen debattieren. Die Versammlung im Ratskeller hat ausgedient.

Geschäft. Wie Lou Gerstner, ehemaliger Präsident und geschäftsführender Direktor von IBM bemerkte: »Die Kontrolle ... ist unmerklich in die Hände von zehn Millionen – bald hundert Millionen – Verbrauchern auf der ganzen Welt übergegangen.« *Power to the people!* >4<

Brüllender Löwe?

Der Verbraucher ist in den letzten 40 Jahren von der piepsenden Maus zum brüllenden Löwen, vom netten, dummen und bescheidenen Diener zum gemeinen, intelligenten und fordernden Diktator geworden.

Und das ist erst der Anfang. Die Leute benutzen das Netz, um sich mit ihren binären Zwillingen in Verbindung zu setzen – anderen Individuen mit ähnlichen Sehnsüchten. Sie werden sich die Hände reichen und Bünde schließen – Verbraucherbünde. >5< Wenn Sie einen Neuwagen kaufen möchten, wie viel Verhandlungsspielraum haben Sie dann gegenüber Ford Motors, Honda, Daimler oder auch nur der kleinsten Automobilfirma der Welt? Nicht viel. Was aber, wenn Sie sich mit 999 anderen Interessenten zusammenschließen? Heute ist das möglich. Die Macht liegt bei uns – wir können sie gebrauchen oder missbrauchen. Die Verbraucher der Welt vereinigen sich. Die Technologie stellt die erforderlichen Mittel bereit. Und Werte liefern den Rahmen dazu.

5 Der Kunde regiert. Versuchen Sie, Ihre Kunden bei sich anzustellen, und bringen Sie sie dazu, Sie für Ihre Arbeit zu bezahlen – siehe das Geschäftsmodell von eBay und anderen.

Manche Leute behaupten vielleicht, dass sie in ihrer Branche keine derartigen Entwicklungen erkennen können. Vielleicht wollen sie diese nicht sehen, aber auf die eine oder andere Weise werden wir alle davon betroffen sein. Es wird keine Ausnahmen geben. Vielleicht sind Ihre Zulieferer direkt betroffen oder Ihre Kunden. Ist dies der Fall, dann wird es auch Sie treffen. Die Macht der Verbrauchernachfrage wird die gesamte Angebotskette hinauf und hinab zu spüren sein. Die Universitäten werden es spüren. Die Soulsänger werden es spüren. Die Automobilfirmen werden es spüren. Die Diamantenhändler werden es spüren – wenn sie den Angriff des Films *Blood Diamonds* von 2007 überleben. Noch ist unklar, wer dafür bezahlen wird – vielleicht alle Unternehmen. Wer letztlich als Sieger hervorgehen wird, ist hingegen einfacher zu beantworten – der Endverbraucher: Sie also. Uns gehört der Marktplatz, die Bude und das Fass.

Der Kampf um Aufmerksamkeit

Im Zeitalter des Überflusses müssen Unternehmen alles tun, um Beachtung zu finden. Sie befinden sich gewissermaßen ständig am Rand des Bildes und versuchen sich in die Bildmitte zu drängen. Sie wollen hervorstechen aus der Flut der Informationen, die immerfort über alles und jeden hereinbrechen. Denn sie sind auf diese Beachtung unbedingt angewiesen.

Um beachtet zu werden, scheuen die Unternehmen vor nichts zurück. Der Exzess ist eine geschäftliche Notwendigkeit geworden. Kürzlich zeigte Mercedes-Benz einen Fernsehspot in den USA, in dem eine Frau das Fahren im Auto so sehr genießt, dass sie nach 20 Sekunden einen Orgasmus hat – vom Autofahren. Extreme Zeiten erfordern extreme Mittel. Wir leben in einer Gesellschaft unter dem Diktat des »Hast du schon gesehen, gehabt, gehört; bist du schon da gewesen?« Eintönigkeit turnt ab!

Im funky Dorf dreht sich der wirkliche Wettbewerb nicht mehr um Marktanteile. Wir kämpfen um Aufmerksamkeit – Geist- und Herzanteile. Wenn es Ihnen nicht gelingt, die Aufmerksamkeit potenzieller Kunden oder Angestellter zu erregen, sind Sie aus dem Geschäft. Um attraktiv zu wirken, müssen Sie unmittelbare und intensive Erfahrungen anbieten. In einer Wirtschaft der Exzesse ist Aufmerksamkeit Mangelware. Gehen Sie vorsichtig damit um.

Möglicherweise müssen Unternehmen für diese Aufmerksamkeit bald sogar bezahlen. Der amerikanische Marketing-Star Seth Godin spricht bereits von der Vermarktung von Zugangsgenehmigungen.[6]

In vielen Ländern hat der Gesetzgeber das Spam-Marketing verboten. Kontakte zu jenen Kunden, die nicht in der Informationsflut ertrinken möchten, können nur durch explizite Einladungen hergestellt werden. Gestern mussten wir für Zeitungen, Telefon und Internet noch bezahlen. Heute erhalten wir sie kostenlos, wenn wir bereit sind, Werbung zu lesen, zu hören oder zu sehen. Morgen werden wir dafür bezahlt. YouTube hat angekündigt, für Ihre Filmbeiträge für das Heimkino zu bezahlen. Wir werden dafür bezahlt werden, eine bestimmte Zeitung zu beziehen, eine bestimmte Telefongesellschaft oder einen bestimmten Internet-Provider zu benutzen.

Das funky Dorf ist nicht nur durch Überfluss und Exzesse gekennzeichnet. Die drei treibenden Kräfte bewirken auch ungeheure Veränderungen in Zeit, Masse und Raum. Alles und jedes wird auf den Kopf gestellt und von

6 Seth Godin ist inzwischen mit ein paar Marketing-Ideen und Büchern über die Vermarktung von Zugangsgenehmigungen hinaus. Sehen Sie nach: www.sethgodin.typepad.com

innen nach außen gewendet. Früher sind wir unseren Geschäften in einer Welt nachgegangen, in der es viel Zeit gab. Was wichtig war, ließ sich ansehen und berühren, und das Spektakel fand in unserem eigenen Hinterhof statt. Jetzt entwirrt sich vor unseren Augen eine seltsam verkabelte Welt. Die neue Gesellschaft entwickelt sich in Echtzeit. Intelligenz ist zur Grundlage des Wettbewerbs geworden und die Wirtschaft ist global verknüpft.

Wir möchten Ihnen eine Straßenkarte für die Zukunft mit auf den Weg geben. In der aktuellen Kontraktion der Zeit und der Expansion des Raumes finden Sie hier Ihren Standort.

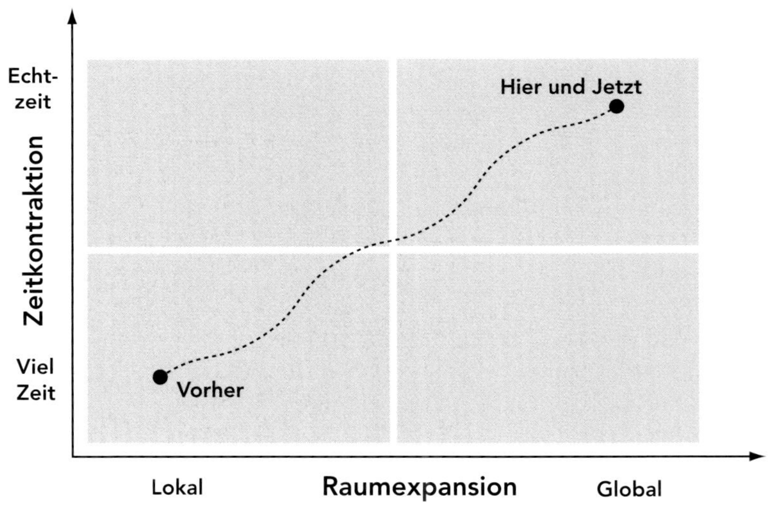

Jetzt: Die Echtzeit-Gesellschaft

Zeit ist die neue Religion. Wir sind süchtig nach Geschwindigkeit. Die neue Gesellschaft operiert in Echtzeit. Was einst drei Jahre benötigte, dauerte später drei Monate, dann drei Tage, drei Stunden und schließlich drei Minuten. Heute dauert es drei Sekunden und die Zeit geht gegen Null. In der Echtzeit-Wirtschaft werden die Preise Sekunde für Sekunde festgesetzt. Die Unternehmen wetteifern darin, wie schnell sie Produkte entwickeln, herstellen und auf den Markt bringen können. In dieser CNN-Gesellschaft sind wir via

Satellit sofort mit jedem Punkt auf der Erde verbunden, an dem etwas los ist. Wir leben in einer ferngesteuerten Realität. Wenn Sie mein Interesse nicht wecken können, wenn Sie meinen Wertvorstellungen nicht entsprechen, werde ich zu jemand anderem zappen, der dazu in der Lage ist. Wir müssen unsere Geschäfte im MTV-Stil führen. Sonst: Zap! Verblüffend ist allerdings, dass die Unternehmen in einer solchen Welt nach wie vor *Jahresberichte* veröffentlichen! Wir bewundern ihre Standfestigkeit, aber schütteln auch unsere Köpfe darüber.

Die neuen Helden sind die Workaholics – Leute, die nie zu schlafen scheinen.>7< Bill Gates, der neuerdings einräumt, sich gelegentlich auszuruhen, sagte: »Es gibt Tage, an denen ich vierzehn Stunden arbeite, aber meistens arbeite ich nicht mehr als zwölf Stunden. An den Wochenenden arbeite ich selten mehr als acht Stunden«. Im Durchschnitt arbeitet ein Amerikaner heute 25 Prozent mehr als Anfang der 70er-Jahre. Nicht nur Bill Gates arbeitet zum Schaden seiner Gesundheit unglaublich lange. Wir alle sollten etwas mehr rauskommen.

Härter zu arbeiten ist zwar eine natürliche Reaktion auf die funky Welt, in der wir leben, aber wir bezweifeln entschieden, dass es die beste Antwort ist. Wenn dem so wäre, wären die Gewinner im funky Dorf letztlich Menschen, die kaum oder gar keinen Schlaf brauchen. Anstatt härter zu arbeiten, arbeiten die Erfolgreichen im funky Dorf jedoch einfach smarter. Sie machen das, was sie wirklich gut können, vielleicht noch hundertmal besser. Punkt. Versuchen Sie mal, diesen Vorteil durch Schlafreduktion wett zu machen.

Die Fortschritte der Informationstechnologie haben uns in eine vernetzte Wirtschaft hineinversetzt. Und vernetzte Systeme ermöglichen ein Echtzeit-Feedback. In der Vergangenheit bildeten die Spitzenunternehmen zwar eine rechtliche Einheit, häufig aber zeichneten sie sich vor allem durch ihre zersplitterte oder regelrecht zerstückelte Organisationsstruktur aus. Es konnte vier Wochen dauern oder gar vier Monate, bis eine Fabrik von ihren eigenen Vertriebsleuten am anderen Ende der Welt über Verkaufshits und Flops erfuhr. Die Lieferkette der verkabelten Welt hingegen bietet ein sofortiges Feedback. Wenn in Mailand etwas passiert, wissen die Partner in New York, Montevideo und Sydney sofort darüber Bescheid. Denken Sie an die Wolljacke von Benetton und das Schaf.

7 Moderne Wissensarbeiter absolvieren ihre 80-Stunden-Woche aus einer Mischung aus Spaß und Angst. Wir arbeiten nicht mehr aus moralischer Verpflichtung. Seit dem Einzug der Computer haben wir alle ein Verfallsdatum. Schon morgen können wir überflüssig sein. Ein Wunder, dass wir arbeiten, arbeiten und arbeiten.

Wachse, oder ich zappe.

Firmen, Lieferketten, Industriezweige, Märkte, ja ganze Volkswirtschaften werden transformiert in ultrasensitive Systeme, in denen Veränderungen überall und sofort registriert werden. Es ist wie ein Fischernetz – wo auch immer Sie ziehen, die kinetische Energie überträgt sich sofort auf das gesamte Netz. Oder wie ein Spinnennetz – die Spinne nimmt jede Bewegungen wahr und weiß sofort, wo eine Mücke oder Fliege ins Netz gegangen ist. Doch solche sensitiven Systeme sind auch störanfällig: Hin und wieder reißen sie ein oder brechen zusammen.

Warum ist aber ein Echtzeit-Feedback so wichtig? Wir wollen ein paar Beispiele anführen. In der Computerindustrie sinken die Bestandskosten zur Zeit um etwa ein Prozent pro Woche. Als Unternehmer haben Sie kein Interesse an einer Bestandsführung – Sie möchten sofortige Informationen. Wie bereits erwähnt, liegt der Schlüssel zum Erfolg darin, den Bestand durch Informationen zu ersetzen. In der ersten Ausgabe von *Funky Business* schrieben wir, dass Dell seinen Lagerbestand 52-mal im Jahr verkaufen würde. Für Compaq lautete die entsprechende Zahl 13,5 und für IBM 9,8. Unsere letzten Zahlen besagen, dass Dell seinen Lagerbestand 107-mal im Jahr verkauft – ein herausragender Vorsprung gegenüber HP und IBM, die ihr Inventar je 8,5- und 17,5-mal veräußern konnten. Von welchem Unternehmen würden Sie Aktien kaufen? Und tatsächlich hat IBM die Konsequenzen schon gespürt und sein gesamtes PC-Geschäft an den chinesischen Mitbewerber Lenovo abgestoßen.

Das Echtzeit-Feedback ermöglicht Unternehmen außerdem, schneller und präziser auf die Verbrauchernachfrage zu reagieren. Dadurch verbessert sich der Service. Wenn wir zum Beispiel ein paar CDs oder Bücher im Internet kaufen, erfahren wir sofort, ob sie noch »auf Lager« sind (zumindest virtuell). Außerdem verfügen wir sofort über Informationen zu den gewünschten Büchern oder CDs. Direkt am Bildschirm sehen wir Rezensionen oder Kommentare anderer Kunden, die diese Produkte bereits erworben haben. In gewisser Weise erleben wir die Rückkehr des kleinen Lebensmittelladens, in dem der Händler die besonderen Wünsche und Interessen von Frau Huber und Herrn Maier genauestens kennt – diesmal jedoch in digitaler Form. Beängstigend oder guter Service – oder beides? Was ist, ist.

Das Zeitalter der Auktionen

Die zentrale Folge der Echtzeit-Gesellschaft für den Geschäftsbereich besteht darin, dass sie den Weg ins Zeitalter der Auktionen frei macht. Auf dem Basar, dem Fischmarkt oder bei einer traditionellen Auktion wurden (und werden) die Preise im Moment des Kaufs festgelegt. Der Preis variiert mit den zeitlichen Verschiebungen in Angebot und Nachfrage. Die Finanzmärkte funktionieren immer noch auf diese Weise. Wenn wir Aktien von Motorola, Siemens, Sony, Nokia oder Samsung kaufen, wissen wir nicht genau, wie viel wir bezahlen müssen, bis der Handel abgeschlossen ist. Wenn wir aber ein neues Mobiltelefon von einer dieser Firmen kaufen, kennen wir den Preis bereits im Voraus. Warum? Die einfache Antwort ist: Feste Preise reduzieren die Unsicherheit – sowohl für den Verkäufer als auch für den Käufer. Im funky Dorf ist Veränderlichkeit jedoch eine feste Größe. Das Hauptziel kann daher nicht sein, Unsicherheit zu reduzieren, sondern Reibungen zu reduzieren – alles, was Sand im Getriebe der perfekten Märkte ist. In einer Informationswüste verhindern fehlende oder asymmetrisch verteilte Informationen die Verwirklichung perfekter Marktabläufe – der Verkäufer weiß, wie etwa beim Kauf eines Gebrauchtwagens, Dinge, von denen der Käufer keine Ahnung hat. In einem Info-Dschungel hingegen wird früher oder später ein reibungsloser Kapitalismus herrschen.

Dank der neuen Technologie und unseren veränderten Werten können die Preise für alle Arten von Waren oder Dienstleistungen wieder von einem Augenblick zum anderen festgelegt werden – je nach Angebot und Nachfrage. Denken Sie an Ryan Air, Easy Jet und viele andere. Alles steht bereit für die Auktion: eine sehr kurzlebige oder variable Preisbildung. Wir sind zurück im Basar, aber diesmal ist der Basar nicht unbedingt räumlich begrenzt. Im Jahr 1999 hat der Online-Auktionär eBay 9.000 Produkte in 1.086 Kategorien geführt und 140 Millionen Web-Besucher pro Woche gezählt. Heute hat eBay 212 Millionen Mitglieder weltweit und jederzeit 19 Millionen Produkte auf seinen Seiten; der Warenumschlag umfasst 300-mal mehr Lagermengeneinheiten als bei einem durchschnittlichen Wal-Mart-Laden. Pro Jahr werden 20 Milliarden US-Dollar plus Warenwert umgesetzt.

Die Echtzeit-Preisbildung breitet sich aus wie ein Lauffeuer. Das lässt sich sowohl in der Elektro- und Elektronikindustrie als auch im Bereich der Telekommunikation und des Luftverkehrs verfolgen. Aber die Echtzeit-Preisbildung ist nicht unbedingt an das Internet gebunden. Das Prinzip ist weit darüber hinaus anwendbar. Einige der neuen Verkaufsautomaten, die

Preise werden in Echtzeit festgesetzt.

Coca-Cola auf der Welt vertreibt, sind sowohl mit Elektronik als auch mit Coke bestückt. Mithilfe der eingebauten Technologie kann der Apparat die lokalen Bedingungen erkennen. Regnet es oder scheint die Sonne? Welche Temperatur herrscht? Coca-Cola glaubt, dass die lokalen Bedingungen gute Indikatoren für die Nachfrage nach Coladosen sind. Wenn die Sonne scheint, kann eine Dose einen Dollar kosten. Wenn es viel regnet, fällt der Preis vielleicht auf 50 Cents.

Welche Konsequenzen hat eine solche kurzlebige Preisbildung für Verbraucher und Manager? Einige Ideen kann man vielleicht aus Märkten übernehmen, die über viel Erfahrung mit Echtzeit-Operationen verfügen. Auf dem Finanzmarkt definieren Sie zum Beispiel Ihren eigenen Risiko-Level durch den Einsatz bestimmter Instrumente wie Optionen. Angenommen, Sie planen, ein neues Motorrad zu kaufen. Die Preise werden in Echtzeit gebildet, das heißt, Sie wissen nicht im Voraus, wie viel Sie bezahlen müssen. Das Motorrad, das Sie sich ausgesucht haben, erfreut sich zunehmender Beliebtheit. Sie haben Angst, dass der Preis steigt. Um mit diesem Risiko umzugehen, können Sie eine Motorrad-Option kaufen, die Ihnen bereits zwei Monate vor dem eigentlichen Kauf einen bestimmten Festpreis garantiert. Sechzig Tage später können drei Dinge geschehen sein: Das Motorrad kostet genauso viel wie der von Ihnen ausgehandelte Festpreis plus die Kosten der Option, das Motorrad kostet inzwischen mehr oder weniger. Doch der eigentliche Vorteil besteht darin, dass Sie ein Instrument zur Kontrolle des eigenen Risikos in der Hand haben. Sie können es benutzen oder auch nicht. Sie können selbst wählen, wie hoch das Risiko sein soll, dem Sie sich aussetzen möchten. Sie entscheiden, denn Sie tragen auch die Verantwortung. Derartige Arrangements werden in der Finanzwelt bereits seit Jahren eingesetzt, warum sollten sie also nicht beim Kauf eines Motorrads, Fernsehers oder Autos funktionieren?

Software: Die Gesellschaft mit Köpfchen

Am Anfang verdiente man Geld mit Produkten und Dienstleistungen – Dingen, die wir herstellten oder lieferten. Dann begann das Festmahl mit dem Geld. In den 80er-Jahren bot der erfindungsreiche Umgang mit Geld – Derivative Finanzinstrumente, Anleihespekulationen, fremdfinanzierte Firmenaufkäufe und Aktiengeschäfte – die Möglichkeit, das ganz große Geld zu machen. Heute ist der fantasievolle Umgang mit Informationen der Königsweg zum Reichtum. Walter Wriston, ehemaliger Vorstand der Citibank, hatte recht: Informationen über Geld sind heute mehr wert als das Geld selbst. Selbstverständlich ist das Geld noch wichtig. Aber der Preis des Geldes wird Realzinssatz genannt und sinkt beständig.

Nehmen wir beispielsweise den New Yorker Bürgermeister Michael Bloomberg. Nachdem er bei der Investmentbank Salomon Brothers den Aktienhandel und die technologischen Systeme dirigiert hatte, verließ er die Firma 1981. Mit einer Gruppe ehemaliger Salomon-Mitarbeiter gründete Bloomberg dann die Firma Innovative Market Systems, die er später in Bloomberg umbenannte. Der Jahresumsatz dieser Firma beläuft sich mittlerweile auf über vier Milliarden US-Dollar und Bloomberg hat sich nun auf den Weg gemacht, New York zu regieren. Bloombergs Erkenntnis bestand lediglich darin, dass er zwar erfolgreich Geldgeschäfte abwickelte, mit dem Vertreiben von Informationen über Geldanlagen jedoch noch erfolgreicher sein könnte.

Im Informationszeitalter sind Informationen bares Geld. Matt Drudge ist der Mann, der in seinem Büro in Los Angeles den *Drudge Report* herausgibt. Er präsentiert sich als eine Art Woodward und Bernstein – die Watergate-Journalisten – im Internet: recherchierender Journalist, Klatschmaul und Techno-Reporter in einem. Drudge wird als der Mann in die Geschichte eingehen, der der Monica-Lewinsky-Story zum Durchbruch verhalf – sofern diese schmutzige Geschichte überhaupt in die Geschichtsbücher vordringt. Drudge liefert sofortiges Insiderwissen, wenn in den amerikanischen Korridoren der Macht etwas geschieht. Während wir dies schrieben, berichtete Drudge, dass der Oscarpreisträger und ehemalige Vizepräsident Al Gore in seinem Haus monatlich mehr Strom verbraucht als eine Durchschnittsfamilie pro Jahr.

Insider-Informationen sind Gold wert. Unternehmen geben Milliarden von Dollar aus, um Auskünfte über ihre Kunden zu erhalten. »Treue Kunden sind die wahre Beute im Informationskrieg, und wer Kenntnisse über die Kunden besitzt, der besitzt den ganzen Markt«, sagt Sean Kelly, leitender Direktor von Data Warehouse Network.

Aber nicht nur Informationen über Geld sind mehr wert als das Geld selbst. Auch Informationen über Produkte, Dienstleistungen und alle nur erdenklichen Waren sind wertvoller als das dahinter stehende Angebot. Ausschlaggebend ist dabei nicht nur die Menge der Informationen, sondern ihre Aktualität und Genauigkeit – einer der Gründe für den Erfolg von Google. Erkenntnisse über Kundenerwartungen und -erfahrungen von gestern sind heute schon Geschichte. Erhebungen über die Kundenerwartungen und -erfahrungen von heute sind die Profite von morgen.

Kompetenz als Basis des Wettbewerbs

Der zentrale Produktionsfaktor des modernen Unternehmens ist der Kopf. Er ist seine Essenz. Wir stehen zunehmend im Wettbewerb um Kompetenzen. Die Unternehmen durchlaufen einen Wandel – ob es ihnen gefällt oder nicht – von der Herstellerfirma mit wenig Service zur Dienstleistungsfirma mit wenig Herstellung. Heute bildet Kopfarbeit die Grundlage aller Firmen – zumindest sollte dies so sein.

Stellen Sie sich vor, wie groß General Motors ist. Unter dem Aspekt des Vermögens ist es nach wie vor die größte Firma der Welt (192.604 Millionen US-Dollar im Vergleich zu Microsofts läppischen 39.788 Millionen). General Motors besitzt Tausende von Gebäuden und Lagerhäusern und einen riesigen Fuhrpark mit den raffiniertesten Maschinen. Das Unternehmen besteht bereits lange und hatte im Jahr 1996 647.000 Angestellte – die Bevölkerung einer mittelgroßen Stadt. Die Zahl der Mitarbeiter ist nun auf 335.000 geschrumpft, aber das sind immer noch eine ganze Menge Leute. Auch ohne den Fahrzeugverkauf würde das Unternehmen noch unter den 30 Spitzenpositionen in der Liste der *Fortune 500* rangieren. Und doch hat Microsoft diesen Riesen ohne erkennbare Strapazen übertrumpft. Microsoft hat nicht so viele Büros, Lagerhallen oder Maschinen wie General Motors. Bei Microsoft sind nicht so viele Personen angestellt. Der einzige Aktivposten von Microsoft ist die menschliche Vorstellungskraft. Diese Firma ist auf Intelligenz gebaut.[>8<]

8 Ja, die Preise von Erdöl und Stahl steigen und der Preis einer Tasse Tee auch, aber real beläuft sich der Wert von Rohstoffen nur noch auf ein Fünftel seines früheren Preises.

Das Gute an General Motors ist, dass es wie ein großes Unternehmen aussieht. Mit seinen Bürogebäuden, Immobilien, Heeren von Angestellten und riesigen Fabriken macht es gewaltigen Eindruck und entspricht unseren Vorstellungen einer richtig großen Firma. Unser Bild einer perfekten Unternehmenskultur stammt noch aus der Vergangenheit – wir orientieren uns am Rechnungswesen, Führungsprinzipien, allgemeinen Geschäftsstrategien, Firmenarchitektur, Sprachgebrauch und so weiter. Schließlich bietet die Vergangenheit etwas, woran man sich festhalten kann. Das Problem mit dem intellektuellen Kapital oder wie immer man es nennen mag besteht darin, dass es ätherisch und schwer fassbar ist. Wir verfügen nicht einmal über eine angemessene Sprache, um Wissen zu beschreiben. Allen Fragebögen und Modellen zum Trotz ist es nahezu unmöglich, die Intelligenzleistung aller Gehirne zu erfassen, die sich in einem Raum befinden – geschweige denn in einer Firma. Intelligenz ist schwierig zu erklären, zu beschreiben und zu bewerten. Dennoch müssen wir weiterhin nach Wissen suchen – schließlich ist auch die Liebe nicht einfach zu erfassen, und trotzdem versuchen wir es immer wieder.

»Wir sind immer 18 Monate vom Untergang entfernt«, sagt Bill Gates. Wenn selbst Microsoft immer am Abgrund wandelt, welche Hoffnung bleibt da für uns andere?

Die neue, harte Währung ist die Information. Wie Nicholas Negroponte aus dem Media Lab des MIT feststellte: »Wir bewegen uns von einer Welt der Atome in eine Welt der Bits.« [9] Wir bewegen uns von der Muskelkraft zum Gehirn, von angestellten Händen zu angestellten Gehirnen. Es geht jetzt um Kilobytes, nicht mehr um Kilogramm.

9 Negroponte ist Gründer und Vorsitzender des gemeinnützigen Vereins One Laptop per Child.

Und doch kleben wir in der Welt der Atome fest. Wir messen die Atome, als wären sie immer noch das Wichtigste im Leben. Das Handelsabkommen GATT befasst sich nur mit Atomen – mit der Frage, wie viele Tonnen einer bestimmten Ware von einem geografischen Ort an einen anderen transportiert werden können. Informationen breiten sich mit Lichtgeschwindigkeit über alle Grenzen hinweg aus, doch das scheint nur wenige Politiker zu kümmern. In unseren Bilanzen ist von Atomen die Rede – von Maschinen, Gebäuden etc. Aber erfassen wir wirklich unsere entscheidenden Aktivposten, wenn wir so rechnen?

In unserem neuen Zeitalter ist Unfassbarkeit etwas Positives. Wenn Sie etwas anfassen können, ist es vermutlich nicht viel wert. Was an Volvo – jenem Autohersteller, der 1999 von Ford Motors übernommen wurde – wertvoll ist, lässt sich nicht berühren. Die Fabrikausstattung hat keinen großen Wert und der Firmensitz und das Lagerhaus in Holland sind nicht viel mehr als Immobilien. Der wirkliche Wert ist ein immaterieller – die Marke Volvo, die Beziehungen der Firma, die Kenntnisse, die es innerhalb der Firma gibt, die Konzepte und die Ideen. Ford musste für all dies 6,45 Milliarden US-Dollar zahlen – etwas mehr als vier Prozent der Summe, die America Online

(149,8 Milliarden US-Dollar) gekostet hätte.[>10<] Den Händlern der Atome stehen harte Zeiten bevor.

10 Natürlich können nicht alle dabei siegen: AOL fusionierte 2001 mit Time Warner. 2002 berichtete AOL Time Warner einen Verlust von 99 Milliarden US-Dollar – der größte je bekannt gewordene Verlust eines Unternehmens. Und doch betrug der Marktwert von Time Warner im November 2006 80 Milliarden US-Dollar. Der Marktwert von Ford liegt bei 16 Milliarden.

In jedem Geschäftszweig und jedem Aspekt unserer Gesellschaft und unseres persönlichen Lebens stoßen Sie auf den Wert des Immateriellen. Nehmen Sie einen Menschen, zerlegen Sie ihn in seine kleinsten Einzelteile – die Atome. Bringen Sie das Zeug auf den Rohstoffmarkt in Chicago und versuchen Sie es zu verkaufen – Sie können von Glück sagen, wenn Sie dafür zwei Dollar bekommen. Stattdessen sollten Sie der Person lieber eine Schönheitsoperation bezahlen, sie Ophra nennen und ein Jahresgehalt von vielen Millionen Dollar fordern.

Man nehme etwas Wasser, füge Zucker hinzu, etwas Kohlensäure und gieße es in eine Dose. Die Kosten betragen weniger als ein Viertel Dollar. Man schreibe Coca-Cola auf die Dose – und schon kann man einen Dollar dafür verlangen. Man nehme eine Pappschachtel, ein kleines Heftchen und eine CD-ROM. Zusammen ist das Ganze etwa 5 Dollar wert. Man schreibe MS Office darauf und schon kann man 200 Dollar dafür verlangen.

In dieser kopfgesteuerten Gesellschaft ist Wahrnehmung alles. Das Immaterielle wird durch das schrille Klingeln der Registrierkasse real. In unserer auf Marken fixierten Gesellschaft zahlte Bacardi-Martini kürzlich 1,5 Milliarden Pfund (2,4 Milliarden Dollar) für Dewars vier Destillerien mit 49 Angestellten und einen 15-jährigen Liefervertrag. Die Firma erhielt außerdem die Markennamen White Label für schottischen Whisky, Bombay Gin und Bombay Sapphire Gin. Als die schwedische Regierung 2007 beschloss, V&S zu verkaufen, hatte das Unternehmen einen Wert von sechs bis sieben Milliarden US-Dollar. Wofür? Eine Flasche und ein Name: Absolut. Der Flascheninhalt hatte wohl kaum einen Wert. Seltsam? Vielleicht doch nicht, wenn Sie sich einmal die Liste der wertvollsten Marken der Welt vor Augen halten:

Marke	Markenwert
Coca-Cola	67.000 Millionen US-Dollar
Microsoft	56.926 Millionen US-Dollar
IBM	56.201 Millionen US-Dollar

GE	48.907 Millionen US-Dollar
Intel	32.319 Millionen US-Dollar
Nokia	30.131 Millionen US-Dollar
Toyota	27.941 Millionen US-Dollar
Disney	27.848 Millionen US-Dollar
McDonalds	27.501 Millionen US-Dollar
Mercedes	21.795 Millionen US-Dollar

Kein Wunder, dass Bernd Pischetsrieder, ehemaliger Vorstand von BMW, einmal äußerte, nicht er stehe an der Spitze des Unternehmens. Über ihm gäbe es noch den Markennamen BMW mit dem ganzen Gewicht seiner Geschichte – und der sei der eigentliche Chef der Firma. Bis Ende 2006 war er dann Vorstandsvorsitzender von VW und hatte den gleichen Boss.

Intelligenz und Immaterielles gehen Hand in Hand. Aber das Immaterielle hat seinen Preis. Große Markennamen sind kein Geschenk Gottes. Große Markennamen müssen geschaffen werden – und das dauert seine Zeit. Abgesehen von Absolut Wodka – wie viele wirklich neue Marken für Spirituosen fallen Ihnen ein?[11] Häufig übersteigen die Informationskosten – das heißt die Ausgaben, um das Interesse des einerseits übersättigten, andererseits immer anspruchsvolleren Verbrauchers zu wecken – die Kosten für die tatsächliche Herstellung des Produkts. Denken Sie nur an Coke, Metallica, Gucci, Madonna, Prada oder Tiger Woods.

11 Absolut entfachte in der Getränkeindustrie einen Trend der kreativen Markennamen. In den letzten Jahren sind ein Bacardi Breezer und Wodka Ice sowie etliche neue Wodka-Marken in den Vordergrund gerückt.

Die global verbundene Gesellschaft

Tatsache ist, dass wir alle in einer Welt ohne Grenzen leben. Die meisten von uns haben sich an die Idee der Internationalisierung schon so gewöhnt, dass wir sie bereits für selbstverständlich halten. Werfen Sie einen Blick auf die Kleidung, die Sie tragen. Während wir hier sitzen und schreiben, trägt der eine von uns einen Anzug aus Deutschland, Schuhe aus Italien und ein Hemd aus Kanada, während der andere in Hosen aus den USA, einem T-Shirt aus Belgien und mit einer Brille aus Japan am

Made in ...
Japan
Canada
rance
China
razil
Germany
Italy

Tisch sitzt. Vielleicht glauben Sie jetzt, wir hätten geschummelt und mit Absicht unser Global-Outfit angelegt, aber wir schwören (beim einbalsamierten Leichnam Lenins), dass wir nichts weiter am Leib haben als alle anderen auch, wenn auch ausschließlich in Schwarz. Sehen Sie sich an. Aus wie vielen Ländern stammen Ihre Kleidungsstücke? Wir sind sicher, dass Sie ernsthafte Probleme bekämen, wenn Sie alle Kleidungsstücke ablegen müssten, die nicht in Ihrem Heimatland hergestellt wurden – es sei denn, Sie sind gerade im Bett.

Auf der anderen Seite bedeuten Aufschriften wie »Made in USA« immer weniger. Dasselbe gilt für »Made in Japan« oder »Made in Swaziland«. Nokia hat Labors in Skandinavien, Japan, Hongkong, Deutschland, Australien, Großbritannien und den USA. Das Unternehmen schickt seine Leute nach Venice Beach in Los Angeles und auf die Kings Road in London, um die neuesten Modesignale aufzufangen. Sind die Produkte finnisch? Wenn der Nationalstaat mittlerweile ein völlig bedeutungsloser Maßstab ist, ist auch die Zuordnung zu einem bestimmten Land überflüssig. Interessanterweise bleiben jedoch die älteren Generationen den national hergestellten Produkten eher treu. Die Briten kaufen britisch, die Franzosen französisch und die Amerikaner amerikanisch – aus einer tief sitzenden Gewohnheit heraus. Darin spiegelt sich ein gewisser Patriotismus wider. Die Jüngeren kümmern sich darum überhaupt nicht mehr. Für sie stammen die Produkte von BMW, von Nokia, von Alessi oder von Philippe Starck. Was zählt, ist der Herstellername – nicht das Herstellungsland. Heute heißt es *made by* – nicht *made in.*

Die Globalisierung ist keine Theorie mehr. Sie hat Nationalstaaten, Unternehmen, Produkte, Dienstleistungen und Individuen erfasst. Und sie betrifft sie jetzt und alle gleichzeitig. Lokal war die Norm und international die Ausnahme. Die Business Schools hatten traditionell eine spezielle Abteilung für internationales Business. RoW hieß: Rest der Welt. Jedes Unternehmen, das diese Abkürzung noch benutzt, sollte die Pforten schließen, bevor sie ihm von abtrünnigen Kunden vor der Nase zugeschlagen werden. Heute wäre eine kleine Abteilung für lokales Business angebrachter. Warum haben Regierungen eigene Außenministerien, wenn die meisten Regierungsangelegenheiten international sind? Die neuen Institutionen reichen über geografische Grenzen hinaus. Es gibt Megastaaten wie die EU, die APEC oder die NAFTA. Multinationale Unternehmen haben zwar rechtlich einen lokalen Sitz, operieren aber weltweit. Es gibt globale Produkte wie Coca-Cola und Big Mac, globale Superspezialisten und eine Schar globaler Musiker, Berater, Chefs, Forscher, Schauspieler und viele andere.

Wirkliche Internationalisierung bedeutet im Gegensatz zu dem falschen Alarm, den wir in der Vergangenheit erlebten, dass ein Schneider in Wuhan, China, im Wettbewerb mit einem Schneider in Berlin steht. Es herrscht techno-ökonomische Gleichheit. Die Verbreitung des Wissens bedeutet, dass die Menschen im Westen kein Wissensmonopol mehr besitzen – das heißt, der Schneider in Wuhan kann sich schnell Zugang zur selben Technologie verschaffen wie der Schneider in Berlin. Der Geist des Kapitalismus ist auf dem Vormarsch. Er machte sich bereits Ende des 19. Jahrhunderts von Europa auf den Weg in die USA. Dann zog er weiter gen Westen, bis er im Fernen Osten ankam. Und noch immer bewegt er sich westwärts – heute schwingt er seinen Zauberstab über China und der ehemaligen UdSSR. Die neue Realität entwickelt sich überall. Die neue Ökonomie ist multizentrisch.

Der Ferne Westen

Sehen Sie nach Westen. In den Fernen Westen, denn dort offenbart sich die Zukunft. In den USA entstehen viel mehr Arbeitsplätze als in Europa. Allerdings zeichnet sich die amerikanische Wirtschaft dadurch aus, dass nur bestimmte Regionen, Industrien und Unternehmen extrem dynamisch sind. Kalifornien gehört zu diesen Zentren des Wachstums. Es ist schon ein seltsamer Ort, an dem 40 Prozent der Bevölkerung nie Messer und Gabel benutzen, sondern stattdessen lieber mit den Fingern und im Stehen essen. Offensichtlich gleicht der internationale Wettbewerb einem Kampf zwischen denen, die mit Stäbchen essen, denen, die Messer und Gabel gebrauchen, und den erfinderischen Köpfen, die nur ihre Finger benutzen. Sie mögen zwar zum Essen die Finger benutzen, aber ihre Köpfe halten die Wirtschaft am Laufen.

Vieles, was die USA in geschäftlicher Hinsicht so interessant macht, ist mit dem expandierenden Entertainmentsektor verbunden. In der Europäischen Union werden insgesamt zwar mehr Filme produziert als von den Vereinigten Staaten, aber die US-Filme haben in Westeuropa einen Marktanteil von 71 Prozent. Doch seien Sie vorsichtig. Entertainment bedeutet nicht nur Filme von Arnold Schwarzenegger oder CDs von Beyonce. >12<

12 Im Jahr 2003 wurde Arnold Schwarzenegger Gouverneur von Kalifornien. Dies hätten wir bestimmt nicht vorauszusagen gewagt.

13 Im Jahr 2004 investierten die USA 4,6 Prozent des Bruttoinlandsprodukts in Informations- und Kommunikationstechnologien. Im Gegensatz dazu wurden in Europa drei Prozent investiert. Japan hat noch weniger als einige andere Länder investiert – nämlich unter 3 Prozent. Somit liegt es zwar hinter den USA, Australien und Korea, die etwa 4 Prozent in diesen Bereich steckten, aber noch vor Frankreich, Deutschland und Irland, wo die Investitionen knapp unter 2 Prozent lagen.

Entertainment bedeutet auch Hightech. Denken Sie nur an SiliconGraphics und Micky Maus. Filme, Musik, elektronische Spielwaren, Videos und Computerspiele verschmelzen mit allen Aspekten der Informationstechnologie – Hardware und Software, Telekommunikation, Internet und so weiter – zu einem höchst wirksamen Gemisch.

Die US-Wirtschaft ist der Wegbereiter für die Informationsgesellschaft. Die USA geben zum Beispiel vier Prozent des Bruttosozialprodukts für den IT-Bereich aus, während Japan dafür nur zwei Prozent aufbringt.>13<

Die amerikanische Wirtschaft wird immer softer; die Unternehmen aus Silicon Valley werden bereits viermal so hoch bewertet wie diejenigen aus Detroit. Und ihr Wert entspricht fast dem des gesamten französischen Aktienmarkts. Der Ort Palo Alto in Kalifornien war früher für seine köstlichen Trockenpflaumen und Rosinen bekannt, heute sind hier Tausende von Unternehmen aus der Elektronik- und Softwarebranche ansässig. Was für General Motors gut ist, ist es für Amerika offenbar schon bald nicht mehr.

Der Ferne Osten

Dennoch wäre es falsch zu behaupten, der Ferne Westen hätte das Monopol auf die Zukunft. Auch der Ferne Osten hat in den letzten zehn bis zwanzig Jahren ein explosionsartiges Wirtschaftswachstum erlebt. Im 18. Jahrhundert benötigte Großbritannien laut Professor Jeffrey D. Sachs von der Harvard University noch 60 Jahre, um sein Bruttosozialprodukt zu verdoppeln. Sachs stellte fest, dass Japan dies hundert Jahre später in der Hälfte der Zeit schaffte. Südkorea gelang das Gleiche vor Kurzem innerhalb von elf Jahren. Im Jahr 1960 betrug der Lebensstandard eines durchschnittlichen japanischen Bürgers ein Achtel von dem eines Amerikaners. Südkorea befand sich wirtschaftlich auf demselben Stand wie der Sudan, und Taiwan war in puncto Pro-Kopf-Einkommen vergleichbar mit Zaire. Vor der augenblicklichen Krise schätzte die Weltbank, dass 50 Prozent des künftigen weltweiten Wachstums in den nächsten Dekaden auf Südostasien entfallen würde.

Der Ferne Osten hat eine positive Einstellung zur Ausbildung. Vor einiger Zeit wurden Kinder aus aller Welt befragt, ob sie gerne zur Schule gingen. In China stimmten dem 34 Prozent zu, in Japan 28 Prozent. In den USA lag die Zahl bei 18 Prozent. Vor seinem Tod stellte Peter Drucker fest, dass »Indien möglicherweise bereits die besten Hochschulen für Ingenieure und Mediziner auf der Welt hat.«

Auch das Ausmaß der Veränderungen wird häufig unterschätzt. Der Westen leugnet dies gerne. Einige Leute glauben, die Krise im Fernen Osten habe ihnen letztlich recht gegeben. Andere wenden ein, dass in den meisten dieser Länder nur billige Elektronik und Plastikspielzeug produziert würde. Doch diese Behauptungen sind einfach zu widerlegen. Eine Studie von Merrill Lynch zeigt, dass an Orten wie Singapur, Hongkong und Taiwan mehr als 60 Prozent des Bruttosozialprodukts im Dienstleistungssektor erwirtschaftet werden. Viele dieser Volkswirtschaften basieren bereits auf der Produktivität des Wissen. Vor Kurzem war zu lesen, dass ein Land wie Singapur – einst vom Autor William Gibson als »Disneyland mit Todesstrafe« beschrieben – 25 Prozent seines Bruttosozialprodukts für Bildung, Forschung und Entwicklung ausgibt. Wir glauben, dass diese Leute sich etwas dabei gedacht haben. Aber natürlich kann Singapur auch falsch liegen. Was, wenn gar keine Revolution stattfindet? Was, wenn das Wissen gar nicht zum wichtigsten Aktivposten der Zukunft wird? Träumen Sie weiter.

In Südostasien findet ein Großteil der Fabrikation in China statt – jenem Land, das jährlich 600.000 Ingenieure mit einem Durchschnittsgehalt von 500 US-Dollar hervorbringt. China hat mehr Hochschulabsolventen als Amerika (ein paar hundert Millionen) und 413,7 Millionen Einwohner, die unter 20 Jahre alt sind. Die Chinesen sind jung, ausgebildet und gierig. Die Chinesen sind fast wie wir: Während wir reich werden möchten, wollen sie reich sein. Eine neuere Umfrage zeigt, dass für 66 Prozent der chinesischen Bevölkerung dieses Motiv den primären Antrieb bildet. Nur armselige 4 Prozent möchten die große kommunistische Revolution fortführen. Bis zum Beginn des 19. Jahrhunderts war die chinesische Volkswirtschaft die größte der Welt. Wenn das derzeitige Wachstumstempo in den nächsten Jahren konstant bleibt, hat China bis zum Jahr 2010 seine Position als dominante Wirtschaft auf dem Planeten Erde zurückerobert.[14]

14 Das heimische Unternehmen Ningo Bird vermarktet und verkauft mehr Handys in China als Nokia oder Motorola. Es gilt auch als Trendsetter. Im Jahr 2007 unterzeichnete Ningo Bird eine Vereinbarung mit Siemens für die künftige Zusammenarbeit im Handybereich.

Natürlich wird sich der Schwerpunkt des asiatischen Wettbewerbs in den nächsten Jahren verlagern. An die Stelle des blanken Kräftemessens wird intelligenter Wettbewerb treten. Wir können wahrscheinlich viel von der Entwicklung Japans zur Industrienation lernen. Anfänglich stellten die Japaner Dinge her, die billiger waren. Der Westen tat dies als Plastikschrott ab. Dann machten die Japaner Fortschritte und produzierten auch Dinge, die besser waren. Der Westen beging den Fehler, wieder seinen alten Witz aus der Mottenkiste zu holen. Doch dieser traf nicht mehr. Als die Japaner die meisten westlichen Elektronikunternehmen ausgebootet und fast alle Automobilfirmen virtuell auseinandergenommen hatten, blieb dem Westen das Lachen im Hals stecken. Auch das hämische Grinsen über die Asienkrise ist möglicherweise nur von kurzer Dauer, denn schon bald werden Milliarden von klugen Köpfen an die Tür zum Westen klopfen. Merke: Hochmut kommt vor dem Fall.

Die östlichen Nachbarn

Es genügt indes nicht, in den Fernen Westen und in den Fernen Osten zu reisen. Die Zukunft findet auch im ehemaligen Ostblock statt. Einige dieser Volkswirtschaften haben seit dem Fall der Berliner Mauer im Jahr 1989 extreme Veränderungen durchlaufen. Vor ein paar Jahren hielt der ungarische Wirtschaftsminister eine Rede vor einer Gruppe von Journalisten, in der er die Gründe darlegte, die seiner Ansicht nach zum Untergang des Kommunismus geführt haben. Er lieferte eine lange und ausführliche makroökonomische Erklärung. Als er geendet hatte, erhob sich seine Frau, die zu den vielen neuen Unternehmern in Ungarn gehört, und sagte: »Ich bin mir nicht sicher, ob ich verstanden habe, was mein Mann Ihnen gerade alles erzählt hat, aber ich möchte Ihnen, liebe Freunde, eines sagen: Ich will ganz einfach nur einkaufen gehen.«

Wir können unter vier komplementären Gesichtspunkten den Blick nach Osteuropa richten.

1. Für einige Unternehmen verkörpert Osteuropa ein ungeheures Chaos – keine Infrastruktur, organisiertes Verbrechen, unterschiedliche Mentalität etc.
2. Für andere ist Osteuropa ein gigantischer Absatzmarkt – Mercedes verkauft in Moskau jede Menge Luxuskarossen.

3. Diese Länder bilden einen riesigen Input-Markt – es findet ein Mega-Ausverkauf der Intelligenz darin statt, insbesondere von Leuten, die in der Rüstungsindustrie gearbeitet haben.
4. Einige Länder sind bevorzugte Reiseziele geworden.

Bemerkenswerterweise stellen manche russischen Unternehmen keine Mitarbeiter aus dem Westen mehr ein, weil sie der Ansicht sind, diese seien nicht kapitalistisch genug. Sie behaupten, der bequeme westliche Stadtmensch sei nicht bereit, so viele Stunden und so hart zu arbeiten und notfalls auch Regeln in einem solchen Maße zu verletzen. Die Osteuropäer hingegen treibt nach wie vor der Hunger an.

Vor unserer Haustür

Aber auch in Westeuropa geschieht Verblüffendes. Wer hätte je gedacht, dass eine der am schnellsten wachsenden Firmen der Softwareindustrie – der Funk-Industrie schlechthin – aus Deutschland kommen und SAP heißen würde? Woher kommt Nokia, der Hersteller topmodischer Handys mit dem größten Sex-Appeal? Finnland exportiert heute mehr elektronische als forstwirtschaftliche Produkte. Die Finnen haben mehr Internet-Server pro Kopf als jedes andere Land. Hätten Sie vor zehn Jahren gedacht, dass drei der aufstrebendsten Airlines auf den britischen Inseln ansässig wären? Sehen Sie sich heute easyJet, Virgin und Ryan Air an.

Europa bietet außerdem eine Reihe multikultureller Rollenmodelle an – vom Fußballclub bis hin zu ganzen Ländern. Einige bedeutende internationale Unternehmen haben ihren Firmensitz in der multi-ethnischen und multi-religiösen Schweiz. Firmen wie Nestlé, Ciba Geigy und ABB fällt der Umgang mit kulturellen Unterschieden offenbar leichter als anderen in Europa. Das Aufsichtsratsgremium von ABB besteht aus acht Personen aus vier verschiedenen Nationen. Die Unternehmensleitung setzt sich sogar aus Angehörigen fünf verschiedener Länder zusammen. Der ehemalige Firmenchef Percy Barnevik stellt klar: »Kompetenz ist das wesentliche Auswahlkriterium, nicht der Ausweis.« Andere multinationale Unternehmen arbeiten mit einem ähnlich bunten Mitarbeiterstamm, weil sie sowohl die Herausforderungen der Globalisierung als auch der Teamarbeit erkannt haben. Nach seiner Fusion wies der medizinisch-biotechnische Konzern SmithKline Beecham ein dreizehn Kopf starkes Managementteam aus sieben verschiedenen Nationen auf. Europa schlägt zurück.

Etc.

Die Liste ist beliebig fortsetzbar. Das Wirtschaftswachstum findet überall statt.[15] Es gibt kein einzelnes Zentrum der Schwerkraft mehr – es gibt viele. Der westliche Traum vom Glück – ein kleines rosa Haus mit einem weißen Gartenzaun, ein zuverlässiger Wagen, ein gut aussehender Ehepartner, nette Kinder, ein Jahresurlaub am Mittelmeer oder in der Karibik und ein angenehmer, sicherer Arbeitsplatz – wird nicht mehr nur von 200 Millionen Menschen infrage gestellt. Nicht allein Japan sitzt dem Westen im Nacken. Heute wollen 3.000 Millionen Menschen das besitzen, was die meisten im Westen bereits ihr Eigen nennen – und sie wollen es jetzt. Und – glauben Sie uns – sie werden nicht darum bitten. Sollen wir davor Angst haben? Im Gegenteil. Dies ist die größte geschäftliche Chance des neuen Jahrtausends. Die positive Seite dieses Szenarios ist nämlich, dass alle diese drei Milliarden Menschen schon bald potenzielle Kunden sein werden. Angebot und Nachfrage!

15 Beachten Sie, dass nur 20 Prozent der Weltproduktion im globalen Wettbewerb stehen. In 30 Jahren werden es 80 Prozent sein.

Aber das funky Dorf ist nicht nur global – es ist global verbunden. Erinnern Sie sich an das Fischernetz und das Netz der Spinne? Alle Änderungen breiten sich schnell aus und sind überall zu spüren. Eine Marktwirtschaft ist kein Nullsummenspiel. Wenn die Menschen in Afrika an einer Rezession leiden, wird dadurch der Lebensstandard für die Menschen im Westen nicht verbessert – höchstens in der Relation. Wenn das Wachstum in den USA raketenartig ansteigt, sind das keine schlechten Nachrichten für irgendjemand anderen auf diesem Planeten. Die international verknüpfte Gesellschaft ist ein Gemeinschaftswerk. Das funky Dorf bedeutet zwar mehr Wettbewerb, es bedeutet aber auch mehr Chancen – mehr Gelegenheiten, neue Kunden, Zulieferer, Partner, Experten und Freunde zu finden. Wer sich diesem Verbund nicht anschließt, muss einen extrem hohen Preis bezahlen.

Vorreiter und Nachzügler

Sicher nimmt das Wachstum nicht in allen Regionen der Welt im gleichen Maße zu. Den Wirtschaftsexperten der Weltbank zufolge arbeiten die Menschen in schnell wachsenden Volkswirtschaften härter, studieren eifriger und sparen mehr. Ökonomischer Erfolg und Fortschritt stellt sich über einfache Dinge ein: Arbeiten, Studieren und Sparen – es gibt kein magisches Pulver und keinen Zauberstab dafür.

Im funky Dorf hingegen dreht sich das Spiel um Effektivität, neue Kreationen und revolutionäre Veränderungen; um neue, ganz andere Angebote für die Kunden; um Überraschungen für die Menschen und darum, Erstaunliches hervorzubringen. Erfolg resultiert aus der Erforschung des Unbekannten und der Realisierung von Ideen.

Je nach Lebenszyklus einer Ära werden Spieler mit unterschiedlichen Profilen dominieren. Im funky Dorf gibt es eine Region, die sich durch ausgesprochen individualistische Werte abhebt. Diese Region verfügt über Institutionen, die einen flexiblen, kurzlebigen und mobilen Arbeitsmarkt möglich machen. Es ist eine Region, die Unsicherheit akzeptiert und zu den großen Schöpfern neuer Technologien gehört – die Vereinigten Staaten. Deshalb sollten wir nicht erstaunt darüber sein, dass US-amerikanische Firmen jetzt am Anfang dieser neuen Ära dominieren – insbesondere wenn einer der Hauptkonkurrenten, Japan nämlich, durch Kollektivismus, lebenslange Anstellungsverhältnisse, Reduktion von Unsicherheiten und Anpassung an die neuen Technologien anstelle von Pioniergeist beherrscht wird.

Das muss nicht immer so bleiben. Der lange Boom Amerikas ist nicht auf steinernen Gesetzestafeln eingraviert. Die Dominanz der USA wird sicher kein baldiges Ende finden, aber gewiss infrage gestellt werden. Wachsende Globalisierung und Wertefusionen werden das Ihre dazu beitragen. Viele Menschen lassen sich von geografischen Gegebenheiten nicht mehr beeindrucken. Manche Japaner, Dänen oder Portugiesen sind bestimmt höchst individualistische Schöpfer und wagen noch mehr Unsicherheit als ein typischer Amerikaner. Die Welt ist jetzt ihre Bühne. Sie haben die Freiheit zu wählen. Und sie werden ihre Wahl treffen. Wir sollten also darauf gefasst sein, dass manche Idee ein schnelleres und unerwartetes Comeback erlebt, denn diese Individuen greifen Signale und Ideen aus einer Region auf und verpflanzen sie in eine andere. In einer Gesellschaft, die nicht an Räume gebunden ist, sollte man klar zwischen Einzelnen und Organisationen mit vielen Standorten und Nationalstaaten differenzieren, die sich nicht einfach von einem an einen anderen Ort verlagern lassen. Noch einmal: Die Person ist wichtiger als der Ort.

Der neue Schmelztiegel ist Europa.[16] Europäer leben typischerweise in Ländern, in denen 15 bis 25 Prozent der Einwohner ausländischer Herkunft sind. Mischung ist alles. Es gibt keine geschlossenen, homogenen, geschützten Gesellschaften mehr. Hier leben Menschen Seite an Seite, die jeweils andere Werte und Wertesysteme haben – und das gehört mittlerweile zum Alltag. Natürlich herrscht darüber nicht nur nicht eitel Freude. Einige Gesellschaften sind nationalistischer als andere. Niemand behauptet, dass dieses Zusammenleben ohne Spannungen verläuft.

> **16** Europa braucht einen Traum – einen Traum, der sich fundamental vom amerikanischen Traum unterscheidet. Das Problem ist, dass die Europäische Union auf dem Wunsch basiert, einen weiteren Alptraum zu verhindern: Nie wieder einen großen Krieg.

Europa hat folglich aufgrund seiner kulturellen Vielfalt einen potenziellen Vorteil – und Vielfalt ist die Mutter von Kreativität, Erfindungsgeist und Fortschritt. Aber sitzen die Europäer auf einem Pulverfass oder in einem Schmelztiegel? Europa hat eine lange Geschichte der Feindschaft und Rivalität. Die Menschen sind es gewöhnt, in Uneinigkeit zu leben. Ist das ein Pluspunkt oder ein Nachteil? Dem deutschen Philosophen Jürgen Habermas zufolge kann Europa dieses Erbe zu seinem Vorteil wenden, wenn es versucht, produktiv mit seiner Uneinigkeit umzugehen, und eine supranationale Demokratie wagt – eben die Europäische Union. Übung macht den Meister.

Doch die Entwicklungen auf dem Balkan haben auch den größten Optimisten die Gefahren der Vielfalt vor Augen geführt. Aber denken Sie daran: Was ist, ist. Europa ist – und war seit Jahrhunderten – heterogen in Bezug auf Herkunft, Religion und alle denkbaren anderen Dimensionen. Vielfalt ist per se weder gut noch schlecht – sie existiert einfach. Vielfalt ist das, was wir daraus machen. Europa braucht nicht unbedingt mehr oder weniger Vielfalt. Europa muss sich überlegen, was damit geschehen soll. Europa braucht einen Traum, eine Idee, ein neues Manifest – Worte und Taten. Die Europäer müssen sich darüber Gedanken machen, wie sie das Potenzial ihrer heterogenen Bevölkerungen maximieren können, indem sie ihren Vorsprung in der Technologie, in Institutionen und Wertesystemen nutzen. Andernfalls werden die anderen Mitspieler im funky Dorf das Schicksal Europas bestimmen.

Die mächtigen Termiten

Nicht nur Zeit, Raum und Masse sind Veränderungen unterworfen. Mit dem Eintritt in das Zeitalter des Überflusses tritt die Welt in eine Metamorphose ein – sie nimmt neue, noch undeutliche Formen an. Die Dinge treiben dahin, werden auseinandergerissen und auf unkonventionelle Art und

Weise neu miteinander kombiniert – panta rei –, um eine verschwommene, fragmentierte Bindestrich-Welt zu erschaffen.

Unsere Gesellschaft bleibt in einem Zustand der Konfusion zurück. Fähige Einzelpersonen, Talente und Menschen mit der Macht der Wahl bewohnen diese Welt der Konfusion. Es sind Menschen, die die Freiheit haben, zu wissen, zu tun und zu sein, was sie wollen, und zu gehen, wohin sie möchten. Diese Einzelpersonen, die ihr Wahlrecht ausüben, leiten die Ära der »Anarchie« ein. Sie reißen Wände ein und unterminieren die traditionellen Machtbasen. Sie übernehmen die Kontrolle über ihre Ausbildung, ihre Karriere und ihr Leben. Sie initiieren systemübergreifende Veränderungen, die die Welt in einen hyper-pluralistischen Ort verwandeln.

Gestern noch bestimmten starke Machtzentren unsere Gesellschaften und unser Leben. Die Verfasser des Kommunistischen Manifests von 1848 schrieben, Ziel der Revolution sei die Errichtung einer Gesellschaft, »in der die industrielle Produktion nicht mehr in den Händen einzelner Fabrikbesitzer liegt, die miteinander konkurrieren, sondern von der gesamten Gesellschaft nach einem festgelegten Plan und entsprechend den Bedürfnissen aller geregelt wird«. So sah das extremste Modell gesellschaftlicher Regulierung auf der Basis seiner Grundannahmen von Vorhersehbarkeit, Stabilität und Kontrolle aus. Geleitet von der allgemeinen Vision eines guten Lebens kam es nur noch darauf an, den zentralen Plan und die richtigen Strukturen und Systeme zu gestalten. Konservative Politiker, Kapitalisten und Manager im Westen mögen über diese utopischen Hoffnungen gelacht haben, aber waren ihre Visionen wirklich besser?

Wir haben unsere eigenen riesigen, monolithischen und zentral gesteuerten Strukturen aufgebaut. Manche davon haben wir Unternehmen genannt. Vor etwas mehr als 30 Jahren gab der Harvard-Ökonom und Ratgeber von John F. Kennedy, John Kenneth Galbraith, zu: »Wir haben ein Wirtschaftssystem, das trotz andersartiger formal-ideologischer Bezeichnung im Grunde eine Planwirtschaft ist. Denn die Entscheidung über das, was produziert werden soll, treffen nicht unabhängige Verbraucher ..., sondern die großen Produzenten selbst, deren Ziel es ist, jenen Markt zu kontrollieren, dem sie angeblich dienen.« Auch hier ging es nur darum, die richtigen Strukturen, Systeme und Strategien zu entwickeln – den großen Plan richtig zu entwerfen. Im Kapitalismus wie im Kommunismus fanden sich auf politischem, sozialem und ökonomischem Gebiet Elemente einer zentralen Planwirtschaft. Einige trafen die Entscheidungen und andere gehorchten oder wurden zumindest zum Gehorsam angehalten.

Wenn die Alte Welt ein klar strukturierter Ort mit vielen kastrierten Individuen war, dann ist die heutige Realität eine unstrukturierte Welt mit fähigen Individuen (und einigen Nachzüglern, die unverändert ein Eunuchen-ähnliches Sicherheitsdenken bevorzugen). In unseren Strukturen sind Termiten freigelassen worden und laufen nun Amok.

Wie der Dichter William Butler Yeats einst schrieb, kann das Zentrum heute nicht mehr bestehen. Ausgerüstet mit neuen Technologien und Werten fordern Individuen mit Pioniergeist die konventionellen Institutionen und Machtzentren heraus. Beachten Sie, dass nicht Technologien, Institutionen und Werte diese neue Welt erschaffen. Vielmehr werden die Veränderungen oder Elemente der Konfusion, in die wir gestürzt werden, von Einzelnen bewirkt, die nicht mehr akzeptieren, dass man ihnen vorschreibt, was sie zu wissen und zu tun haben, wohin sie gehen und wer sie sein sollen. Doch was man auf gesellschaftlicher Ebene als Chaos interpretieren kann, ist für diese Einzelnen alles andere als chaotisch. In ihren Augen ist es ganz natürlich.

Die verschwommene Gesellschaft

In einer verschwommenen Gesellschaft verwischen die traditionellen Grenzen zunehmend. Schranken verschwinden und Dinge kommen ins Rollen. Wir haben traditionelle Strukturen geschaffen, um die Dinge zu sauberen kleinen Grüppchen ähnlicher Elemente zu sortieren. Durch diese Kategorisierung reduzierten wir Unsicherheit. Es gab Käufer und Verkäufer. Darüber herrschte ein allgemeiner Konsens. Es gab Banken und Versicherungsgesellschaften. Daran ist nichts Merkwürdiges. Es gab Großhändler und Einzelhändler. Es gab Liberale und Sozialisten. Einige studierten, andere haben gearbeitet. Unsere Welt glich einem Stapel Spielkarten, und wir waren alle damit einverstanden (oder wurden angewiesen), nur ein einziges Prinzip zum Sortieren dieser Karten zu benutzen.

Die drei treibenden Kräfte der Veränderung bieten jetzt kreativen Menschen die Möglichkeit, jeden noch so kleinen Aspekt unserer sozioökonomischen Landschaft neu zu gestalten, neu zu sortieren und neu zu klassifizieren. Nichts ist gegeben. Das gesamte Kartenspiel ist durcheinander gewirbelt worden. Wir haben bereits darüber gesprochen, dass geografische und moralische Grenzen sich verwischen, aber man kann die Folgen auch

Wo beginnt eine Firma, und wo endet sie?

an einer Reihe anderer Phänomene erkennen. Einige Unternehmen haben das Verschwommene sogar schon in ihr Logo integriert.

Die Grenzen zwischen Industriezweigen verschwimmen. Wenn die Schranken fallen – aufgrund von Internationalisierung, Deregulierung und Digitalisierung –, wird es für die Unternehmen einfacher, Querverbindungen zu verschiedenen Märkten und Branchen herzustellen. Die Firmen benutzen eine neue Logik, um in eine Industrie nach der anderen vorzustoßen, denn die traditionellen Grenzen zwischen Industriezweigen ergeben für sie kaum noch einen Sinn. Oberflächlich betrachtet ähneln sie vielleicht alten Konglomeraten, in Wirklichkeit unterscheiden sie sich jedoch deutlich von diesen. Sie beruhen auf der Idee, dass ihre Fähigkeiten, nicht ihre physischen Ressourcen in verschiedenen Industriesparten nutzbar sind. Der überwiegende Teil der materiellen Produktion wird den Zulieferfirmen aus aller Welt überlassen. Sehen Sie sich Lego, Virgin oder Harley Davidson an. Firmen, die sich früher auf den Spielwiesen verschiedener Branchen tummelten, treten nun zunehmend in Konkurrenz zueinander, weil sie ihr Augenmerk mehr auf die Bedürfnisse der Kunden richten als auf das aktuelle Produktangebot und veraltete historische Definitionen. Wer kann heute noch eine Bank von einer Versicherungsgesellschaft unterscheiden? Beide bieten im Wesentlichen die gleichen Dienstleistungen an. Vom Standpunkt des anspruchsvollen Kunden aus sind die traditionellen Unterscheidungen absolut bedeutungslos. Die Verbraucher wollen einfach funky Business.

Die Beziehungen zwischen den Firmen verschwimmen. Falls wir tatsächlich beginnen wollen, die Verbraucher für ihre Aufmerksamkeit zu bezahlen, stellt sich zunächst die Frage: Wer sind die Verbraucher? Heute sind Verkäufer auch Käufer und Käufer auch Verkäufer. Nehmen Sie den Fall des schwedischen Einzelhändlers Ikea. Das Unternehmen sitzt im Zentrum eines Netzes von Beziehungen. Die Firma hat den Möbelaufbau an die Kunden delegiert, die auf diese Weise ein paar Mark sparen möchten. Der Kunde ist also zum Lieferanten geworden. Ikea hat die Produktion bestimmter Komponenten dankbaren Zulieferfirmen überlassen, die ebenfalls Kunden sind, und dadurch Zugang zu Datensätzen und Expertenwissen erhalten haben. Fazit: Es wird immer schwieriger zu entscheiden, wen man zur Weihnachtsfeier einladen soll. Wo endet ein Unternehmen und wo fängt es an? Die gesetzlichen Grenzen werden immer bedeutungsloser. Unsere Beziehung zu ein und derselben Organisation kann also gleichzeitig die verschiedensten Facetten beinhalten wie Wettbewerb, Kooperation, Lieferung und Kauf. Die Koproduktion von Promiskuität ist die neue Realität.

TELEKOMMUNIKATION + IT + MEDIEN + UNTERHALTUNG = ZEIT

Produktion und Konsum verschwimmen zum *Prosum*. Einer von uns beiden hat kürzlich einen neuen Volvo gekauft. Zuerst erstellte er eine Art Wunschliste mit genauen Angaben über Farbe, Motor, Stereo, Polsterung, Finanzierung etc. Dann übernahm Volvo diese Liste, um exakt den Wagen zu produzieren, den er und seine Familie sich wünschten. Käufer und Verkäufer arbeiten in einem ineinandergreifenden Prozess zusammen. IT bietet Gelegenheit zu noch mehr Prosum. Überlegen Sie zum Beispiel, welche aktive Rolle wir übernehmen, wenn wir mit Amazon.com in Geschäftsbeziehungen treten. Wir liefern einen impliziten Input über unsere Nachfrage und Buchauswahl, dank der es möglich wird, die Spuren unserer virtuellen Einkaufswägen zurückzuverfolgen und spezielle Kaufvorschläge zu machen, oder wir stärken die Wettbewerbsfähigkeit noch deutlicher, indem wir ein Feedback geben oder eine Buchbesprechung zurückschicken. Die Firma bezahlt regelmäßig tausend Dollar (in Form von Büchergutscheinen) für den besten Amateurkritiker.

Auch der Unterschied zwischen Produkten und Service verschwimmt immer mehr. Heute scheint es angebrachter, von *Provice* und *Serdukten* zu sprechen, denn beides lässt sich kaum noch trennen. Atome und Bits koexistieren in den meisten Kundenangeboten. Denken Sie an die Finanzierungsangebote, die für die meisten teuren Waren mitgeliefert werden (Kauf oder Leasing). Denken Sie an die »fertig geschnürten Pakete«, die die Finanzinstitute anbieten. Ist ein Big-Mac-Menü bei McDonalds ein Service oder ein Produkt? Es ist beides.

Die traditionellen Grenzen zwischen Freizeit und Arbeit verwischen sich immer mehr. Wenn 70 bis 80 Prozent der Arbeit, die Menschen in einer modernen Organisation verrichten, mit dem Kopf verrichtet wird, ist Arbeit dann nicht ein Vorgang, der kontinuierlich verläuft und letztendlich 168 Stunden pro Woche dauert? Die Menschen hören ja nicht auf zu denken, wenn sie ihre Büros verlassen. Viele Leute arbeiten auch im Schlaf noch weiter. Ideen werden in unseren Träumen verarbeitet. Diese Entwicklung macht die klassische Unterscheidung zwischen Wohnung und Büro fast irrelevant. In der verschwommenen Gesellschaft ist Arbeit kein Ort mehr – sondern eine Aktivität.

Wo wir auch hinblicken, sehen wir, wie Gegensätze verschwimmen: Ost – West, Mann – Frau, Struktur – Prozess, Richtig – Falsch. Und diese Verschwommenheit erstreckt sich auf viele Ebenen – Gesellschaft, Organisationen und Individuen. Aber die Dinge sehen nur für jene verschwommen aus, die in der Logik der Vergangenheit stecken geblieben sind. Wer offen ist für das funky Dorf, wird an diesem Trend nichts Mysteriöses finden. Er spiegelt grundlegende Tatsachen des Lebens wider. Individuen und Organisationen mit Pioniergeist betrachten die von ihnen initiierten Veränderungen als Neustrukturierung und Innovation und nicht als Chaos und Konfusion.

Die fragmentierte Gesellschaft

Ohne dass dem viel Beachtung geschenkt wird, fällt unsere Welt zugleich auseinander. Meist sehen wir darin ein negatives Phänomen, was vielleicht nicht überraschend ist. Doch das muss nicht so sein – besonders vom Standpunkt des Einzelnen aus nicht. Die Zersplitterung wird größtenteils durch unseren Wunsch verursacht, zu einer bestimmten Gruppe von Menschen zu gehören oder mit ihnen verbunden zu sein – unseren Wunsch danach, kein standardisierter Gebrauchsgegenstand zu sein, der das genaue Abbild des anderen ist. Wenn man Menschen die Möglichkeit zur Wahl gibt, sollte man sich nicht darüber wundern, dass sie unterschiedliche Entscheidungen treffen.

Die Gesellschaft war immer zersplittert. Aber im funky Dorf werden grundsätzlich andere Trennlinien gezogen. Vor noch gar nicht so langer Zeit bildeten Blut und räumliche Nähe die entscheidenden Abgrenzungskriterien. Das Manuskript für die Rolle, die wir spielen sollten, wurde überwiegend von unserer Familie und der Geografie geschrieben. Wir konnten nur innerhalb dieser klar umrissenen Rahmen und Parameter handeln, die uns sagten, wer wir waren und was wir vom Leben zu erwarten hatten. Jetzt kommen neue Faktoren ins Spiel. Je nach Abstraktionsgrad können wir drei verschiedene Arten zunehmender Fragmentierung erkennen.

Polarisierung

Die Polarisierung nimmt zu. Vor etwa 300 Jahren war Reichtum eine Frage von Landbesitz. Dann wurde das Kapital zum ausschlaggebenden Faktor. Doch das ist nun vorbei.

Die erste neue Apartheid basiert auf Ausbildung. Die Kluft zwischen Ausgebildeten und Unausgebildeten wird immer größer. Sie schafft die neuen Klassen und die neue Klassengesellschaft. Ohne spezifische, einmalige Fähigkeiten sind Sie komplett austauschbar und stehen deshalb in direkter Konkurrenz zu mehr als zwei Milliarden Chinesen und Indern. Auch die Kluft zwischen der arbeitenden Bevölkerung und den Arbeitslosen wächst. Es überrascht also kaum, wenn die Reichen immer reicher werden und die Armen immer ärmer. Wir sind auf dem Weg in eine Art Zweidrittel-Gesellschaft, in der ein großer Teil der Menschen immer mehr an Boden verliert.

Auf globaler Ebene bildet sich ein wachsendes Gefälle zwischen Nord und Süd – 80 Prozent des gesamten Konsums auf dem Planeten Erde werden von nur 20 Prozent der Erdbevölkerung verbraucht. Das globale Dorf hat Ausnahmen.>17<

17 Märkte sind Mechanismen, die die Effizienten von den Ineffizienten trennen. Exporte sind die kreative Schmiere zwischen Pleite und Rost.

Eine ähnliche Entwicklung ist zwischen Alt und Jung zu erkennen. Die meisten jungen Menschen möchten nicht wie ihre Eltern enden – mit einem sicheren Job in einer großen Organisation, wo sie nach 40-jährigen treuen Diensten eine goldene Armbanduhr und einen Klaps auf den Rücken erhalten. Dieser Unterschied zwischen Alten und Jungen liegt zum großen Teil in der Natur des Menschen. Aber auch hinsichtlich ihrer Fähigkeiten waren die Unterschiede zwischen jungen und alten Menschen noch nie so groß.

Die zweite neue Apartheid bezieht sich auf IT – und ist binär. Percy Barnevik von ABB sagt manchmal, dass es zwei Arten von Menschen gibt: v. C. und n. C. – vor Computern und nach Computern. Die unter 25-Jährigen haben keine IT-Revolution erlebt, sondern eine Evolution. Sie sind bereits damit aufgewachsen. Für viele von ihnen ist der Computer die natürlichste Sache der Welt. Entweder ist man drin oder draußen. Diese jungen Leute stellen neue und andere Fragen in Bezug auf das Leben und die Arbeit. Sie möchten die gesamte Definition ihrer Jobs ändern. Anstatt zu leben, um zu arbeiten, arbeiten sie, um zu leben.

Und doch gibt es Leute, die behaupten, dass Werte sich niemals wirklich ändern und die Dinge immer gleich bleiben. Das kann man einfach widerlegen: Werfen Sie einen Blick auf ein Cover des *Playboy* aus dem Jahr 1960 und vergleichen Sie es mit einem aktuellen Titelbild von *Elle* oder *Cosmopolitan*.

Stammesbildung

Viele von uns wuchsen in einer Welt auf, in der die Geografie eine wichtige Rolle spielte, Nähe und Nachbarschaft ausschlaggebend waren. Wenn Sie in Nizza geboren wurden, war die Wahrscheinlichkeit sehr groß, dass Sie dort aufwachsen, in die Schule gehen, in Nizza einen Job erhalten, ihren Ehepartner (der ebenfalls aus Nizza stammt) kennenlernen, ein Haus in Nizza kaufen, Kinder in Nizza bekommen, sich in Nizza zur Ruhe setzen, in Nizza sterben und schließlich in Nizza beerdigt werden würden. Wenn Sie wirk-

Hip-Hop-Stammeschef P-Diddy.

lich abenteuerlustig waren und es sich leisten konnten, wären Sie in den Ferien vielleicht hin und wieder auch einmal in die Alpen gefahren. Unsere alte Gesellschaft war geografisch strukturiert und die sozialen Gruppen ebenfalls. Es gab den Stamm in Sydney, den Stuttgarter Stamm und den Stamm in Stockholm.

Dann formten die Kräfte des Funk unsere Welt neu. Das funky Dorf ist biographisch strukturiert.>18< Die neuen Stämme sind global. Sie entwickeln sich mit den Menschen, die für Sie relevant sind – unabhängig von ihrer geografischen Position. Globale Stämme, deren Zusammenhalt durch Blutsbande gewährleistet wird, gibt es bereits seit Jahrhunderten – die Juden und die Übersee-Chinesen. Heute finden wir auch Stammesverbände, die auf Einstellungen und Kompetenz basieren. Dank Globalisierung und Digitalisierung ist der Ort nicht mehr von Bedeutung. Was sind Greenpeace, Amnesty International, die Hells Angels oder Hip-Hopper anderes als globale, biografische Stämme, die sich aus Menschen aus aller Welt zusammensetzen? Dasselbe gilt für Betriebswirte, Architekten, Hacker, Ingenieure und Musiker, die ihre Fähigkeiten (und Einstellungen) aus globalen Gemeinschaften beziehen. Diese Stämme haben ihre eigene Sprache, ihre Kleiderordnung, Zeichen, Symbole, Totems und Rituale.

18 Geografie ≠ Kultur ≠ Religion ≠ Identität.

Stammespioniere finden sich häufig in Gruppen, die in der geografisch strukturierten Welt als Außenseiter und Randfiguren galten. Diese Menschen haben oft große Schwierigkeiten, genügend Gleichgesinnte in ihrem eigenen Revier zu finden. Sie sind quasi dazu gezwungen, weltweit nach ihresgleichen zu suchen. Vielleicht sollten wir alle etwas von der Gemeinschaft der Schwulen und Lesben, der Mafia, den illegalen Drogenbanden, den Masochisten und Ökofreaks lernen, denn im funky Dorf wird Stammeszugehörigkeit durch die Biografie bestimmt, nicht durch die Geografie. Entscheidend ist die eigene Wahl und nicht die geografische Nähe.

Individualisierung

Wenn wir diesen Trend noch weiter zuspitzen, stehen wir vor einer totalen Fragmentierung und einer extremen Individualisierung. Das Gute daran ist, dass die Chancen zur Selbstverwirklichung nie größer waren. Im Prinzip können wir alle so unverwechselbar werden wie unsere Fingerabdrücke – genauso unverwechselbar, wie uns die Natur geschaffen hat. Die selbsternannten Weisen dieser Erde behaupten, wir träten in eine Welt ein, die nur vom Motto ICH, ICH, ICH bestimmt ist – in eine selbstbezogene Gesellschaft und eine egozentrische Wirtschaft. Aber Individualismus impliziert nicht automatisch Egoismus. Er hat mehr mit Selbstverwirklichung zu tun – mit dem Streben nach voller Persönlichkeitsentfaltung. Ob man das gut oder schlecht findet – jeder Einzelne wird zu einem Mikrokosmos für Angebot und Nachfrage auf dem globalen Markt.

Loyalität wird in dieser Umgebung eine neue Gestalt annehmen. Der globale Wissensarbeiter, Teil der neuen Elite, ist sich selbst und seinem Stamm gegenüber loyal, mehr als der (zeitweise) Angestellte. In einer solcherart loyalen Wirtschaft werden die Menschen nur mit denen in Verbindung treten und kooperieren, die ihnen von Nutzen sind. Sie werden globale Stämme bilden, die die Welt »über Nacht wie eine Armee intellektueller Söldner« besetzen, wie Thomas Malone vom MIT es ausdrückte. Sie werden nur von jenen Organisationen kaufen, die mit den Werten ihres eigenen Stammes kompatibel sind – die dieselben Schwingungen haben.

Unter geschäftlichen Aspekten ist es wichtig zu verstehen, dass die Gruppe der »führenden Verbraucher« – jene, die exemplarisch für die Bedürfnisse und Nachfragen des Verbrauchers der Zukunft stehen – nicht nur aus Kopfarbeitern und Reichen besteht. Männer und Frauen mit einem Universitätsabschluss und einer vielversprechenden Karriere konsumieren vielleicht mehr als der Rest der Bevölkerung. Aber mehr Konsum bedeutet nicht unbedingt mehr Weitblick oder Einsicht. Qualität resultiert nicht aus Quantität.

Wir alle sind mit der Vorstellung groß geworden, dass geduldiges und vorsichtiges Anhäufen von Vermögen der beste Weg zu einem besseren Leben ist. Heute werden die Verbraucher mehr vom Modell des armen Adligen angezogen – sie haben zwar nicht viel Geld, geben aber jeden Cent für ein bestimmtes Produkt aus. Für sie zählt nur der Erwerb jener Symbole, die für ihren Stamm oder sie selbst wesentlich sind. Sie opfern alles, um das allerneueste Mountainbike zu bekommen, Reiseerfahrungen zu sammeln, sich das neueste Surfbrett zu leisten oder eine Flasche Wein (in diesem Fall wohl nicht die neueste), einen DVD-Player, einen Yogakurs oder was auch immer. In diese Richtung sollten wir sehen, wenn wir einen Blick auf die Zukunft werfen möchten, und nicht auf die, die eine überdurchschnittliche Kaufkraft haben.

Nicht jeder wird sich diesem individualistischen Kaufrausch anschließen. Manche werden im funky Dorf untergehen. Nicht, weil sie nicht hineinpassen, sondern weil sie ihr Recht ausüben, Nein zu sagen. Und einige werden nach Kräften leugnen, was um sie herum geschieht. Diese Gruppen werden mit extremer Borniertheit und wachsender Feindschaft gegen IT, Dissidenten und die allgemeine Fusion der Werte zurückschlagen. Reaktionäre findet man in jedem Lager – Geschäftsleute und Angestellte, die an das Management der Angst glauben; Neonazis und Faschisten, die der Meinung sind, Rassen sollten getrennt gehalten werden; Männer, die glauben, Frauen hätten kein Interesse an einer Karriere; Politiker, die nach wie vor so denken und handeln, als wäre der Markt immer noch nicht dereguliert worden.

Veränderung findet nicht ohne Reibungen statt – viele der Machthaber im heutigen System werden gegen das Neue ankämpfen. Das Alte weicht dem Neuen nicht ohne Widerstand. Kapitalismus und Demokratie bedrohen jetzt die kommunistische Wirtschaftsordnung in China. Was tun die Führer in Peking? Leiten Sie einen grundlegenden Wandel der Institutionen ein? Nein. Sie passen die existierenden Institutionen an, indem sie Elemente der Marktwirtschaft einführen. Auf ähnliche Weise haben sich auch die Werte geändert – Scheidungen, Alleinerziehende und homosexuelle Partnerschaften sind heute möglich. Diese Innovationen der Werte kommen vielen zugute, die unter den früheren Normen litten. Dann aber schlagen die Anhänger der Orthodoxie zurück. Denken Sie nur an die ultraorthodoxe moralische Rechte in den USA. Hinter all diesen weit gestreuten Beispielen sind die gleichen Prinzipien wirksam. Der Wandel ist kein automatischer Prozess – er muss von individuellen Unternehmern vollzogen werden.[19]

19 Die dramatische Abnahme der Sozialfonds ist auf den ersten Blick fatal. Doch an Orten, an denen die Sozialfonds mager sind, wie in Seattle und der Bay Area in Kalifornien, ist die Innovationskraft stark.

Die Bin-de-strich-gesellschaft

Die Zukunft bringt zudem noch mehr Fusionen. Willkommen in der *Bindestrich-Nation* – einer Setzkasten-Kultur. Wenn im Grunde alles, was wir uns vorstellen können, im Überfluss existiert, ist die natürliche Reaktion von Menschen und Organisationen, vor diesen Exzessen zu fliehen, indem sie die Dinge auf neue Art miteinander kombinieren. Und je verrückter die Kombinationen sind, desto einzigartiger fällt das Ergebnis aus. Die realen

Gegebenheiten unserer Zeit schreien geradezu danach, das Vorhandene in aufregende Neuschöpfungen zu verwandeln – wie Edu-tainment, Caffé-latte, Corporate-University, Info-tainment, Fern-Studium, Visuelle-Ergonomie, TV-Dinner, Info-Com, Psycho-Linguistik, Bio-Tech, E-Mail, Antibakterielle-Kleidung, Gin-Tonic und so weiter.

Der Bindestrich ist omnipräsent. Sie finden ihn im Geschäftsleben. Produkte verwandeln sich immer mehr in multi-technologische Angebote. Sie können alles. Eine Firma wie Canon kombiniert Chemie, Elektronik und Software. Für eine Autofirma wie BMW resultiert Innovation aus der Überlagerung von Mechanik mit Elektronik, Design und Finanzgeschäften. L'Oreal mischt Kosmetik und Mode bei der Herstellung von Düften und Lotionen. Die Unternehmen versuchen, die Aufmerksamkeit des anspruchsvollen Kunden zu erregen, indem sie etwas Zusätzliches anbieten, etwas Neues, etwas Überraschendes.

Auch in der Musik ist diese Tendenz erkennbar. In den 50er-Jahren war ein Hit einfach ein Song. Heute nicht mehr. Das spiegelt sich in der Zusammensetzung der Unternehmen wider. In den Firmen aus Silicon Valley sind zum Beispiel traditionelle »Minderheiten« wie Frauen, Immigranten und Jugendliche im Vergleich zu ihrem Anteil in traditionellen US-Firmen deutlich überrepräsentiert. Oder nehmen Sie den Kunstsektor. Der kürzlich verstorbene Maler Michel Majerus aus Luxemburg kombinierte Watteau mit Warhol und Comics von Walt Disney. Der amerikanische Künstler Clay Ketter kombiniert Gemälde mit Baumaterialien und Ikea-Küchenschränken. In der Architektur wird diese Tendenz ebenso deutlich wie bei Lebensmitteln, im Sport, in der Ausbildung und im Gesundheitssystem. Überall vollzieht sich der gleiche Prozess.

Manche Leute sehen in diesen Bindestrich-Schöpfungen den letzten Beweis für unsere Fantasielosigkeit. Andere meinen, da alles, was es je zu erfinden gab, bereits erfunden ist, könne Fortschritt nur darin bestehen, das bereits Vorhandene neu zu kombinieren. Das Ergebnis beider Betrachtungen ist, dass wir in einer hochgradig langweiligen postmodernen Gesellschaft enden.

Doch es gibt auch eine andere Interpretation der Bindestrich-Tendenz: Jede Variation bringt immer noch mehr Variationen hervor. Wenn Individuen oder Unternehmen A und B zu C kombinieren, dann kann man C auch in neuen Kombinationen mit D, E und F benutzen und so weiter. Ist dieses Schwungrad erst einmal in Bewegung gesetzt, dann vermehren sich Variationen per definitionem exponentiell.

Schließlich darf man nicht vergessen, dass Bindestrich-Konstruktionen im besten Fall nicht Addition, sondern Multiplikation bedeuten. Der daraus erschaffene Wert muss mehr sein als die Summe seiner Teile. Mit anderen Worten: Eine profitable Bindestrich-Schöpfung setzt voraus, Dinge so miteinander zu kombinieren, dass ein zusätzlicher Wert entsteht. Gleichzeitig muss es für den Verbraucher schwierig sein, die Verbindung wieder aufzulösen. Könnte der Verbraucher die neu kombinierten Bestandteile nämlich einfach wieder trennen, dann könnte er oder sie die zunehmende Perfektion der Märkte dazu nutzen, eine oder alle Komponenten von jemand anderem zu beziehen. Entweder multiplizieren wir, um unlösbare Bündelungen zu erschaffen, oder der Kunde wird sich selbst daran machen, Bindestrich-Produkte zu fabrizieren.

Wir wollen dies an einem einfachen Beispiel verdeutlichen. In der Packung von Kellogg's Choco-Cornflakes finden Sie ganz gewöhnliche Cornflakes mit einem Schokoladenaroma. Hätte die Firma eine einfache Addition durchgeführt, hätte sie in eine Packung Cornflakes einfach eine Packung Kakao geschüttet. Der Inhalt der Packung, mit einer Schüssel Milch gemischt, hätte uns Choco-Cornflakes beschert. Es wäre jedoch ein Leichtes für uns, dieses Produkt in seine Komponenten zu zerlegen. Wir könnten normale Cornflakes kaufen und Kakao von einem anderen Hersteller. Deshalb hat Kellogg's die Multiplikation verwendet. Da jedes einzelne Cornflake mit einem Schokoguss versehen wurde, ist es für den Verbraucher weit schwieriger, die Bündelung des Produkts aufzulösen. (Wenn Sie viel Zeit und Geduld haben, können Sie es ja mal versuchen.) Das Beispiel mag absurd sein, aber die Logik, die dahintersteckt, ist immer dieselbe und gilt für jedes Geschäft und jede Tätigkeit. Erfolgreiche Bindestrich-Schöpfungen erfordern Multiplikation und unlösbare Bündelung.

Der Gewinner streicht alles ein

Erinnern Sie sich zufällig noch an Wally Masur? Wahrscheinlich nicht. Anfang der 90er-Jahre war Wally einer der besten Tennisspieler der Welt. Er war unter den Top 50 und auf dem Höhepunkt seiner Karriere, als er 1993 bei den US-Open das Halbfinale erreichte – in einem der vier Grand-Slam-Turniere. Doch Herr Masur erhielt nie einen Vertrag, um für einen Tennisschuh oder einen Schläger zu werben. Im Vergleich mit André Agassi und Pete Sampras war Wally Masur nicht interessant genug für die Nikes und Adidas dieser Welt, um Kontakt zu ihm aufzunehmen. Wenn man das Beste vom Besten bekommen kann, warum sollte man sich dann mit weniger begnügen? Beinahe ist eben nicht gut genug. Sorry, Wally.

Mit dem Eintritt in eine globale Überflusswirtschaft, die durch einen fast reibungslosen Markt gekennzeichnet ist, steigt das Risiko (oder die Chance), dass der Gewinner alles einstreichen wird. In einer schrankenlosen Welt können Einzelne oder Unternehmen, die nur ein Prozent besser sind oder ihren Startvorteil nutzen können, um sich einen noch besseren Ruf und noch größere Marktanteil zu sichern, alle anderen an die Wand drücken. Nehmen Sie zum Beispiel Microsoft. Das Betriebssystem dieser Firma ist vermutlich nicht das beste, aber sie hat es geschafft, einen Weltstandard zu etablieren. Microsoft brachte andere Softwarefirmen dazu, Anwendungen für sein System zu schreiben, und zwang allen Benutzern, die das System wechseln möchten, zusätzliche Kosten auf. (Stellen Sie sich die Kosten vor, die aus dem Wechsel zu einem Betriebssystem entstehen würden, das nicht Windows-kompatibel ist). Microsoft ist elegant über die Wogen gesurft und hat ein (fast) globales Monopol errichtet. Und die Firma surft weiter – bietet den Microsoft Internet Explorer kostenfrei an, um Netscape aus dem Rennen zu werfen – zumindest so lange, bis die US-Regierung ihre Baywatch-Staatsanwälte aussendet, um den Strand für die Surfer zu schließen.[>20<]

20 Beides ist tatsächlich eingetreten.

»**Winner takes all.**«

Solche Entwicklungen sind auf der ganzen Welt zu erkennen. Warum sollten wir einem Lokalbarden oder einer Heimatband zuhören, wenn wir auch Madonna, Robbie Williams oder Pavarotti auf CD bekommen? Warum sollten wir den örtlichen Bodybuilder in einem Actionfilm auftreten lassen, wenn doch alle Welt nur an Russell Crowe und anderen globalen Muskelprotzen interessiert ist? Warum sollten wir ein heimisches Fußballmatch anschauen, wenn wir auch die besten Fußballclubs Europas, wie Manchester United gegen Mailand, im Fernsehen sehen können? Warum sollten wir einen mittelmäßigen Architekten mit dem Entwurf unseres Hauses beauftragen, wenn wir den besten bekommen können? Globale Stars ziehen die gesamte Aufmerksamkeit auf sich und machen aberwitzige Mengen von Geld.

Ironischerweise hat der Turbokapitalismus unserer Zeit allerdings eine eingebaute Bombe. In vielen Fällen wird er sich selbst zerstören. Vielleicht nicht in den nächsten fünf Sekunden, die Realität ist keine Fortsetzungsepisode von »Mission Impossible«. Aber starke Kräfte treiben den internationalen Kampf um Überschüsse schließlich zur Bildung weltumspannender Monopole. Wir werden die extremen Auswirkungen dieses Trends sicher nicht in allen Industriezweigen erleben – es wird nie nur eine Bar oder einen Friseur etc. geben. Doch besonders wenn Gehirne, das Netz und wachsende Erträge ins Spiel kommen, müssen wir potenziell mit weltweiten Monopolen rechnen.

In den meisten wissensintensiven Bereichen sind extreme Einsparungen möglich, zumindest dann, wenn Wissen kodiert und in atomarer Form eingefroren werden kann. Folglich sind die Anreize groß, 100 Prozent eines globalen Marktes zu erobern, und die Kosten verringern sich drastisch, je mehr Kunden eine Firma anziehen kann. Der Vorgang beschleunigt sich weiter, wenn der Konsumwert mit der Anzahl der Menschen steigt, die Zugang zu diesem Angebot haben oder es wahrnehmen. Das Internet eignet sich perfekt für diese Art von Geschäften, weil der Kunde an der Wertschöpfung teilhat – der schon erwähnte Prosum. Je mehr Menschen Yahoo, Amazon etc. besuchen, desto besser wird der Service dieser Firmen und desto mehr Menschen werden die Site noch aufsuchen. Dies erklärt, warum so viele Internetfirmen den kurzfristigen Profit dem Wachstum opfern. Mary Meeker, Internet-Analyst bei Morgan Stanley, sagte: »Im Web die Nummer 1 zu sein ist ehrfurchtgebietend, die Nummer 2 ist okay, die Nummer 3 ist hart, Nummer 4 ist das Letzte und Nummer 5: Wer ist das?«

Wettbewerb der Rezepte

Wir betreten eine Welt, die durch techno-ökonomische Gleichheit gekennzeichnet ist. In dieser Überschussgesellschaft sind nur sehr wenige Einrichtungen, Technologien, Produkte, Dienstleistungen, Erkenntnisse, Wissensbereiche oder Verfahrensweisen, die in Berlin, Birmingham und Tokio, Helsinki und Dallas zu finden sind, nicht auch für Menschen in Singapur, Prag, Moskau, Mexico City und Manila zugänglich. Wenn dies wirklich stimmt, kann sich keine Person oder Firma allein aus dem Zugang zu diesen im Überfluss vorhandenen Ressourcen nachhaltige Wettbewerbsvorteile verschaffen.

Was ist das beste Rezept?

Stattdessen wird – wie Paul Romer aus Stanford es ausdrückte – derjenige gewinnen, der das beste Rezept hat. Der Einzelne oder der Stamm, die Organisation oder die Region, dem oder der es gelingt, die besten innovativen Konzepte und Ideen zur Kombination und Neulegierung der Zutaten hervorzubringen, wird am erfolgreichsten sein. Wir alle brauchen ein Rezept, das einmalig genug ist, um in einer Welt des Überangebots die Aufmerksamkeit der Kunden auf sich zu ziehen. Dieses Rezept muss einen wirklichen Wert schaffen – und es muss für andere schwierig nachzumachen sein. In einer Welt, in der der Gewinner alles einstreicht, müssen wir uns alle darüber im Klaren sein, dass ein Fehler bei der Entwicklung des schmackhaftesten Rezepts auch unsere Henkersmahlzeit sein kann.

4

Funky Inc.

»Zerstören, um aufzubauen«

Mao Tse-tung

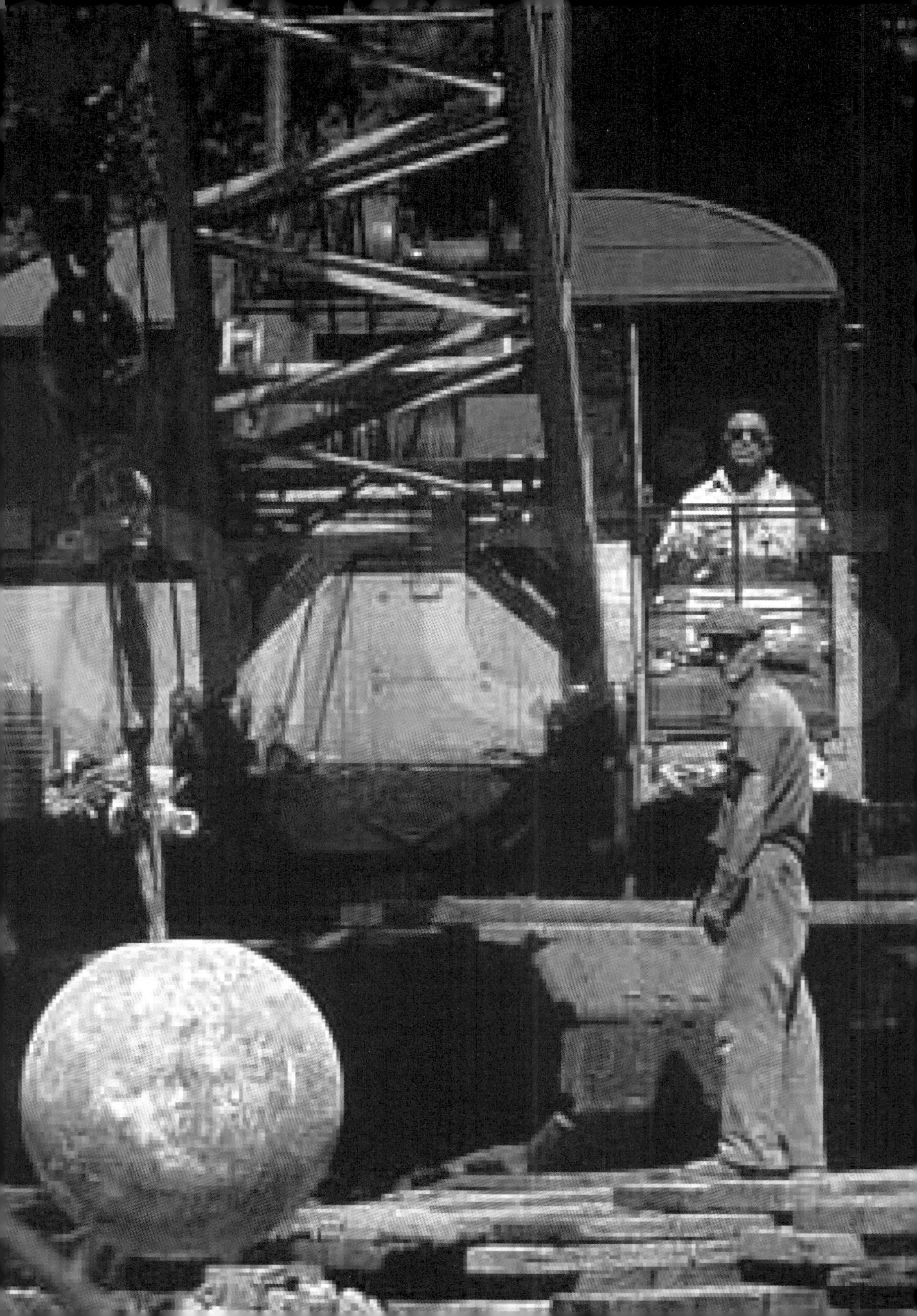

Ob geliebt oder gehasst – Unternehmen bleiben die Energiezentralen des kapitalistischen Systems. »Unternehmen sind die wichtigsten sozialen Institutionen unserer Zeit«,[1] sagt Richard Pascale, Autor des Buches *Managing on the Edge*. Bedenken Sie nur diese eine Tatsache: Die 300 größten multinationalen Unternehmen kontrollieren 25 Prozent aller Produktionsaktiva auf der Erde. Der halbe Welthandel liegt in der Hand multinationaler Unternehmen. 2002 veröffentlichte die UN-Konferenz für Handel und Entwicklung einen Artikel, der zeigte, dass 29 der 100 wichtigsten Ökonomien multinationale Unternehmen und nicht Nationen waren. Vergessen Sie also das römische Reich oder das britische Empire. Diese globalen Unternehmen sind die neuen Imperien, die die Welt beherrschen und regieren.

1 In diesem Kapitel haben sich unsere Vorstellungen bewahrheitet. Gute Organisationen basieren auf Fantasie, Gefühl und Glaube – intellektuelles Kapital + psychologisches Kapital + soziales Kapital – ohne diese Komponenten sind Unternehmen ein einziges Vakuum. Also legen Sie beim nächsten Benchmarking die Latte auf die Höhe von Oxford, Manchester United oder des Vatikans.

Eindrucksvoll an diesen Imperien ist, dass sie auf einem inhaltlich leeren rechtlichen Konstrukt aufgebaut sind. Unternehmen sind rechtliche Rahmenstrukturen. Sie sind nichts weiter als Hüllen. Ein Unternehmen oder Geschäft besteht grundsätzlich aus vier Dingen: Kapital, Dollar, Euro und Cent; Maschinen und Gebäuden, der schmutzigen und teuren Hardware; Menschen, der problematischen Software; und einer grundlegenden Idee, dem undefinierbarsten Element von allen.

Während wir noch vor der immensen Machtfülle der Unternehmen salutieren, wissen wir schon, dass sie morgen bereits anders aussehen und agieren werden. In einer globalen, auf Kopfarbeit basierenden, komplexen Echtzeit-Welt haben die unflexiblen Strukturen der Vergangenheit keine Chance. Aber funky Organisationen passen sich diesen Trends nicht einfach nur an. Sie sind nicht bloße Spiegel, die die Veränderungen in der Umgebung reflektieren. Funky Organisationen errichten Spiegel – Spiegel, die Bilder an die Wand werfen, welche die Menschen noch nie zuvor gesehen haben. Sie lassen uns Dinge sehen, die einst unsichtbar waren – die es gar nicht gab. Sie verändern unsere Wahrnehmung der Realität. Oder frei nach George Bernard Shaws Stück aus dem Jahr 1903 *Mensch und Übermensch*: Die vernünftige Organisation passt sich an die Welt an; die unvernünftige versucht unaufhörlich, die Welt an sich selbst anzupassen. Das bedeutet, dass der Fortschritt von der unvernünftigen Organisation abhängt. Ken Olsen, Gründer von Digital Equipment Corp., drückte dies anders aus – aber dahinter verbirgt sich die gleiche Meinung: »Am besten geht man von der

Grundannahme aus, dass alle gängigen Überzeugungen falsch sind.« Erfolg stellt sich ein, wenn wir die Zukunft gestalten. Erfolg ist Schaffenskraft – nicht Anpassung.

Andy Warhol tat es. Charlie Parker tat es. Michael Dell tat es. Muhammed Ali tat es. Sie alle schufen etwas Neues, Aufregendes und Originelles. Sie schufen etwas, was es vorher noch nicht gab. Einige Leute waren darüber äußerst aufgebracht und bezeichneten sie, wie vorherzusehen war, als Verrückte. Aber um es mit Yossarian in Joseph Hellers Roman *Catch-22* zu sagen: »Natürlich ist es verrückt ... Deshalb ist es das einzig Vernünftige, was man tun kann.« Geistige Gesundheit und Monotonie werden überschätzt. Kunst bleibt nie gleich. Jazz bleibt nie gleich. Das Computergeschäft bleibt nie gleich. Der Boxsport bleibt nie gleich. Erkenntnisse sind wie Aids. Es gibt kein Heilmittel dagegen. Wenn Sie die Krankheit erst einmal haben, werden Sie sie nie wieder los. Wirkliche Unternehmer und unternehmerische Organisationen bieten uns die Möglichkeit, ein Stück vom Apfel vom Baum der Erkenntnis abzubeißen. Danach gibt es kein Zurück mehr. Warum sonst hätte Gott Adam und Eva aus dem Paradies vertreiben sollen?

Organisationen kommen und gehen. Aufstieg und Fall folgen einander. Sie ändern permanent ihre Form. Sie verlassen die Länder und Regionen, in denen sie entstanden sind. Sie organisieren sich neu, richten sich neu aus und wählen andere Schwerpunkte. Nichts bleibt gleich. Aber keine Angst, Funky Inc. ist bereits hier. Funky Inc. ist nicht wie andere Unternehmen. Es ist kein schwerfälliges Gebilde alter Art. Es ist keine umständliche Bürokratie. Es ist eine Organisation, die aufblüht unter den veränderten Umständen und Unvorhersehbarkeiten unserer Zeit. Ihre Verschiedenheit – und ihre ständige Suche nach Andersartigkeit – ist sowohl äußerlich wie auch an ihrer Funktionsweise zu erkennen. Funky Inc. ist:

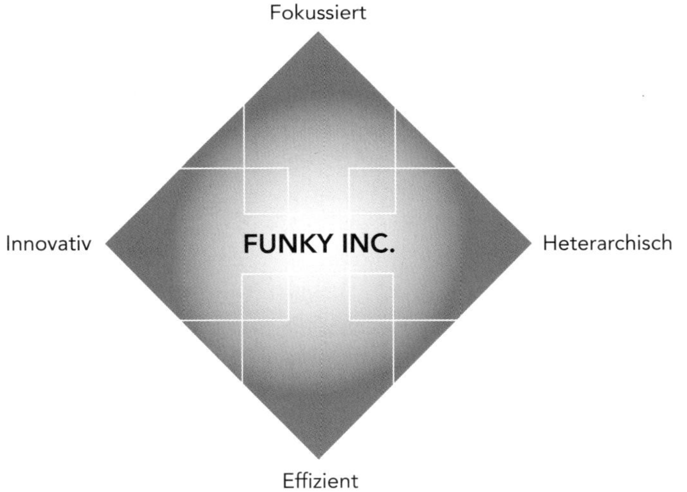

Funky Inc. ist fokussiert

Wenn wir in das Zeitalter des Überflusses treten, müssen wir aufhören zu glauben, dass Organisationen alle Situationen meistern können. Bereits vor langer Zeit im Jahr 1776 führte der Ökonom Adam Smith aus, dass wachsende Märkte auch ein zunehmendes Maß an Spezialisierung erforderten. Zweihundert Jahre später gibt es keine geografischen Grenzen mehr niederzureißen. Wir sind angekommen.

Anteilseigner innerhalb und außerhalb der Unternehmen haben nun die Macht der Wahl. Sie alle haben Zugang zu internationalen Märkten. Keiner von ihnen wird Modelle akzeptieren, die sich am Mittelweg orientieren. Die Überschusswirtschaft ist unbarmherzig. Für den anspruchsvollen Kunden ist das Beste gerade gut genug, und niemand kann in allen Bereichen der Beste sein. Mittelmäßige Produktangebote und Erfolgsergebnisse fegt der globale Wettbewerb – mit seinen sich ständig perfektionierenden Märkten – von der Bildfläche.

Es gibt auch interne Faktoren, die uns daran hindern, unsere Ressourcen zu stark zu beanspruchen. Unabhängig vom Ausmaß der Digitalisierung, Globalisierung und Deregulierung bleiben wir nach wie vor Menschen mit begrenzten kognitiven Fähigkeiten. Es gibt Untersuchungen, die zeigen, dass die Grenzen der menschlichen Aufnahmefähigkeit – alle fünf Sinne inklusive – etwa bei 10 Megabyte liegen. Unsere Gehirne haben nicht die Kapazität, eine exzessive Bandbreite zu verarbeiten. Dieselben Studien belegen, dass die bewusste Verarbeitungsgeschwindigkeit von Informationen bei 32 Bits pro Sekunde liegt. Wir können uns nicht mit allem und jedem mit derselben Energie und Leidenschaft befassen.

Eine bedeutende Rolle spielt auch das Betriebsklima einer Organisation. In nichtfokussierten Organisationen und Staaten wird das Geld häufig von den Gewinnern auf die Verlierer umverteilt. Dabei bleiben die Leistungsträger in den gewinnbringenden Geschäftszweigen enttäuscht und demotiviert zurück. Zugleich birgt dieses Verfahren auch Gefahren für die anderen: Die Bereiche mit den unbefriedigenden Geschäftsergebnissen werden im Vertrauen darauf, dass die anderen ihren Hals schon retten werden, immer träger. Die Zeit wird mit politischen Debatten anstatt mit produktiven Einfällen angefüllt. Es fehlt der Sinn für Klarheit und Dringlichkeit.

In einer Gesellschaft, in der Geld frei über Grenzen hinweg fließt, akzeptieren die Aktionäre nichts anderes als kontinuierliche und fantastische Wertschöpfung. Die wachsende Perfektionierung der Märkte und die totale Transparenz verhindern das Entstehen »unnatürlicher« Synergien. Das Management einer jeden weitverzweigten Organisation beruft sich im Grunde auf die Behauptung, es könne Risiken besser ausbalancieren und mehr Wert schaffen als der Markt. Aber die Akteure auf dem Markt können nun jeden Geschäftsbereich getrennt bewerten. Wenn sie zu dem Schluss kommen, dass die Summe der Einzelbereiche wertvoller ist als das große Ganze, werden sie einschreiten und das Unternehmen zerschlagen. Warum soll ein überbezahlter Vorstand meine Investitionen verwalten? Wenn ich ein breit gestreutes Portfolio möchte, stelle ich es mir selbst zusammen oder wende mich an einen Experten dafür. Wir haben nur eine sehr beschränkte Vorstellung von unseren eigenen Grenzen: Etwa 80 Prozent der Bevölkerung glaubt besser zu fahren als ein durchschnittlicher Autofahrer.

Der wachsende Druck der Verbraucher, Angestellten und Aktionäre führt dazu, dass immer mehr Hierarchien vom Markt verschlungen werden. Auf perfekten Märkten ist kein Platz für Ineffektivität und deshalb verschwindet die Ineffektivität. Unfähige Organisationen werden zerstückelt oder sie sterben. Aus diesem Grund haben funky Organisationen nicht die Absicht, es jedem recht zu machen. Stattdessen versuchen Sie, in bestimmten Fragen ein Brennpunkt für bestimmte Adressaten zu werden. Dieser Brennpunkt besteht aus drei Elementen.

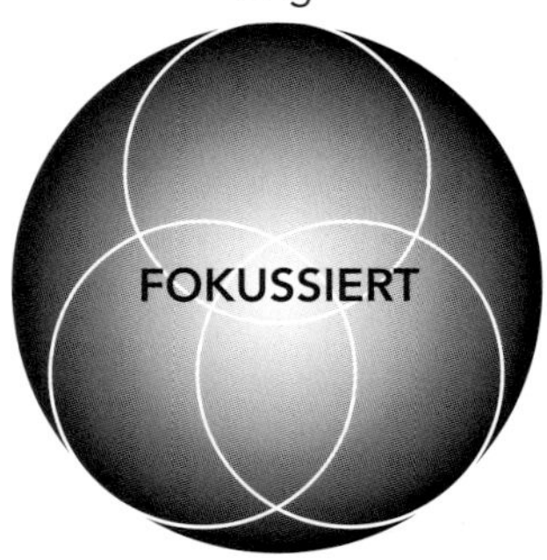

Enger Fokus

Funky Inc. ist eng begrenzt und konzentriert sich auf einen oder einige wenige geschäftliche Kernbereiche. Einer der Gründe dafür, warum Großkonzerne so beliebt geworden sind, war die Idee des Synergieeffekts, der sowohl von Theoretikern als auch von Managern aus der Praxis gepriesen wurde. Sie war – und ist betrüblicherweise noch immer – das hässliche Stiefkind der Unternehmensstrategie. Der Management-Guru Igor Ansoff brachte die Synergie erstmalig in den 60er-Jahren ins Spiel. Es ist schon eine traurige Vorstellung, dass sich die Manager damals mit Synergie herumschlugen, während der Rest der Welt die überschäumenden Liebesexzesse der Flower-Power-Zeit genoss. Igor Ansoff war kein Jimi Hendrix oder Jim Morrison, aber seine Botschaft lebt noch heute. Die Manager verliebten sich in die überzeugende Schlichtheit dieses Konzepts. In ihren Augen konnte man damit aus 2 + 2 wirklich 5 machen. Damit war der Bedarf der Manager an Halluzinogenen gedeckt.

Rückblickend legte sich die Synergie wie ein Dunstschleier über das rationale Denken der Manager und vernebelte ihnen für eine ganze Weile den Kopf. Die Synergie lieferte einen Vorwand dafür, immer größere anstatt bessere und bessere Unternehmen zu bilden und zu leiten. Wenn Sie das nächste Mal das Wort Synergie hören, passen Sie gut auf! Oft kommt nämlich 2 + 2 = 3,5 heraus anstatt 5. Synergie ist vor allem Ausdruck des Managerglaubens, dass es mehr Spaß macht, eine große Firma zu leiten als eine kleine. Schließlich kann man dann große Reden halten, Könige und Königinnen treffen, Zigarren rauchen und Cognac trinken, während die Chefs kleiner, ausgezeichneter Firmen draußen im Regen stehen – auch wenn sie sehr erfolgreich sind.[2]

2 Jim Collins Buch *Der Weg zu den Besten* hat alle früheren Managementbücher mit dieser einfachen Erkenntnis in den Schatten gestellt. Der oberste Chef ist demütig (er stellt die Organisation über sich selbst) und versammelt ein Team um sich, das sich auch dann vor schwierigen Entscheidungen nicht drückt, wenn die Wahrheit auf den Tisch kommt.

Diese Logik hat vielleicht in Zeiten eines lokal begrenzten Wettbewerbs funktioniert – viele Großkonzerne in der Dritten Welt sind auf ihren protektionierten Heimatmärkten nach wie vor erfolgreich. Im Reich der Blinden ist der Einäugige immer noch König. Doch heute geht diese Rechnung nicht mehr auf. Angesichts des Überangebots auf den internationalen Märkten und des totalen Wettbewerbs müssen wir alle zur Kenntnis nehmen, dass nur das Beste gut genug ist. Wenn Sie nicht mehr an den Nikolaus glauben, können Sie Ihren Glauben an Synergieeffekte ebenfalls aufgeben.

Das andere klassische Argument zugunsten von Großkonzernen lautete, dass sich das Risiko verteilt, wenn man nicht alle Eier in denselben Korb legt. Aber in einer Welt, die durch echte Ungewissheit und vollständige Unvorhersehbarkeit gekennzeichnet ist, können wir nicht ernsthaft länger glauben, dass man Risiken minimieren kann. Im Gegenteil, wir müssen uns heute offen auf Risiken einlassen anstatt sie auszuschalten. Als der schwedische Verpackungsriese TetraPak für seine Zukunft alles auf ein Produkt setzte, verkündete der ehemalige Besitzer Hans Rausing: »Wir minimieren das Risiko, indem wir das Risiko maximieren.«

Wenn wir alle diese Aspekte zu einem Bild zusammenfügen, kristallisiert sich heraus, dass die Tage der großen weitverzweigten Konzerne gezählt sind. Im Zeitalter des Überangebots sind scharfe Konturen schön. Den Gegenpol zu dieser unsinnigen Jagd nach Synergien bildet die Konzentration auf jene Geschäftszweige, in denen man global die Nase vorn hat. Die

Unternehmen müssen von stumpfen Werkzeugen in scharfe Präzisionsinstrumente verwandelt werden.

Die Organisationen specken bereits selbst ab. Wie schlank eine Firma ist, lässt sich sogar an den Standard Industry Codes (SICs) ablesen – der Anzahl verschiedener Industriebranchen, in denen ein Unternehmen tätig ist. Ende der 70er-Jahre brachte eine durchschnittliche amerikanische Firma etwas mehr als vier SICs auf die Waage; vor ein paar Jahren waren es knapp unter zwei. Daraus folgt: Die typische US-Firma hat in den letzten 20 Jahren mehr als 50 Prozent ihres Leibesumfangs verloren. Die exzessive Wirtschaft ist eine gute Gewichtskontrolle, die strenge Diätprogramme vorgibt. Der perfektionierte Markt fungiert als eine Art moderner Dr. Frankenstein, der überall überflüssige Körperteile abschneidet und einsammelt, wem auch immer sie gehören.

Leichtes Gepäck

Das zweite Merkmal einer konzentrierten Funky Inc. ist, dass sie leichtgewichtig ist. Denn die Konzentration auf wenige Geschäftszweige reicht nicht aus. Wie es der Strategie-Guru Gary Hamel einst ausdrückte: »Man kann einem dicken Mann zwar ein Bein abschneiden, aber dadurch wird er nicht wirklich dünner.« Jeder noch so unbedeutende Prozess und jede Aktivität in einer Firma muss sich die Frage gefallen lassen: Sind wir darin wirklich Weltklasse? Wenn nicht, lagern Sie die Sache aus! Kaufen Sie diese Produkte oder Dienstleistungen von jemand anderem – jemandem, der besser ist. Die Funky Inc. tritt auf der Grundlage ihrer Kernkompetenz und ihrer Kompetenzträger in den Wettbewerb – jener Menschen, die für Kompetenz sorgen.

In einer Wirtschaft, in der man die meisten Angebote eines klassischen Unternehmens kaufen kann, indem man im Internet sucht oder die Gelben Seiten aufschlägt, sind überfrachtete Unternehmen zum Untergang verdammt. In den meisten großen Städten umfassen die Gelben Seiten heute 1.600 statt 160 Seiten und neue Websites mit Produktangeboten werden jede Stunde und jede Minute im Netz präsentiert. Noch ein Überangebot. Wie bereits erwähnt, hat sich durch die Kombination von Globalisierung und Digitalisierung der Ausgang des klassischen Kampfes zwischen Märkten und Hierarchien – produzieren oder kaufen – drastisch verändert. Mit der Zeit verschiebt sich die Waagschale. Heute regiert mehr denn je der Markt. Was noch vor wenigen Jahren logisch und vernünftig klang, gilt heute als lächerlich und dumm. Was heute Sinn macht, kann morgen schon Unsinn sein. Es ist eine unendliche Geschichte. Eine Veränderung folgt auf die andere.

Stellen Sie sich vor, Ihre Firma bestünde aus Legosteinen. Nehmen Sie einen in die Hand und fragen Sie sich: »Sind wir die beste Firma der Welt bei Informationssystemen?« Nein, das ist Accenture oder Cap Gemini. Also überlassen Sie ihnen diese Aufgabe. »Sind wir die beste Firma in Sachen Büroreinigung?« Nein, das ist ISS – also sollen die putzen. »Sind wir die beste Firma im Rechnungswesen?« Nein, das ist Ernst & Young – sollen sie das erledigen. Das Prinzip ist einfach. Die Logik ist sogar noch einfacher. Früher oder später – in den meisten Fällen eher früher als später – werden alle Arbeitsprozesse sich im globalen Wettbewerb bewähren müssen.

Wenn man die eigene Kernkompetenz identifizieren will, muss man eine Nabelschau betreiben. Blicken Sie nach innen und entdecken Sie sich selbst. Suchen Sie nach Herz und Seele. Worin sind Sie wirklich gut? Was können Sie besser als jeder andere? In welcher Weise schaffen diese Kompetenzen einen Wert und für welche Kunden ist dieser Wert wichtig? Wie viele Ihrer Angestellten verfügen über diese Kompetenzen? Wie schwierig wäre es für Ihre Konkurrenten, diese zu kopieren? Dies sind banale Fragen, aber die Antworten darauf können zur Umbildung ganzer Unternehmen führen.

Sobald Organisationen wirklich beginnen, ihre Kernkompetenzen herauszuarbeiten, wird vielen bewusst, dass diese nicht unbedingt in jenen Bereichen liegen, in denen sie gedacht hatten. American Airlines musste zum Beispiel erkennen, dass die reale Stärke des Unternehmens vor allem in Sabre, dem Buchungssystem der Firma, begründet war und gar nicht viel mit dem Betrieb der Flugzeuge zu tun hatte. Im Jahr 1995 erbrachte Sabre allein 44 Prozent des Gewinns vor Steuern der Firma.[3]

3 American Airlines gliederte Sabre am 15. März 2000 als eigenständig agierendes Unternehmen aus. Es wird nun privat geführt.

Sears entdeckte, dass die wesentlichen Fähigkeiten der Firma im Bereich der Logistik und der Vermarktung lagen, nicht so sehr im Management diverser Kaufhäuser. GE, IBM, Ericsson und Xerox sind allesamt Experten im Bereich des Consulting. Ihre Produkte sind mittlerweile nur noch Beiwerk, eine Art Vorgruppe für den Hauptauftritt. Auch hier ist die Verschiebung von Atomen zu Bits zu erkennen. Atome sind keine Mangelware, und deshalb wird es immer schwerer, auf ihrer Verfügbarkeit Wettbewerbsfähigkeit aufzubauen.

> **4** Im ersten Quartal 2007 wurde Toyota die weltweit größte Automobilfirma.

Konzentration auf die Kernkompetenz bedeutet, dass man sich an die größten eigenen Stärken hält. Wenn Sie vor einigen Jahren einen Toyota fuhren, dann bestand dieser nur zu 25 Prozent aus Toyota, während bei einem Wagen von General Motors 47 Prozent von GM stammten.[4] GM beschloss, den Wert für den Verbraucher zu erhöhen und sich so einen Wettbewerbsvorteil zu verschaffen. Aus diesem Grund stellte es eigene Autostereoanlagen her. Bei Toyota war das Management der Auffassung, Sony oder Philips könnten dies besser, warum also sollte man sich damit belasten? Außerdem: Wie wichtig ist die Stereoanlage beim Kauf eines neuen Autos? Wir möchten die Verantwortlichen bei GM nicht ärgern und ihnen die Tabelle zeigen, die den allmählichen, perfekt durchorganisierten Abstieg des Unternehmens in den letzten 20 Jahren dokumentiert.

Machen Sie's gut. Machen Sie's großartig. Und dann hören Sie auf. Nike hat Geld gescheffelt, indem es nicht seinem Slogan folgt. Anstatt es einfach zu tun, tun sie es einfach nicht. Funky Inc. betraut andere Personen damit, den Rest zu erledigen. Viele erfolgreiche Firmen stellen längst nicht mehr selbst her, was sie verkaufen. Timberland zum Beispiel ist eine Schuhfirma ohne Schuhe. Funky Inc. sieht aus wie die Fassade einer alten Hollywood-Kulisse – außen hübsch, innen leer – mit viel Platz für das Wesentliche: die Gehirne.[5]

> **5** Zu jeder Regel gibt es eine Ausnahme. Die sehr erfolgreiche spanische Modefirma Zara stellt ihre Bekleidung selbst her.

Werfen Sie einen Blick auf die Computerfirma Dell. Dell ist ein riesiges Unternehmen, das aus dem absoluten Nichts entstand. Das Unternehmen ist riesig in Bezug auf den Umsatz, besitzt aber keine einzige Fabrik. Es gibt keinen Ort, der sich als Dell-Fabrik bezeichnen ließe. Der Firmengründer Michael Dell hatte Folgendes erkannt: »IBM nahm Computerteile im Wert von 700 Dollar, verkaufte sie für 2.000 Dollar an einen Händler, der sie wiederum für 3.000 Dollar weiterverkaufte. Die Computerteile waren immer noch 700 Dollar wert.« Er baute ein Geschäftsimperium auf, indem er den Marktkreislauf kurzschloss und überflüssige Akteure entfernte, die für den Kunden nicht den geringsten Wertzuwachs erbrachten. Dell wurde ein intelligenter und flexibler Broker für Computerteile und baute eine professionelle Beschaffungsabteilung für jeden einzelnen Kunden auf. »Wenn dieses System bei Computern funktioniert, dann kann es auch bei Autos, Möbeln, Teppichen, Haushaltsgeräten und anderem funktionieren«, sagt Larry Bossidy, der Michael Dell einlud, um vor der Führungsriege seiner Organisation einen Vortrag zu halten.>6<

6 Dell schöpft eine Marktlücke ab, die durch überflüssige Transaktionen entstanden ist.

Sie können diese neue Firma als virtuell, hohl, schlank, ballastarm oder wie auch immer bezeichnen. Wenn wir nicht schlanker werden, sinken unsere Chancen, in der Überschusswirtschaft zu überleben – und auch ein Stück vom Speck abzubekommen.

Eine Organisation kann auf verschiedene Arten Ballast abwerfen. Häufig beschränkt man sich darauf, noch mehr Arbeitsgänge an Zulieferer zu delegieren, man könnte von rückwärts gerichteter Desintegration sprechen. Sie können bestimmte Vorgänge aber auch dem Kunden überlassen – denken Sie nur an Ikea. Die typische Internetbank bietet uns zum Beispiel die Möglichkeit, unsere Überweisungen selbst auszuführen, eine vorwärts gerichtete Desintegration. Wenn wir ein Unternehmen als eine Sammlung von Legosteinen betrachten, dann hat jeder einzelne Teil der Organisation es selbst in der Hand, seinen Beitrag zum Wert des großen Ganzen zu definieren. Bisher war das Ziel immer, sich mehr einzuverleiben – Integration also. Jetzt konzentrieren wir uns darauf, Vorgänge auszulagern – wir streben nach Desintegration und Co-Kreation.

Die Funky Inc. produziert zwar nicht unbedingt eine vollständige Wertschöpfungskette, aber sie nimmt immer eine zentrale Position darin ein. Eigentlich haben alle Unternehmen solche Positionen. Die Frage ist lediglich, was wir kaufen und was wir produzieren. Indem wir uns auf einige wenige wertschöpfende Prozesse konzentrieren und unnötige Akteure entfernen, machen wir den Rest der Wertschöpfungskette ebenso wie den Endverbraucher extrem abhängig von uns. Und Abhängigkeit ist gleichbedeutend mit Dollars.

7 Der Stand der heutigen Forschung besagt: Ihr psychologisches Kapital (Vertrauen, Hoffnung, Optimismus und Belastbarkeit) sind wichtiger als Ihr intellektuelles Kapital (Erziehung und Erfahrung).

Hinter den Kernkompetenzen steckt jedoch noch etwas anderes. Entscheidend für Funky Inc. ist nicht so sehr die Kernkompetenz, vielmehr sind es die »Kernkompetenzträger«. Dabei handelt es sich um jene beschränkte Anzahl von Menschen in einer Firma, welche eben die Fähigkeiten verkörpern, die ein Produkt oder eine Dienstleistung so einmalig machen – Mr. und Mrs. Unentbehrlich.

Das sind die Mick Jaggers und Keith Richards der Wirtschaftswelt. Und die meisten von ihnen sind zu kompetent, um ihr Talent in Management-Positionen zu vergeuden. Sie sind entscheidend, weil sie erstens super-smart sind und/oder zweitens wissen, wer smart ist, wo sich diese Leute befinden und wie man sie zu einer Zusammenarbeit bewegen kann.[7]

Diese »wandelnden Monopole« bleiben nur so lange, wie die Organisation ihnen etwas Reizvolles anzubieten hat. Ist das nicht mehr der Fall, verlassen sie die Firma, um ein eigenes Ein-Personen-Unternehmen zu gründen. Denken Sie daran, dass Karl Marx recht hatte. Die Arbeitnehmer besitzen die entscheidenden Ressourcen, die größten Aktivposten der Gesellschaft. Während Kompetenzträger zukunftsweisende Kernbereiche personifizieren, zeigt unsere Erfahrung, dass Kompetenzen im gebräuchlichen Sinne häufig für rückwärtsgewandte Werte stehen. Anstatt nach vorne zu schauen, blicken viele Unternehmen in die Vergangenheit.

Nathan Myhrworld von Microsoft meint, wir müssten begreifen, dass in einer Informationsgesellschaft die Differenz zwischen dem Durchschnitt und den wirklich Guten nicht mehr wie bisher nur 1:2 betrage. Vielmehr liege der Faktor heute bei 1 zu 100 oder sogar bei 1 zu 1.000. Sein Boss Bill lässt gelegentlich verlauten, wenn nur 20 Leute Microsoft verließen, stünde die Firma vor dem Bankrott. Hiroshi Yamauchi von der Computerspielefirma Nintendo schlägt in dieselbe Kerbe. Er behauptet, ein gewöhnlicher Mensch könne keine wirklich guten Spiele entwickeln, so sehr er oder sie sich auch bemühe. Und Scott McNealy, Vorstandsvorsitzender von Sun Microsystems sagte über seinen Mitbegründer Bill Joy: »AT&T hat Bell Labs und wir haben Bill Joy. Wir bekommen viel mehr für unser Geld.«

> **8** Möchten Sie ein Kernkompetenzträger werden? Lernen Sie, Ihre Stärken einzusetzen. Und verbringen Sie nicht zu viel Zeit damit, sich mit Ihren Schwächen zu befassen.

Die Kernkompetenzträger sind omnipräsent.[8] Eine neuere Studie des Corporate Leadership Council ergab, dass eine Computerfirma unter ihren 16.000 Angestellten 100 Kernkompetenzträger ausmachte, eine Softwarefirma konnte unter 11.000 nur 10 herausfinden und ein Transportunternehmen hielt gerade einmal 20 seiner 33.000 Angestellten für maßgeblich. Mit anderen Worten: Der Prozentsatz der Kernkompetenzträger variiert zwischen 0,6 Prozent und 0,06 Prozent. Kein Wunder, dass trotz hoher Arbeitslosenquote so viele Organisationen von einem anhaltenden Kampf um Talente sprechen.

Zielgerichteter Fokus

Das dritte und letzte Element der konzentrierten Funky Inc. ist ihre Zielgerichtetheit. Funky Inc. spricht bestimmte Kundenstämme an – die Kernverbraucher – und dabei spielt es keine Rolle, um welche Art von Stamm es sich handelt, wo er sich befindet oder wie groß er ist. Entscheidend ist hingegen, dass die Chemie stimmt, sie die gleichen Werte und Einstellungen teilen.

Es gibt alle nur erdenklichen Stämme. Gewalttätige Drogenbarone bilden Stämme. Miguel Caballero ist der Armani für schusssichere Bekleidung. Seine Firma verkauft modische, kugelsichere Westen. Er hat einen bestimmten Stamm als Zielgruppe im Visier. Sein Heimatstandort liegt in Kolumbien, wo die Nachfrage groß ist.

Pilger bilden Stämme. Jedes Jahr werden in Saudi Arabien 75.000 Chevrolet Suburban Vans verkauft. Warum aber ist dieses Land ein so großer Markt für den Suburban? Der Grund ist, dass die Pilger, die Mekka besuchen, die Stadt nur in einem Fahrzeug befahren dürfen, das bestimmte Maße aufweist. Der einzige Wagen, der diesen Vorgaben entspricht, ist zufällig der Chevrolet Suburban. In einer Art »heiliger« Allianz profitiert eine US-Firma von der Unterstützung eines muslimischen Stammes.

Beinfetischisten bilden Stämme. Vor einer Weile stießen wir auf ein Magazin namens Legshow. Es handelt sich um eine weltweit erhältliche Zeitschrift für Menschen, die von nackten Beinen oder Füßen besessen sind. Ein kleiner Markt, sollte man meinen. Bestimmt gehört doch nur ein verschwindend geringer Bevölkerungsanteil zu den Fußfetischisten. In Wirklichkeit geht es Legshow dank ihnen sehr gut. Warum? Das Magazin beherrscht einen bestimmten Stamm. Legshow hat eine gewinnbringende Nische entdeckt. Es hat nicht nur einen Fuß in der Tür zum Markt, sondern einen sehr großen Stiefel, der den gesamten globalen Markt abdeckt. Während die meisten Magazine bereits in den ersten Jahren wieder eingehen, gedeiht Legshow prächtig.[9]

9 Wir möchten Ihre Aufmerksamkeit noch auf eine andere klassische Fallstudie lenken (wenn auch von der Harvard Business School noch nicht erfasst): *Marquis*, ein Magazin für Latex-Fetischisten.

Die Botschaft lautet: Wenn Sie Ihre Energien darauf konzentrieren, auch nur eine ganz kleine Marktlücke zu schließen und diese zu bedienen, können Sie viel Geld verdienen. Der Stamm kann aus einbeinigen, homosexuellen Zahnärzten bestehen. Er kann sich aus Rechtsanwälten zusammensetzen, die Tauben züchten. Wenn es Ihnen gelingt, die Aufmerksamkeit dieser Kunden weltweit zu erregen und diese Kunden zufriedenzustellen, wartet das große Geld auf Sie. In einer Überschusswirtschaft sind die Reichen in den Nischen zu finden.

Doch das ist einfacher gesagt als getan. Sie müssen es schon richtig machen. Sie müssen für diesen klar umrissenen Stamm genau das richtige Angebot entwickeln und regelmäßig liefern können. Vielleicht gibt es in ganz Schweden nur 60 Leser von Legshow, in Norwegen 55, in Frankreich 96.453 – aber wenn Sie Land für Land erobern, addiert sich eine beachtliche Basis zusammen. Chris Anderson veröffentlichte im Jahr 2005 ein Buch mit dem Titel *The Long Tail*, in dem er beschreibt, wie sich kleine Segmente zu Multimillionen-Dollar-Geschäften addieren.

Vergessen wir die Beine für eine Weile. Ein Freund von uns hat sich kürzlich einen neuen Wagen gekauft und alle großen Versicherungsgesellschaften in Skandinavien angerufen, um Angebote einzuholen. Naiv und ehrlich wie er ist, hat er zugegeben, dass sein Sündenregister recht lang ist: Er trinke jeden Tag eine Flasche Wodka und ginge nie ohne brennenden Joint ins Bett. Zu seinem Erstaunen wurde er von keiner einzigen Firma kontaktiert. In diesem Moment erkannten wir, dass wir über eine perfekte Geschäftsidee gestolpert waren: Eine Versicherungsgesellschaft für Alkoholiker, Junkies und Kriminelle.

Natürlich besteht das Problem bei solch brillanten unternehmerischen Ideen darin, dass Ihnen oft schon jemand zuvorgekommen ist. Aber in diesem Fall wohl nicht. Versicherungen für Junkies und Alkoholiker? Für die dumpfe, fantasielose Versicherungsindustrie, so dachten wir, ist dieser Stamm wohl zu fern. Es ist eine Sache, als Zielgruppe 65-jährige Manager im Ruhestand auszuwählen, die sorgsam Ersparnisse angehäuft haben, und eine andere, den Abschaum der Gesellschaft zu versichern. Wir haben uns geirrt.

Denn Progressive Corporation macht genau das, und die Idee ist so gut, dass die Firma mittlerweile bereits die sechstgrößte KFZ-Versicherungsgesellschaft in Nordamerika ist – und eine der profitabelsten. Selbstverständlich ist die strategische Konzentration auf diesen Stamm nicht der einzige Faktor für den Erfolg. Das Unternehmen hat diese verrückte Nische erobert, weil es gleichzeitig extrem kundenorientiert ist. Progressive hat immer geöffnet. Der Vierundzwanzig-Stunden-Service ist hier nicht nur ein Slogan. Wenn ein Kunde einen Unfall hat – was bei dieser Klientel gelegentlich der Fall ist – eilt Progressive an den Unfallort und versucht die Angelegenheit mit der gegnerischen Partei zu klären. Dadurch gelingt es häufig, das Einschalten von Rechtsanwälten zu vermeiden. In den prozesssüchtigen USA bedeutet das eine Reduzierung der Verfahrenskosten von durchschnittlich 9.400 Dollar auf 2.100 Dollar. Deshalb kann Progressive relativ günstige Versicherungssätze für Junkies und Fahrer mit Alkoholproblemen anbieten. Solche kleinen und lukrativen Lösungen gibt es in allen Industriezweigen. Sie müssen nicht immer für Alkoholiker, Junkies oder Kriminelle sein, aber es gibt sie. Wir müssen nur ein Rezept entwickeln, das gut genug ist.

Wie Sie vermutlich bereits ahnen, ist der Gründer von Progressive, Peter Lewis, alles andere als ein konventioneller Typ. Seine »Freunde« bezeichnen ihn als »funktionierenden Kiffer«, »einen oder zwei Schritte neben der Platte« und als »Rockstar ohne jegliche Musikalität.« Peter Lewis ist über 70 Jahre alt. Er ist ein Kernkompetenzträger. Die Firma ist von ihm sc abhängig, dass die Analysten der Wall Street ihn dazu zwingen wollten, eine ärztliche Untersuchung vornehmen zu lassen. Peter Lewis hatte keine Lust zum Arzt zu gehen und deshalb schickte er ihnen stattdessen eine Mitteilung. Darauf stand:

1. Mir geht's gut.
2. Ich schwimme jeden Tag eine Meile.
3. Ich bin Single und werde deshalb häufig flachgelegt.>10<

10 Natürlich ist das keine Garantie. Als wir im November 2006 mit *Funky Business Forever* begannen, hörten wir, dass Peter Lewis in seinem New Yorker Apartment einen Herzinfarkt erlitten hatte.

Die erste Welle des Funk hat jene Unternehmen vernichtet, die nicht schlank genug waren. Konzerne, deren Management den Markt nicht davon überzeugen konnte, dass Synergieeffekte realer sind als UFOs, wurden zerschlagen. Die zweite Welle des Funk schneidet gerade Arbeitsprozess für Arbeitsprozess und Aktivität für Aktivität aus den Rippen der überfrachteten Unternehmen. Diese Organisationen sind gezwungen, sich anzupassen, oder sie werden untergehen. Und in nicht allzu ferner Zukunft werden die Unternehmen, die keinen bestimmten Stamm als Zielgruppe haben, die nächsten Opfer des Funk sein. Nur konzentrierte Firmen werden aufblühen.

Funky Inc. ist ein Hochleistungsbetrieb

Die zweite wesentliche Eigenschaft von Funky Inc. besteht in einer Effizienzsteigerung durch gezielten Einsatz vorhandener Kapzitäten. In den letzten Jahren versuchten Management und Unternehmensleitungen, firmeninterne Undurchschaubarkeiten zu entwirren, indem sie wie besessen minimierten. Die großen, weitverzweigten Konzerne waren bestrebt, bürokratische Abläufe, die Anzahl der Mitarbeiter und die benötigte Arbeitszeit zu reduzieren. Jetzt ist es an der Zeit zu maximieren. Es ist schlechterdings unmöglich, sich groß zu schrumpfen. Durch Abbau gerät man schnell in Vergessenheit, anstatt sich ins rechte Licht zu setzen. Einem Unternehmen sollte man nicht mit der Neutronenbombe zu Leibe rücken. Oder wie Jeffrey Pfeffer von der Stanford University es ausdrückte: »Durch Abbau erreicht man nur eines: Die Organisation wird verkleinert.« Durch bloße Kostenreduzierung und Personalentlassung kann man keinen neuen Wohlstand schaffen. Wenn das Management einen Kahlschlag wie mit texanischen Motorsägen verübt, bringt das keine wachsenden Einnahmen.

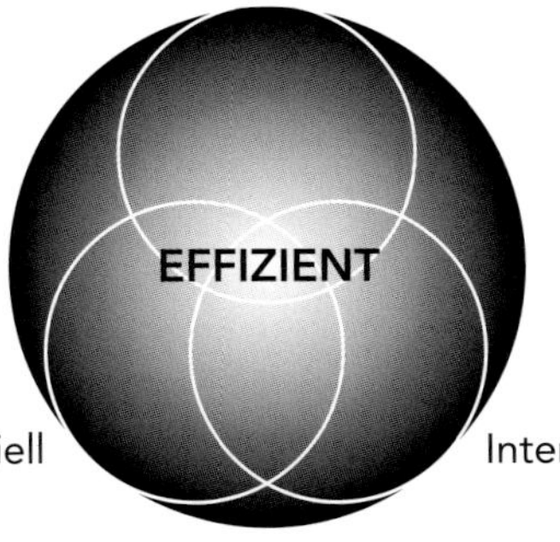

Sobald eine Organisation ihr Kerngeschäft, ihre zentralen Fähigkeiten und ihren Zielkundenstamm kennt, muss sie ihre Hauptressourcen auf allen Ebenen verteilen. Funky Inc. muss sich sowohl von der korporativen Fettsucht wie auch von Magersucht befreien und stattdessen Bodybuilding betreiben – Fett abbauen und Muskeln aufbauen.

Im Maschinenzeitalter bedeutete Effizienzsteigerung häufig tatsächliche Diversifikation – verschiedene Maschinen waren nötig, um verschiedene Produkte anzufertigen. Aber in einer Informationsgesellschaft kann ein und dieselbe Kompetenz für den Einstieg in verschiedenste Industriebereiche eingesetzt werden, ohne bei der eigentlichen Produktion von Dingen ein Rolle zu spielen. Wie bereits erwähnt, ist das Ergebnis eine allgemeine Grenzverwischung. Deshalb zwingt die global verknüpfte Gesellschaft Unternehmen dazu, ihre Kompetenz auf neue Art und effizienter einzusetzen, und die zunehmende Digitalisierung eröffnet neue Mittel und Wege dazu. Ebenso wie das Ballastabwerfen verläuft auch die Anhebung der Effizienz in einem dreistufigen Prozess.

Interne Effizienzsteigerung

Das Problem der meisten Unternehmen ist nicht, dass sie zu wenig wissen, sondern dass sie nicht wissen, was sie wissen. Das Wissen ist ziellos verstreut, ohne dass irgendjemand eine klare Vorstellung vom gesamten Bestand hätte und wüsste, auf welchen Kanälen es wohin gelangt oder wo spezielle Kenntnisse zu finden sind.

Wenn wir erfolgreich sein wollen, müssen wir lernende Organisationen schaffen.[11] Dazu müssen wir erkennen und uns eingestehen, dass wir nicht perfekt sind. Leider ist das etwas, was Manager und Unternehmen nur ungern zugeben. Sie sollten sich vielleicht Arthur Koestlers Definition der Kreativität in Erinnerung rufen: »Kreativität ist eine Art des Lernens, bei der Lehrer und Schüler ein und dieselbe Person sind.«

Der Aufbau einer lernenden Organisation erfordert einen wachsenden Wissenstransfer und zunehmende Wissenstransformation. Georgi Lozanov erkannte diesen Bedarf bereits in den 70er-Jahren, als er seine Methoden zur Beschleunigung des Lernens entwickelte. Der erste Schritt dazu ist eine effiziente Verbreitung von Wissen in der gesamten Firma. Wir müssen relevante Kenntnisse von der individuellen Ebene auf die Ebene von Gruppen und Organisationen bringen. Das klingt einfach, aber beantworten Sie doch einmal folgende drei Fragen:

1. Sind einige Ihrer Kollegen erfolgreicher als andere?
2. Möchten Sie, dass die anderen genauso gut werden?
3. Was muss dazu unternommen werden?

Lernen ist kein automatischer Prozess, es muss organisiert werden. Die Geschwindigkeit eines Unternehmens wird nicht durch die schnellsten und flexibelsten Leute bestimmt, sondern durch die langsamsten und am

11 Der Begriff der »lernenden Organisation« ist mittlerweile so häufig missbraucht worden, dass der Lern-Guru Chris Argyris bereits vorgeschlagen hat, wir sollten es mal mit dem Gegenteil versuchen »der nicht-lernenden Organisation«, um herauszufinden, ob er relevant ist. Doch modische Phrasen sollten nicht die Tatsache überspielen, dass wir ein Klima schaffen müssen, in dem Lernen effizient und schnell vonstatten geht.

schlechtesten ausgebildeten. Lernprozesse in Gang zu setzen gehört zu den wesentlichen Aufgaben des Führungspersonals. Menschen in leitenden Positionen müssen einen kontinuierlichen Wissenstransfer über alle organisatorischen Grenzen hinweg sicherstellen. Die individuellen Teile sollten das Ganze reflektieren können. Das heißt letztlich, die Funky Inc. muss auf ähnliche Weise arbeiten wie das menschliche Gehirn.

Mit der Schaffung eines lernfähigen Unternehmens ist es aber nicht getan. Die Verbraucher zahlen keiner Firma – nicht einmal einer Universität – Geld für ihre bloße Lernfähigkeit. Sie öffnen ihre Brieftaschen erst dann, wenn das Unternehmen ihnen auch etwas beibringen kann. In der Echtzeit-Welt müssen wir folglich die Zeit zwischen einer Erkenntnis und ihrer Umsetzung in Handeln verringern. »Die Fähigkeit einer Organisation, zu lernen und das Gelernte schnell in Aktionen umzusetzen, ist ihr größter Wettbewerbsvorteil«, meint Jack Welch von General Electric.

Wenn die vorhandenen Fähigkeiten nicht produktiv eingesetzt werden können, sind sie eigentlich wertlos. Aber der Aufbau einer solchen Organisation ist kostenintensiv – IT-Investitionen, Reisen, Eingliederung von Entscheidungsträgern und andere Maßnahmen sind nicht billig. Die wichtigere Frage lautet allerdings, ob Sie es sich leisten können, keine lernende Organisation aufzubauen. Oder wie ein skandinavischer Unternehmer es ausdrückte: »Wenn Sie glauben, Kompetenz sei teuer, dann versuchen Sie's mal mit Inkompetenz.« >12<

12 Ihre Herausforderung = verwandeln Sie das strukturelle Kapital Ihres Unternehmens in Ihr eigenes menschliches Kapital. Werden Sie zu einem Kompetenz-Staubsauger! Anders als der Staub verschwindet Kompetenz nicht, wenn man sie aufsaugt. Saugen Sie und sehen Sie selbst!

Die entscheidende Aufgabe einer Firma besteht also darin, das Wissen der Kernkompetenzträger in allgemeine Kernkompetenz umzuwandeln. Die funky Firma transformiert menschliches Kapital in strukturelles Kapital. Die Firma sammelt die Kenntnisse ihrer Spitzenmitarbeiter und -teams. Mithilfe bestimmter Systeme, die diese Kompetenzen auffangen sollen, bietet die Firma anderen Mitarbeitern Gelegenheit, sich dieses Wissen anzueignen und die neuen Erkenntnisse zum Nutzen der Kunden einzusetzen. Derartige Prozesse setzen selbstverständlich offene Kommunikations- und Diskussionsstrukturen im gesamten Unternehmen (und dem externen Netzwerk) voraus. Es kann gut sein, dass das Kriterium, welche Leute in einer Firma welche Diskussionen über welche Themen führen dürfen und mit wem sie das wann und wo tun, schon bald ein Hauptindikator für zukünftige Wettbewerbsvorteile wird. Der moderne Manager wird zu einer Art Talkmaster. Ob er dann in die Fußstapfen Jerry Springers oder

Oprah Winfreys treten sollte, bleibt Ihnen überlassen. Im Mittelpunkt der Funky Inc. stehen Foren, virtuelle und reale – Orte, an denen Menschen zusammenkommen können – nicht Kästen, in denen sie voneinander abgeschottet und isoliert sind.

Diese Effizienzsteigerung erfordert nicht nur, Kenntnisse auf verschiedene Ebenen eines Unternehmens zu transferieren und das Wissen der Kompetenzträger in allgemeine Kompetenzen zu transformieren. Das Wissen muss zudem in eine Form gebracht werden, von der das Unternehmen tatsächlich mehr profitiert. Wie viele Materialien tritt auch das Wissen in drei verschiedenen Aggregatszuständen auf: als Gas, Flüssigkeit und Festkörper. Gas ist das, was wir in unseren Köpfen haben. Flüssig wird das Wissen, wenn wir uns mit anderen austauschen. Und von einem Festkörper kann man sprechen, wenn das Wissen sich in Angeboten für Kunden, in neuen Abläufen oder Systemen niedergeschlagen hat. Tatsächlich ist ein Auto, ein PC, ein Softwareprogramm, ein Eis am Stiel oder was auch immer in Wirklichkeit nicht mehr und nicht weniger als gefrorene Kreativität. Wir haben eine Idee (Gas), diskutieren diese mit anderen (Flüssigkeit) und entwickeln daraus schließlich ein neues Produkt (Festkörper).

Je mehr Wissen zum Festkörper wird, desto mehr Geld kann man damit machen. Wenn wir beginnen, Kreativität einzufrieren, eröffnet sich zugleich die Chance größerer Wirtschaftlichkeit. Nehmen wir einen Berater als Beispiel. Er oder sie reist als freier Agent durch die Welt und macht ordentlich Geld mit flüssigem Wissen. Wenn er oder sie jedoch einen Bestseller über die Entwicklung von Informationssystemen für das Management schreibt – das Wissen sich also in fester Form niederschlägt –, schlägt er oder sie außerdem Profit aus der fast kostenlosen Reproduktion.[13]

Das Problem mit der eingefrorenen Kreativität ist, dass unsere Konkurrenten davon jederzeit eine Ausgabe ergattern, sie zerlegen und kopieren können. Je festgefrorener sie wird, umso leichter kann man sie kopieren. Der Patentschutz bietet keinen ausreichenden Schutz dagegen. Wir müssen uns auf unsere Fähigkeit verlassen, neue Wissensbereiche schneller als andere einzufrieren, indem wir die Zeit zwischen Erkenntnis und Produktangebot verringern. Die Alternative ist, unsere eingefrorenen Kenntnisse mit mehr flüssigen oder gasförmigen Inhalten zu bündeln – Provices und Serdukte zu verkaufen.

13 Unsere Wissenschaftskollegen haben uns darauf hingewiesen, dass es sich hierbei um den Tripelpunkt handelt: In der Physik und Chemie ist der Tripelpunkt einer Substanz erreicht, wenn unter bestimmten Temperatur- und Druckverhältnissen alle drei Zustände (Gas, Flüssigkeit und Festkörper) einer Substanz gleichzeitig in einem thermodynamischen Gleichgewicht koexistieren.

Denken Sie an General Electric, Xerox und IBM, für die handfeste Produkte heute fast nur noch Beiwerk sind. Die IT-Experten Gartner Group sagten vorher, dass im Jahr 2003 Dienstleistungen 46 Prozent der Einnahmen von IBM ausmachen werden. Sie behielten recht, es sind nun über 50 Prozent, und wie erwähnt hat IBM die PC-Geschäfte 204 an Lenovo in China verkauft. Der beste Weg zu größerer Wettbewerbsfähigkeit besteht darin, verschiedene Formen von Wissen zu kombinieren und kontinuierlich neu zu bündeln – Bindestrich-Kombinationen zu schaffen.

Die entscheidende Frage lautet, wie wir den Wissensstand einer Firma anheben und erweitern können. Das heißt aber nicht, dass wir eine Schulungsabteilung eröffnen oder ein Wissensmanagement installieren sollen. Viele westliche Firmen wiederholen jetzt den Fehler, den sie bereits begingen, als sie feststellen mussten, dass japanische Firmen sie in qualitativer Hinsicht permanent überboten. Als Reaktion darauf gründete man damals – ebenso wie heute, wenn es um Wissen geht – eine Abteilung, die eine Lösung für dieses Problem finden sollte. Qualitätssicherung wurde zur Lebensaufgabe für einige Auserwählte, und am Ende rannte ein Trupp Qualitätsprüfer oder Manager herum und versuchte, überall Abhilfe zu schaffen. Waren die Probleme damit behoben? Nicht im Geringsten. Wir dürfen diesen Fehler nicht noch einmal machen. Vielmehr muss die Verantwortung für Qualität integraler Bestandteil eines jeden einzelnen Arbeitsplatzes sein. Anstatt Wissensmanagement ist intelligentes Management gefragt, um eine Anhebung des internen Wissensniveaus zu bewirken.

Industrielle Effizienzsteigerung

Effizienzsteigerung findet nicht nur im Inneren statt. Ohne ihre Schlüsselfähigkeiten aus den Augen zu verlieren, setzen funky Organisationen ihre Kernkompetenzen und -kompetenzträger auch ein, um in neue Industriezweige vorzudringen. Sie versuchen dabei jedoch nicht, alle Teilprozesse intern zu kontrollieren.

Denken Sie einmal 85 Jahre zurück. Anfang der 20er-Jahre, als Ford gegründet wurde, versuchte die Firma alle Materialien für den Produktionsprozess zu kontrollieren. Da ein Autohersteller Metall verwendet, brauchte er Minen. Die Reifen waren aus Gummi, also investierte man in Gummiplantagen. Ford wurde zu einem Großkonzern. Ford war besessen davon, alle Materialien, die zur Herstellung des eigentlichen Produkts notwendig waren, zu kontrollieren, anstatt darüber nachzudenken, wie sich die zentralen Fähigkeiten des Unternehmens auch in andere Bereiche übertragen ließen. [14]

14 Fords Aktivitäten machten in der Informationswüste Anfang des 20. Jahrhunderts noch einen Sinn. Willkommen im Informationsdschungel. Ein Ort, an dem sich der alte Henry so wohlfühlen würde wie David Beckham mit einem Tischtennisschläger in der Hand.

Die neue Logik bedeutet, dass man den eigenen Kompetenzen treu bleibt, diese Fähigkeiten jedoch in mehr als einer Branche einsetzt. Heute gibt es mindestens drei verschiedene Arten industrieller Effizienzsteigerung.

Zuerst gibt es die auf Einstellungen basierende Effizienzsteigerung. Wenn die Wünsche eines spezifischen Zielstammes bekannt sind, kann sich ein Unternehmen die Übereinstimmung im Verhalten der Zielgruppe zunutze machen und diesen Stamm mit weiteren Produkten versorgen. Wichtig ist, dass dabei die Schwingungen dieses Kundenstammes getroffen werden. Die Rap- und Hip-Hop-Gruppe Beastie Boys bietet ihren Anhängern zum Beispiel nicht nur CDs und Konzerte an, sondern auch Zeitschriften, T-Shirts und sogar einen Radiosender. Auf ähnliche Weise bieten der Rap-Star P Diddy (Sean Combs) und die britische Band Underworld ihre eigenen Kollektionen für Designermode an. Sie folgen ihrem Stamm.

Zweitens betreiben viele Firmen Effizienzsteigerung durch Expansion der Marke. Marlboro zum Beispiel. Oder Coca-Cola. Disney tut es in seiner Eigenschaft als Verlag, Einzelhandels- und Freizeitparkgesellschaft. Oder nehmen Sie Richard Bransons Virgin, ein Unternehmen, das sich beinahe überall engagiert, von Fluglinien und Eisenbahnen über Kleidung und Kosmetik bis hin zu Internaten und Internetdiensten. Die Organisation hält sich geradezu sklavisch an die Kernwerte der Marke, wenn es um die Entscheidung geht, ob sie in ein neues Marktsegment vordringen soll oder nicht. Ein neues Produkt von Virgin muss folgende Bedingungen erfüllen:

- beste Qualität aufweisen,
- innovativ sein,
- guten Gegenwert für sein Geld bieten,
- die Marktposition bereits vorhandener Alternativen infrage stellen,
- mit einer Prise Spaß oder Frechheit gewürzt sein.

Das Management von Virgin behauptet, 90 Prozent der Projekte, die ihm unterbreitet werden, seien zumindest potenziell extrem gewinnträchtig. Dennoch wird ein Engagement verworfen, wenn keine Übereinstimmung mit den oben genannten Werten zu finden ist. Branson und seine Kollegen haben verstanden, dass eine Marke mehr ist als ein Name oder ein Logo – sie ist ein Versprechen und ein Vertrag mit jedem einzelnen Kunden. Wenn die Leute merken, dass das Angebot nicht hält, was sie von der Marke erwarten, beschließen sie möglicherweise, überhaupt keinen Artikel dieser Marke mehr zu kaufen.

Drittens gibt es viele Fälle von einer Effizienzsteigerung, die auf dem expansiven Einsatz von Kompetenz basiert. Honda konzentriert sich auf Motoren, setzt seine Kenntnisse aber auch zum Bau von Autos, Motorrädern und so weiter ein. 3M ist ein Experte für Klebefolien. Die japanische Firma KAO ist ein großer Verpackungshersteller für synthetische Reinigungsmittel – Seifen, Shampoos, Lotionen. Vor einigen Jahren war KAO auch einer der größten Produzenten von Floppy-Disketten. Lotionen und Floppys? Nun, wenn Sie Experte für die Herstellung bruchsicherer Verpackungen sind, ist dieser Zusammenhang nicht mehr so merkwürdig. Oder nehmen Sie AT&T. Die Firma hält sich selbst für ein exzellentes Unternehmen in der Abwicklung von Transaktionen. Sie verfügt über eine große Marke und Kundenbeziehungen, die auf Kontinuität und Vertrauen basieren. Wenn Sie dies alles zusammen addieren, dann ist der Schritt der Firma in das Kreditkartengeschäft verständlich.

Internationale Effizienzsteigerung

Es kann niemanden überraschen, dass auch auf internationaler Ebene eine Effizienzsteigerung durch Expansion erfolgen muss. Funky Inc. ist schließlich ein globales Unternehmen. Aber global muss nicht unbedingt groß bedeuten. Wir sind bereits von multinationalen Zwergen – wie Legshow – umgeben. Wenn Sie das nächste Mal zum Zahnarzt gehen, dann fragen Sie, ob Sie mal den unvermeidlichen Speichelabsauger halten dürfen, und werfen Sie einen Blick darauf. Die Wahrscheinlichkeit, dass er vom schwedischen Unternehmen Bergman & Beving kommt, beträgt 50 Prozent. Das Unternehmen hält einen Weltmarktanteil von 50 Prozent in dieser Branche. Wie viele Angestellte das Unternehmen hat? Knapp 2.000. Wenn Sie einer der 2.000 Angestellten in einer Firma sind, die 50 Prozent des Weltmarkts beherrscht, dann dürfen Sie sich wirklich als Mitarbeiter einer internationalen Organisation fühlen. Fühlen alle 100.000 Angestellten von Siemens sich ebenso?

Obwohl die Globalisierung bereits in vollem Gang ist, wird dies in der Organisation vieler Firmen immer noch nicht berücksichtigt.[15] Die meisten Firmen haben zwar bereits durch ihre Exporte Zugang zum globalen Markt und viele haben ihre Produktionsfaktoren in Form von Niederlassungen im Ausland international verbreitet, aber nur wenigen ist es gelungen, internationale Verwaltungsstrukturen und -systeme zu schaffen.

15 2006 eröffnete Kentucky Fried Chicken (KFC) in China mehr neue Restaurants als in den USA.

In diesem Punkt sind deutliche geografische Unterschiede zu erkennen. Für multinationale US-Unternehmen nimmt das Ausland meist nur einen marginalen Raum ein. Große und bekannte internationale Unternehmen wie Microsoft und Intel erzielen 70 Prozent ihrer Gewinne in ihrem Heimatland. Viele US-Unternehmen klassifizieren alle Geschäfte, die außerhalb der USA getätigt werden, in ihrem Organisationsschaubild kurzerhand unter dem Kürzel ROW (Rest of the World). Für die traditionellen ja-

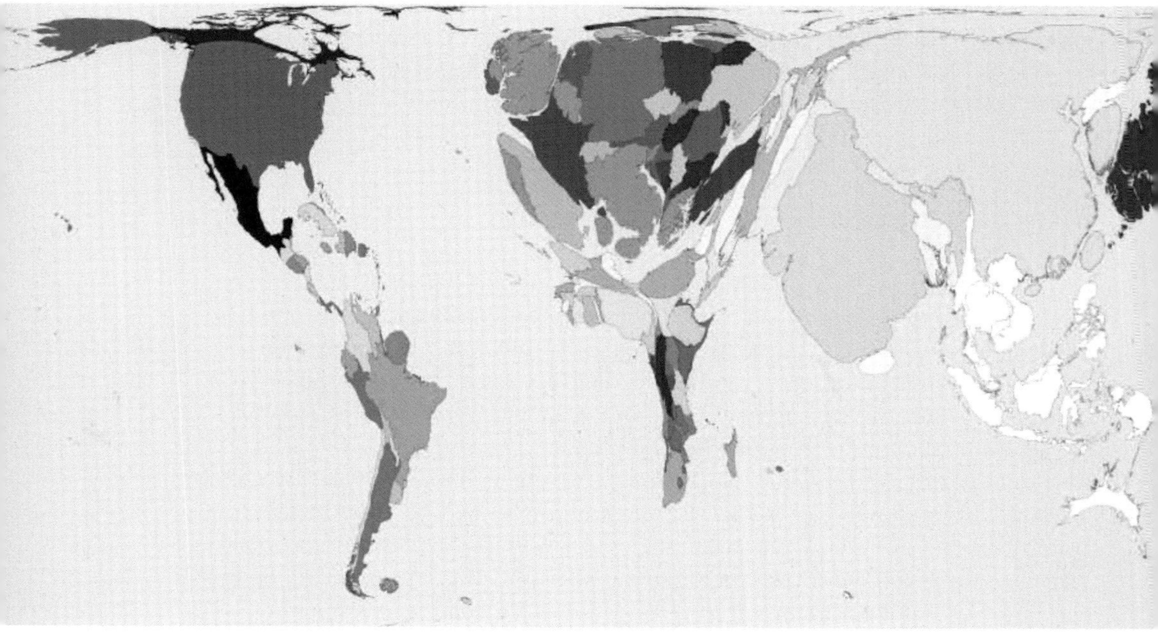

Die Größe der einzelnen Länder entspricht dem relativen Anteil des Landes in Bezug auf die Weltbevölkerung.

panischen Multis bedeutet Ausland meist Fremdheit oder Andersartigkeit. Wichtige Entscheidungen werden deshalb meist in Japan getroffen – von Japanern.

Aber für viele europäische multinationale Konzerne, besonders aus kleinen Ländern wie Schweden, Finnland, Holland und der Schweiz, war Ausland immer gleichbedeutend mit »most of it« (MOI). Diese Firmen mussten bereits früh nach Möglichkeiten und Lösungen suchen, um globalen Herausforderungen standhalten zu können. Das führte zum Beispiel dazu, dass der zentrale Firmensitz in der Regel keine so zentrale Rolle spielt. Der zentrale Firmensitz ist jener Ort, an dem die Post ankommt. Vielleicht ist es heute auch noch der Ort, an dem wir per Gesetz gezwungen die Aktionärsversammlungen abhalten und der als Adresse auf der Visitenkarte des Vorstandsvorsitzenden abgedruckt ist. Wenn Sie also mehr über grenzübergreifendes Management wissen möchten, werfen Sie besser einen Blick auf europäische Firmen wie Philips, Electrolux, Nokia, Heiniken, Unilever, TetraPak und Nestlé als auf Chrysler oder Mitsubishi.

Schließlich gibt es noch das vierte und wichtigste Stadium der Globalisierung – die Globalisierung der Lebenseinstellungen. Wir haben noch keine Firmen kennengelernt, deren Einstellungen wirklich die Bezeichnung global verdienen. Häufig werden ziemlich unterschiedslos die Standards aus dem Heimatland angewendet. Die Entscheidungsträger stammen meist ebenfalls aus diesem Land. Die Produkte werden meistens zu Hause entwickelt – mit den Anforderungen des lokalen Marktes im Hinterkopf. Der typische multinationale Konzern ist nach wie vor engstirnig und ethnozentrisch. Ausländer werden häufig als Fremdkörper betrachtet. Oder wie der holländische Manager für Kulturaustausch Fons Trompenaars meinte: »Verständnis für andere Kulturen ist für die meisten Manager offenbar eine Art Luxusartikel.« Einen solchen Manager in eine andere Kultur zu versetzen ist, als ob man einen Elefanten zum Tanz im Porzellanladen aufforderte.

Doch erst, wenn auch unsere Lebenseinstellungen wirklich global geworden sind, können wir die Früchte des funky Business ernten. Um das zu erreichen, müssen wir vom Konflikt zur Versöhnung gelangen. Wir behaupten nicht, dass die Arbeit in einer globalen Organisation einfach ist. Die Unterschiede in Kultur und Sprache sowie die großen geografischen Entfernungen stellen große Herausforderungen dar. Es wird jede Menge Unstimmigkeiten und Missverständnisse geben. Die Globalisierung mag von vielen als notwendiges Übel betrachtet werden, aber deshalb wird sie nicht weniger wichtig.

Funky Inc. ist innovativ

Funky Inc. ist äußerst innovativ. In einer globalen Echtzeit- und Überflussgesellschaft ist es nur eine Frage von wenigen Wochen, Tagen oder gar Stunden, ehe unsere Freunde aus Bangalore, New York, Kuala Lumpur, Paris, Danzig, Tokio, Seoul, London oder Santiago hierher kommen, um unsere Rezepte zu kopieren. Wenn wir einmalig bleiben wollen, müssen wir permanent an unserem Wettbewerbsvorteil arbeiten. Alan F. Shugart, früherer Vorstand des Laufwerkherstellers Seagate Technology Inc., behauptet gar: »Manchmal glaube ich, wir werden den Tag noch erleben, an dem ein Produkt am Morgen eingeführt wird und am Abend bereits dessen Produktionsstop verkündet wird.« Und der IT-Guru Kevin Kelly sagt: »Wohlstand entspringt direkt aus Innovation, nicht aus Optimierung ... man schafft keinen Reichtum, indem man das bereits Bekannte perfektioniert.«

Mit Innovation meinen wir keine Spezialabteilung oder eine sorgsam abgeschottete Gruppe forschender Wissenschaftler. Wir meinen eine totale Innovation – eine Geisteshaltung, die für jeden und alles in einem Unternehmen gilt und nonstop herrscht. Sie verwandelt die Firma in eine Ideen- und Traumfabrik, die mit ihren Konkurrenten um Imagination, Inspiration, Einfallsreichtum und Initiativen wetteifert.

Wenn Sie meinen, nun würden wir aber übertreiben, denken Sie an eine ganz normale Firma, die ganz normale langweilige Produkte verkauft. Und denken Sie dann an Rubbermaid, das von der Zeitschrift *Fortune* wiederholt zu Amerikas am meisten bewunderter Firma gewählt wurde. Dieses Unternehmen treibt Entwicklungen an und produziert Plastikprodukte wie Eimer, Spülbürsten und Papierkörbe. Rubbermaid hat es geschafft, gänzlich uninteressanten Produkten einen neuen Touch zu verleihen. Durch Innovation und Imagination wurde das Banale in etwas Aufregendes verwandelt. Wir gehen so weit, einen solchen Eimer als sexy zu bezeichnen.

Rubbermaid ist durchdrungen vom Geist der Innovation. Vor einiger Zeit besichtigte das Managementteam das Britische Museum in London. Beim Verlassen des Gebäudes nahm es viele neuen Ideen für Küchenprodukte mit. Offenbar wussten die alten Ägypter Dinge, die wir längst vergessen haben. Rubbermaid plünderte die antike Vergangenheit mit Stolz und beträchtlichem Geschmack. Wenn Rubbermaid das kann, können Sie es auch. Innovation wird in jeder Industriesparte belohnt.

Innovation ist nicht nur eine Frage der Technologie. In Wirklichkeit macht Technologie nur einen kleinen Teil davon aus. Innovation betrifft jeden kleinen Aspekt einer Organisation – es gibt administrative Innovationen, Design-Innovationen, technische Innovationen und Service-Innovationen. Wenn man also totale Innovation anstrebt, muss man jeden noch so kleinen Aspekt der Arbeitsabläufe neu überdenken. Das bedeutet, dass man neue Strategien erfinden, die Geschwindigkeit maximieren und die Flexibilität erhöhen muss. Vor allem erfordert eine totale Innovation, den Kunden auf der einen Seite zu ignorieren und ihm auf der anderen Seite zuzuhören, für interne Heterogenität und Homogenität zu sorgen – sich von einer Welt in die andere zu bewegen, sich auf das eine oder andere zu konzentrieren und beides gleichzeitig im Kopf zu behalten. Wir sprechen hier nicht von der Kunst der Balance – Funky Inc. bewegt sich in Extremen und kombiniert diese, anstatt nach Durchschnittslösungen zu suchen.

Innovation durch Erfindung neuer Strategien

In einer Welt, in der sich Technologie, Institutionen und Werte im Umbruch befinden, bedeutet Innovation, dass wir unsere Tätigkeiten überdenken und unseren industriellen Standort neu erfinden müssen.>16<

16 Definieren Sie Ihre Branche neu, sodass Ihr Marktanteil sich halbiert. Dann denken Sie darüber nach, wie sich ein Wachstum erreichen lässt.

Die US-Firma Taco Bell, ein Teil von Pepsi Co., verkauft texanisch-mexikanisches Junk Food. Zu einer bestimmten Zeit glaubte die Firma fest daran, in der Fast-Food-Industrie mitspielen zu können. Den Schlüssel zum Erfolg sah man in einem größeren Marktanteil, besonders im Bereich der »Tex-Mex«-Schnellimbisse. Als die Strategie noch einmal überprüft wurde, erkannte das Management, dass Taco Bells geschäftlicher Schwerpunkt in Wirklichkeit im Ernährungssektor lag. Das eigentliche Ziel musste also sein, sich einen größeren Anteil an zu füllenden Mägen zu sichern. Fast in Sekundenschnelle explodierte der Marktumsatz von 70 Milliarden US-Dollar auf 550 Milliarden US-Dollar. In fünf Jahren verdoppelte sich der Umsatz. Wie war das möglich? Wenn Sie im Ernährungssektor tätig sind, sollten Sie auf die Straße gehen und Kunden suchen, anstatt zu warten, bis die Kunden Sie finden. Deshalb richtete Taco Bell kleine, häufig transportierbare Restaurants in Schulen, Krankenhäusern, Bahnhöfen, Flughäfen, Bibliotheken und anderen Orten dieser Art ein.

In den letzten Jahren haben wir erlebt, wie Firmen wie Dell, Amazon, Nike und Starbucks im Grunde das Gleiche taten. Sie änderten einfach die

Spielregeln. Die Unverwechselbarkeit dieser Firmen beruht häufig mehr auf den immateriellen Aspekten ihrer Angebotspalette und weniger auf ihrer Technologie. Nike verlagerte seinen Schwerpunkt, indem es vom Schuhfabrikanten zum Sporthersteller wurde. Dann verlagerte Nike den Schwerpunkt seiner Aktivitäten von Sportprodukten auf Sportveranstaltungen und die Stars des Sports. Die meisten Menschen reden nämlich nicht über die Besonderheiten eines bestimmten Basketballschuhs oder eines Golfschlägers; umso lieber zerpflücken sie die Leistungen von Roger Federer oder Tiger Woods nach allen Regeln der Kunst.

Howard Schultz, der »Espresso-Evangelist«, und Starbucks übernahmen die Herkulesaufgabe, den US-amerikanischen Verbraucher für die feinen Kaffeesorten der Welt empfänglich zu machen. Entgegen allen Erwartungen entwickelte sich die Firma dabei nicht zu einem modernen Sisyphus. Das entscheidende Marketing-Instrument lieferten die lokalen Coffee-Shops, in denen sogenannte Baristas (Barkeeper) versuchten, einen neuen Lifestyle zu propagieren. Durch Allianzen mit Barnes & Noble, Costco, United Airlines und anderen wurde dieses Netzwerk ausgedehnt.

Strategische Innovation ist im Grunde nichts Neues. Im Jahr 1920 hielt Ford 60 Prozent der Anteile an der amerikanischen Automobilindustrie. Jede Minute lief ein neues, glänzend schwarzes Modell T vom Band. General Motors musste sich mit 12 Prozent Marktanteil begnügen. Dann betrat der legendäre GM-Chef Alfred P. Sloan die Bühne. Er strukturierte die Firma in ein Unternehmen mit verschiedenen Abteilungen um. Ziel der neuen Strategie war ein Auto »für jeden Geldbeutel und jeden Zweck«. Drei von acht aktuellen Modellen wurden ausrangiert, den verbleibenden Marken (Chevrolet, Oldsmobile, Pontiac, Buick und Cadillac) wurde ein ganz spezifisches Marktsegment zugewiesen – und sie durften sich nun in mehr als einer Farbe zeigen. Henry Ford musste daraufhin seine Fabrik in Dearborn für ein Jahr schließen.

Innovation durch Geschwindigkeit

Ein geografisch größerer Markt zwingt nicht nur zu klareren Schwerpunkten, sondern verringert auch die Zeit, die für die wirtschaftliche Umsetzung der eigenen Fähigkeiten zur Verfügung steht.[17] In einer Echtzeit-Gesellschaft ist es wichtig, möglichst schnell in die Zukunft zu reisen. Funky Inc. operiert in einer Welt, in der die Dinge sich in nie zuvor erlebtem Tempo entwickeln. Kein Wunder, dass Forward, der Vorstandsvorsitzende von Chaparral Steel, zu dem Schluss kommt: »Stillstand ist gleichbedeutend mit Zurückfallen.« Wenn unsere Kernkompetenzen klar sind, müssen wir mit Lichtgeschwindigkeit handeln.

Viele europäische Unternehmen errangen ihre großen Erfolge in sogenannten ausgereiften Industriesegmenten. Nachdem Sie das Wort Synergie aus Ihrem Wortschatz gestrichen haben, sollten Sie auch das Wort »ausgereift« daraus entfernen und durch »ausgelaugt« ersetzen. Wir sollten nicht mehr von ausgereiften Industriebranchen oder Märkten sprechen, sondern von ausgelaugten. Diese verbrauchten Industrien und Märkte warten geradezu auf Revolutionäre und radikale Erneuerer. Wenn wir in eine Echtzeit-Wirtschaft eintreten, in eine Realität mit ferngesteuerter Kontrolle, dann zappen die Leute auf der Stelle zu einer anderen Firma, wenn sie Ihr Unternehmen alt, langweilig und unmodern finden. Wer Erfolg sucht, muss zunehmend selbst Innovativkräfte entwickeln und darf sich nicht in die Rolle des folgsamen Konsumenten begeben.

17 Geschwindigkeit wird durch Masse und Energie definiert. Wenn Ihre Firma durch Outsourcen bereits weniger massig ist, unternehmen Sie den nächsten Schritt zur Beschleunigung, indem Sie dem Unternehmen neue Energien zuführen.

Innovation durch Cleverness

Schneller zu arbeiten bedeutet selbstredend nicht, dass man sich mehr anstrengen muss – um das Falsche doppelt so schnell zu erledigen –, es erfordert vielmehr einen pfiffigen Einsatz der Arbeitskräfte. Auch wenn die neue Wirtschaft keine Geschwindigkeitsbegrenzungen kennt, kann man Kreativität nicht erzwingen. Um kreativ zu sein, müssen wir locker sein. Wir brauchen Ressourcen und Zeit. Wir brauchen Zeit, um uns hinzusetzen und nachzudenken. Wir brauchen Zeit für uns allein. Wir brauchen Zeit, um herumzuspielen. Wir brauchen Zeit zum Experimentieren. Wir brauchen Zeit, um uns gelegentlich mit anderen zu unterhalten. In Japan wird dieser Zustand manchmal als »Nommunikation« bezeichnet. Nommu ist das japanische Wort für Trinken – und dieses Mal ist nicht von Coke die Rede. Die Zeit, die wir nach Dienstschluss zusammen in einer Bar verbringen, kann wichtig sein für die Entwicklung neuer Ideen. Viele Zusammenschlüsse, Neukombinationen und Beziehungen sind in den Bars von Silicon Valley entstanden. Wenn Denken Arbeit ist, legen Sie Ihre Füße auf den Tisch, verlassen Sie das Büro und trinken Sie ein Bier mit den Kollegen. Gönnen Sie sich Lockerheit.

In einer Wissensgesellschaft sind die Gehirne den Muskeln immer überlegen. Wir alle wissen das. Aber wie viel Prozent des intellektuellen Kapitals einer Firma werden wirklich genutzt? Wenn Ihre Organisation normal ist – und wir hoffen bei Gott, dass dem nicht so ist –, liegt die Antwort meist zwischen 5 und 15 Prozent. Was würde geschehen, wenn der Manager einer Fabrik nur 5 bis 15 Prozent der vorhandenen Maschinenkapazitäten nutzte? Er würde in den nächsten Monaten oder Wochen ersetzt. Dies ist aber anscheinend nicht der Fall, wenn es um Wissen geht. Der wesentliche Aktivposten einer Firma wird extrem wenig ausgeschöpft. Kein Wunder, dass es den Leuten etwas unangenehm ist, wenn man sie darauf anspricht – aber sie sehen es dann doch ein. Vielleicht ist 15 Prozent gar nicht so schlecht? Doch die einzig mögliche Erklärung für diesen Missstand ist, dass uns irgendjemand ausgetrickst hat. Man hat uns weisgemacht, dass Beschäftigung in Wirklichkeit gleichbedeutend ist mit »Kompetenzkastration«. Sobald wir unser Büro oder die Fabrikhalle betreten, sollen nur noch 15 Prozent unseres Körpers präsent sein – hoffen wir, dass es die oberen 15 Prozent sind.

Doch wir brauchen ganze Menschen – Kopf und Herz, Körper und Seele. Nach heutigem Stand der Dinge gebrauchen viele Organisationen ihr Wissen nicht – sie missbrauchen es. Dagegen können und müssen wir etwas unternehmen. Denken Sie daran, was der Experte in Sachen Kreativität, John Kao, sagt: »Kreativität ist nicht wie das Wetter – Sie können etwas dafür tun.« Und niemand hat ein Monopol auf Kreativität – nicht einmal für einen Augenblick –, nicht einmal Microsoft oder Google.

Kunden ignorieren und ihnen zuhören

Im Gegensatz zur gängigen Überzeugung ist es nicht besonders schwierig, Kundenwünsche herauszufinden. Lassen Sie uns ausführen, was alle Kunden möchten. Jeder Kunde, in jeder Branche und auf jedem Markt, möchte ein Produkt, das billiger und besser ist als bisher – und er möchte es möglichst noch gestern. Die Unternehmen geben pro Jahr Millionen von Dollar für Beratungsfirmen wie McKinsey, Boston Consulting Group oder A.T. Kearney aus, die ihnen eine Antwort auf diese Frage geben sollen. Aber die einfache Wahrheit ist: Der typische Kunde wird immer nach Verbesserungen innerhalb des gegebenen Rahmens fragen.

Radikale Innovation in einer diskontinuierlichen Welt erfordert, dass man Umfragen und Marktstudien vergisst. Natürlich ist die Geschichte voller Beispiele von Firmen, die ihre Kunden ignorierten und dafür einen hohen Preis bezahlen mussten. Wenn wir jedoch auf die falschen Kunden hören oder nur zuhören, ohne nachzudenken, kann uns das ebenso teuer zu stehen kommen.

Erinnern Sie sich an McLean, den fettarmen Hamburger von McDonald's? Das Produkt wurde als Reaktion auf das zunehmende Gesundheitsbewusstsein der amerikanischen Verbraucher eingeführt. Die Marketingtests ergaben, dass er fast ebenso gut wie der Big Mac schmeckte – aber niemand bestellte ihn. Was hatte die Firma vergessen? Naja, die meisten Menschen, die zu McDonald's gehen, sind nicht gerade Gesundheitsfanatiker. Die Gesundheitsbewussten essen anderswo. Der durchschnittliche Kunde von McDonald's ist mehr an einem McSatt als an einem McLean interessiert.[18]

18 Ein Freund erzählte uns, wie er einmal in einem Bus durch die Vereinigten Staaten fuhr. Während der Fahrt wurde der Film *Supersize me* gespielt, die Geschichte davon, wie man sich nach ein paar Wochen Ernährung bei McDonalds fühlt. Nachdem die Fahrgäste 90 Minuten in Depression ob den Auswirkungen einer überwiegenden Ernährung durch die Lebensmittel dieser Firma im Bus verbracht hatten, hielt der Bus routinemäßig für einen Zwischenstopp an. Gleich in der Nähe gab es einen McDonald und dort bestellten die Mitreisenden ihre Big Macs wie eh und je – als hätten sie nie einen Film darüber gesehen.

In Wirklichkeit ist es doch so, dass wir viele Produkte verwenden, die wir zu Beginn ihrer Entwicklung überhaupt nicht gewollt hätten. Ein Fax? Wenn ich's eilig habe, nehme ich das Telefon und sonst schreibe ich einen Brief. Eine DVD? Wenn der Film im Fernsehen läuft, will ich ihn gleich sehen, und wenn es ein richtiger Film ist, gehe ich lieber ins Kino. CNN? Noch mehr Nachrichten und dazu auf Englisch? Nein, danke. Doch wir alle wissen, was geschehen ist. Wir können vom Kunden nicht erwarten, dass er sich das Unvorstellbare vorstellt. Das ist unsere Aufgabe. Die Verantwortung für Innovationen liegt immer beim Hersteller. Wir müssen die Gabe haben, uns Wunder vorzustellen und diese auch zu erzeugen. Das ist ein großes Risiko – ein totales Risiko – und am Ende auch ein persönliches Risiko.

Lesen Sie von unseren Lippen ab. Sie können nicht erwarten, dass der Kunde das Undenkbare denkt. Sie können sich selbst durchaus als fordernden und anspruchsvollen Kunden sehen. Und können durchaus recht haben damit. Aber hätten Sie gedacht, dass es einen Markt für ein kleines, elektronisches Küken gibt, das regelmäßig gefüttert, gepflegt und unterhalten werden muss? Doch das Tamagotchi – der kleine Kerl aus dem Cyberspace – war eine der großen Erfolgsgeschichten der vergangenen Jahre.

Kein Galeriebesucher forderte Picasso auf, den Kubismus zu erfinden. Kein Jazzfanatiker schlug vor, Miles Davis solle mit Hip-Hoppern zusammenarbeiten. Kein Kinogänger schlug dem dänischen Filmemacher Lars von Trier vor, *Breaking the Waves* zu drehen. Und die Idee für CDNow oder Amazon.com stammt ganz bestimmt nicht von einem Kunden. Wenn Sie etwas wirklich Interessantes und Revolutionäres tun wollen, müssen Sie lernen, Ihre Kunden zu ignorieren. Viele Kunden wirken wie Rückspiegel. Sie sind extrem konservativ und langweilig, ihnen mangelt es an Imaginationskraft und sie kennen ihre eigenen Wünsche nicht. Wenn Kunden Sie wirklich konstant mit neuen Ideen überhäufen, geben Sie ihnen einen Job oder suchen Sie sich selbst einen anderen.

Funktioniert der Technologie-Push wirklich? Werfen Sie einen Blick auf die amerikanische Biotechfirma Amgen. Sie rangierte bei Fortune 1.000 in den letzten zehn Jahren unter den Spitzenverdienern. Das Geschäftskonzept von Amgen beruht darauf, für glanzvolle wissenschaftliche Neuerungen ein Anwendungsgebiet zu finden. Es kann gut sein, dass Kunden Ihre Lösungen missfallen, weil sie tatsächlich andere Probleme haben. Leider ist dies in Zeiten des Überangebots, in denen die Verbraucher das letzte Wort haben, problematischer für Sie als für die Kunden.

Wenn Sie wirklich innovativ sind, dann sind Sie auch in der Position, auf den einen oder anderen Kunden zu verzichten. Eine typische Firma verliert bei mindestens 50 Prozent ihrer Kundschaft Geld. Das Problem ist, dass die meisten Firmen nicht wissen, wer diese Kunden sind. Natürlich ist ein Risiko damit verbunden, freiwillig oder unfreiwillig auf die falschen Kunden zu verzichten. Für Ford bedeutet eine Zunahme der Kundentreue um ein Prozent einen Gewinnzuwachs von etwa 100 Millionen Dollar pro Jahr. Wenn ein unzufriedener Kunde zur Tür hinausgeht und beschließt, nie mehr wiederzukommen, wie viel Geld verliert ein Unternehmen dadurch? Es können 500, 5.000 oder auch 50.000 Dollar sein.

Paradoxerweise muss Funky Inc. zugleich extrem kundenorientiert sein.[19] Wir müssen wählen. Manchmal müssen wir den Kunden ignorieren und etwas Radikales und Revolutionäres tun und in anderen Fällen müssen wir den Kunden als Teil der Firma betrachten und ihn in die Prozesse der Wertschöpfung einbinden. Im Zeitalter des fordernden Kunden genügt es nicht mehr, nette Bilder und Slogans zu produzieren, die behaupten, dass der Kunde König sei.

19 Kundenorientierte Fertigung ist nicht dasselbe wie Variation. Bei der kundenorientierten Fertigung wird dem Kunden eine Plattform zur Verfügung gestellt, in deren Rahmen er oder sie eine limitierte Auflage des Produkts oder der Dienstleistung mitentwickeln kann.

Berücksichtigen Sie individuelle Kundenwünsche. Die Post-it-Zettel von 3M gibt es mittlerweile in 18 verschiedenen Farben, 27 Größen, 56 Formen und 20 Düften. Alles in allem sind mehr als eine halbe Million Kombinationen erhältlich. Die modulartigen Lastwagen von SCANIA ermöglichen es dem Kunden, sich seinen eigenen Laster zusammenzustellen. Warum sollten wir nicht unsere eigene Puppe bauen? Barbie gibt es mittlerweile in 15.000 verschiedenen Ausfertigungen. Die Gurus des Managements hatten recht. Die massenhafte Anpassung an Kundenwünsche ist ein Kinderspiel. Sie ändern das Aussehen, die Augen, die Farbe, die Frisur, die Kleidung, den Namen – aber Finger weg von den Beinen. Das alles für 40 Dollar (das Doppelte des normalen Preises). Um die gewünschte Puppe zusammenzubauen, muss der Kunde nur einen Fragebogen ausfüllen. Das Ziel von Anne Parducci, Vizepräsidentin des Barbie-Eigentümers Mattel, ist es, »eine Datenbank mit Kindernamen aufzubauen, um eine direkte Beziehung zu diesen Mädchen herstellen zu können«. George Orwell greift nach den Herzen, 1984 ist hier (etwas spät vielleicht). Was glauben Sie, ist für Mattel wertvoller – hundert Kilo Plastikpuppen-Atome oder die Marke und die Datenbank? Die Bits regieren.

In einer fragmentierten Welt werden die Nischen immer kleiner. Zunehmende Individualisierung in Verbindung mit Veränderungen der Technologie und der Werte bedeutet, dass die Mikromärkte die Massenmärkte überrundet haben. Der nächste Schritt besteht darin, zu einer Eins-zu-Eins-Produktion, einem Eins-zu-Eins-Marketing zu gelangen – alles wird Eins-zu-Eins: Ein Kunde – eine Lösung. Das vollzieht sich in einem Industriezweig nach dem anderen. Wir sind auf dem Weg in die Eins-zu-Eins-Gesellschaft. Betrachten Sie Ihr Spiegelbild, und die durchschnittliche Größe eines Marktsegments in der Überflussgesellschaft wird Ihnen entgegenblicken. Das neue Motto des anspruchsvollen Kunden ist denkbar einfach: »Es ist Ihre Aufgabe, mich zufriedenzustellen, und ich bin anders als Sie, der oder die da.«

Die Anpassung an den Kunden kann alle Aspekte des Angebots betreffen: kundenorientierte Preise, kundenorientierte Öffnungszeiten, kundenorientierte Promotion etc. Telearbeiter und Dienstleistungsfirmen erlauben es uns, ein eigenes Profil bei der Preisgestaltung und Rechnungsstellung zu entwickeln. MTV verfolgt das Ziel, für die verschiedenen Regionen in Europa unterschiedliche Programme und Werbesequenzen zu entwickeln. Die neuesten Entwicklungen in der Produktionstechnologie bieten uns viele neue Möglichkeiten. Wir können von der Massenproduktion zur flexiblen

Produktion wechseln und jetzt auch zu einer massenhaften kundenorientierten Produktion. Mit weniger Instrumenten können wir mehr und qualitativ bessere Modelle herstellen.

Kundenorientierung ist auch eine Frage der Zeit. Wann und wie lange sind Sie bereit, mit Ihren Kunden Geschäfte zu tätigen. Im Zeitalter des Überflusses entscheidet der Kunde, wann Sie mit ihm oder ihr Geschäfte machen können – nicht umgekehrt. Ihre einzige Chance zu überleben besteht darin, sich immer mehr in Richtung einer 24-Stunden-Firma zu entwickeln – wie zum Beispiel Progressive Corp.

Außerdem gibt es Situationen, in denen bestimmte Kunden ihre besten Berater sind (und immer die billigsten). Der moderne Manager hat einen großen Vorteil. Kunden und Angestellte waren nie so offen und leicht zugänglich wie heute. Ein vernünftiger Manager wird sie deshalb wie eine Kostbarkeit und nicht wie den letzten Dreck behandeln. Als natürliche Lösung bietet es sich zum Beispiel an, mehr Macht in die Hände jener Personen zu legen, die tagtäglich mit den Kunden zu tun haben. »Wer wirklich im Zentrum des Geschehens steht, muss auch über die notwendigen Mittel verfügen, um die Situation optimal zu meistern«, meinte der ehemalige Präsident Jan Carlzon von Scandinavian Airline Systems.

»Was man digitalisieren kann, kann man auch individuell gestalten«, sagt Joseph Pine, Autor des Werks *Maßgeschneiderte Massenfertigung*. »Mehr oder minder alles wird kundenorientiert sein.«

Vielleicht interessieren Sie maßgeschneiderte Jeans oder Bettlaken nicht allzu sehr. Eine funky Firma ist nicht für jeden gedacht. Wir sprechen hier über Superspezialisierung und knallharte Konzentration. Und irgendjemand muss dafür bezahlen – obwohl Kundenorientierung nicht automatisch teurer sein muss. Die Autovermietung Hertz stellte zum Beispiel fest: Wenn sie nur das tat, was jeder Kunde wirklich wünschte, konnte sie den Gold-Service kostengünstiger anbieten als den Standardservice.

Heterogenität und Homogenität kombinieren

Radikale Veränderungen erfordern weitaus stärker personalisierte Unternehmen. Oscar Wilde hatte recht, als er bemerkte, dass »Konsistenz das letzte Refugium des Fantasielosen ist«. Funky Inc. strebt nach Variation, Vielfalt und Andersartigkeit. Funky Inc. empfängt die Menschen mit offenen Armen, die bereit sind, den Status quo infrage zu stellen und mit den vorhandenen Normen und Regeln zu brechen. Funky Inc. weigert sich, weiter am Spiel der Gleichmacherei teilzunehmen. Kein Karaoke an dieser Stelle.

Die Menschen reden gerne und wohlwollend über multikulturelle Vielfalt, weil damit angeblich eine bessere Atmosphäre und mehr Gleichberechtigung einhergehen. Doch so nett und löblich derartige Argumente nach dem Motto »mehr Fun und Fairness« auch sind, in der Regel können sie damit den typischen Manager nicht dazu bewegen, die Zusammensetzung der Angestellten in seiner Firma zu verändern. Wir möchten stattdessen drei solide wirtschaftliche Gründe dafür anführen, weshalb sich Heterogenität bezahlt macht.

1. Weil $K = D^2$, wobei K für Kreativität steht und D für Vielfalt. Uniformität führt häufig zu Gruppenkonformismus und intellektueller Verstopfung. Wir wissen alle, was der jeweils andere denkt, warum soll man also überhaupt noch mit ihm sprechen. In Hinblick auf Innovation gilt: Gegensätze ziehen sich an. Neuerungen sind das Ergebnis konstruktiv ausgetragener Meinungsverschiedenheiten und Spannungen.
2. Mehr Vielfalt verringert zwar im Allgemeinen die durchschnittliche Leistungsfähigkeit eines Systems, aber es erhöht auch die Standardabweichung. Das Problem konsistenter Unternehmen ist, dass in einer Welt, in der der Gewinner alles bekommt, die Konkurrenz nicht mit Durchschnittsware geschlagen wird – sondern mit Spitzenprodukten. Eine Firma mit geringerer Durchschnittsleistung kann einen Konkurrenten mit einem höheren Durchschnitt durchaus schlagen, wenn letzterer keine einmaligen Ideen hat, die vollständig von der Norm abweichen.
3. Um Erfolg zu garantieren, muss sich die Komplexität unserer Umgebung in der Zusammensetzung des Unternehmens widerspiegeln. Wissenschaftler sprechen in diesem Zusammenhang vom »Gesetz der spiegelbildlichen Varietät«. In der Praxis bedeutet dies: Wenn ein Zulieferer aus einem anderen Land kommt als das Unternehmen, sollte sich dies in der Zusammensetzung der Organisation niederschlagen. Wenn viele Kunden eines Unternehmens Immigranten sind, so muss dies in der Firma seinen Niederschlag finden. Wenn wir mit sehr jungen oder alten Menschen Geschäfte machen, muss sich dies in der Firma widerspiegeln. Wenn wir zunehmend Geschäfte mit Frauen tätigen, muss sich dies in der Firma widerspiegeln. Eveolution!

Leider sind viele Firmen so tief in Inzucht versunken, dass man manchmal geradezu darauf wartet, dass der Nächste, der zur Tür hereinkommt, einen überdimensionierten Schädel, rote lockige Haare und ein drittes Auge in der Mitte der Stirn hat.[20]

20 *Der Krieg der Sterne* wird nicht in der Episode *Angriff der Klonkrieger* gewonnen.

Manche Betriebe ähneln der Amish-Sekte. Die Menschen sehen alle gleich aus, denken alle dasselbe und glauben, dass sie die Zeit anhalten können. Von einer Firma, deren Personal sich zu 90 Prozent aus Leuten mit demselben Geschlecht, demselben Alter, einem ähnlichen sozialen Hintergrund, einem ähnlichem Outfit und lauter Golfspielern zusammensetzt, dürfen Sie nicht viel Innovatives erwarten. Auch wenn sie einmal pro Jahr eine Strategiekonferenz am Mittelmeer oder in den Alpen abhalten, umso richtig kreativ, wild und verrückt zu sein – erwarten Sie nichts Großartiges davon. Ein Unternehmen, dessen Angestellte weiß, männlich und 55-jährige Finnen sind, wird wohl kaum Ideen entwickeln, die eine junge, farbige, lesbische, nicht-skandinavische Muslimin anziehen. Haben die Männer an der Spitze die Absicht, muslimische Lesben zu rekrutieren? Bestimmt nicht.

Vielleicht sollte der Typ auf dem Bild der neue Vorstandsvorsitzende Ihrer Firma werden. Vielleicht hat er das Wissen, das Sie im 21. Jahrhundert einmalig machen könnte. Aber würden Sie diese Person unter Umständen einstellen? Und was noch wichtiger ist: Würde diese Person sich um eine Stelle in Ihrem Unternehmen bewerben? Der Mann auf dem Bild ist der schwedische Finanzminister Anders Borg. Was passiert, wenn Sie die Ideen von Gestalten wie Anders Borg immer wieder rundweg ablehnen? Oder noch schlimmer, vielleicht haben diese Typen längst aufgehört, Ihnen Vorschläge zu unterbreiten, weil sie wissen, dass Sie Menschen nach ihrem Aussehen, ihrer Kleidung, ihrer Hautfarbe und so weiter beurteilen.

Wir wollen nicht etwa vorschlagen, dass Sie alle Pferdeschwanzträger dieser Welt in Ihrem Unternehmen einstellen, aber Sie sollten auf die Konsequenzen vorbereitet sein, die die Entwicklung einer kopforientierten Firma mit sich bringt: Es gehört zu deren fundamentalen Voraussetzungen, dass Sie allen freistellen, sie selbst zu sein und auszusehen, wie sie wollen.

Die Realität des Wettbewerbs ist, dass Unternehmen, die in Bezug auf Rasse, Geschlecht, Alter, sexuelle Vorlieben, Aussehen und so weiter festgefahren sind, immer tiefer in die Klemme geraten. Sie werden auf ernste Probleme stoßen, wenn der Wettbewerb immer mehr auf Software und Soft Skills, also letztlich auf Menschen beruht. Intelligenz ist eine Normalverteilung. Sie ist kein Vorrecht weißer 45-jähriger Männer.

Wie Michael McNeal, Personalchef von Cisco Systems, hervorhebt: »Wenn Sie großartige Leute finden wollen, müssen Sie an ungewöhnlichen Plätzen suchen.« Wenn Sie immer nur Harvard- oder Insead-Absolventen einstellen, erhalten Sie eine sehr homogene Menge. Cisco versucht stattdessen, Leute beim Boston-Marathon zu finden oder auf dem Mountain View International Microbrewery Festival.

Zugegeben, eine komplette Firma, die nur aus Typen wie Richard Branson oder Peter Lewis besteht, wäre schwierig zu führen. Wir finden auch nicht, dass Sie von der Hierarchie direkt in die Anarchie wechseln sollten. Wir meinen nur, dass es nützlich ist, bestimmte Dinge miteinander zu teilen. Was könnte das sein? Die Palette ist endlos und reicht von Aktienanteilen, Belohnungen bis hin zu Identität, Kultur, Sprache, Wissen und Lebenseinstellungen.

Aktienanteile für alle Angestellten. Marx trifft den Wilden Kapitalistischen Westen. Beteiligungen am Aktienvermögen sind überall im Kommen. Bei General Electric halten derzeit 35.000 Angestellte Anteile an der Firma, während es 1980 nur 200 waren. Im Jahr 1996 ermöglichte das Programm Bean Stock bei Starbucks Coffee-Shops den Angestellten, die seit 1991 angestellt waren, Optionen für 50.000 Dollar einzulösen. Ein üppiger Bonus ist nicht mehr nur das Privileg von wenigen Auserwählten. Power to the people. Erinnern Sie sich daran, dass die meisten Softwarefirmen als Aktiengesellschaften eingetragen wurden, um Besitz und Wohlstand zu teilen, nicht um Kapital aufzustocken. Und davon haben wir bisher nichts gesehen.

Funky Inc. ist weder homogen noch heterogen; sie ist beides. Erfolgreiche Firmen werden sich zu Organisationsstämmen entwickeln, die auf der Biografie aufbauen. Und in einem Stamm laden sich die Menschen gegenseitig mit Energie auf. Die Zulus haben ein Wort dafür: »ubuntu« (Kurzform von unmunta ngumuntu nagabuntu). Das kann man wie folgt übersetzen: Eine Person wird eine Person durch andere Personen. Oder wie Carl Jung es ausdrückte: »Ich brauche ein Wir, um ganz Ich zu sein«.

Lassen Sie uns eine persönliche Frage stellen: Gehen Sie regelmäßig in Schwulenclubs? Seien Sie ehrlich. Wenn ja, fallen Ihnen als Mann dort einige frappierende Dinge auf. Erstens gibt es dort viele Männer. Zweitens sind diese ganz unterschiedlich – einige sind alt, andere jung, einige sind Krankenpfleger, andere Manager, Studenten, Doktoren oder was auch immer. Das Einzige, was sie gemeinsam haben, ist ihre sexuelle Orientierung. Wenn wir eine Sache konstant halten, fällt es uns leichter, alle anderen Aspekte zu variieren.

Bei McKinsey und einigen anderen Unternehmensberatungen haben alle Angestellten zumindest einen Punkt gemeinsam. Sie sind unsichere Karrieremenschen. Auch dies ist eine Möglichkeit, die Leute zusammenzuschweißen und in einer Welt für Kontinuität zu sorgen, die andernfalls große Diskontinuität aufweist. Bei Quad Graphics waren zeitweise mehr als 50 Prozent der 8.500 Angestellten durch Blutsverwandtschaften und Hochzeiten miteinander verbunden. Irgendjemand sagte einmal, selbst in der Mafia gäbe es mehr Austritte als in einer Firma wie 3M mit ihrem extrem starken Zusammenhalt. Haben Sie sich über den kleinsten gemeinsamen Nenner in Ihrem Unternehmen schon einmal Gedanken gemacht oder kennen Sie diesen überhaupt?

Stammesversammlung.

Und wie bringen Sie andere dazu, dass sie Ihre Wertvorstellungen teilen? Ganz einfach: Suchen Sie diejenigen, die es bereits tun. Sehen Sie sich die Hell's Angels oder Greenpeace an. »Wir stellen Lebenseinstellungen ein«, sagt Herb Kelleher von den SouthWest Airlines. Dahinter steckt die Überlegung, dass man aus positiven Menschen jederzeit gute Piloten machen kann, aber versuchen Sie mal, einem großartigen Piloten mit Verhaltensproblemen beizubringen, dass er sich als charmanter Dienstleister für Verbraucher zu verstehen hat – das ist nahezu unmöglich. Funky Inc. stellt Menschen mit der richtigen Lebenseinstellung ein und bildet diese dann aus – nicht umgekehrt. Wir können keine gut ausgebildeten Leute einstellen und dann in Trainingslagern eine Art Gehirnwäsche an ihnen vornehmen. Idealerweise versuchen wir natürlich, Menschen heranzuziehen, die sowohl gut ausgebildet sind als auch unsere Werte teilen. Aber wenn Sie vor die Wahl gestellt werden, sollten Sie sich für die Lebenseinstellung entscheiden. Lenin hatte auch hier recht. Suchen Sie die Revolutionäre. Versuchen Sie nicht, die Menschen zu ändern.

Der Stamm beschränkt sich nicht notwendigerweise auf die rechtlichen Grenzen einer Firma. Nehmen Sie Harley-Davidson als Beispiel. Das Unternehmen hat seine Gemeinschaft gewaltig erweitert, indem es den als Zielgruppe ausgewählten Verbraucherstamm einlud, sich dem Organisationsstamm anzuschließen. Durch Partys werden neue Mitglieder eingeführt. Geschichten am Lagerfeuer lassen die Message im gesamten Stamm zirkulieren. Aufnahmezeremonien und kontinuierliche Unterstützung sind ebenfalls ein Teil des Deals. Was Harley-Davidson und andere funky Firmen verstanden haben, ist: Ein Stamm, der einen anderen als Zielgruppe im Visier hat, muss nicht nur Werte produzieren – auch die Verbraucher wünschen sich Werte.

Funky Inc. ist heterarchisch

Ein Grieche namens Dionysius Aeropagita führte vor etwa 1500 Jahren das Konzept der Hierarchie ein. Der Begriff bedeutet wörtlich übersetzt »durch das Heilige herrschen«. Nun, dieser Dionysius war nicht der sagenumwobene Weinliebhaber. Er war ein Scholastiker und kein Alkoholiker; er interessierte sich für Gott und den Teufel, für den Himmel und die Hölle. Und irgendwie kam er zu dem Schluss, dass der Himmel hierarchisch organisiert ist (war?). Aber nicht nur das. Er war der Meinung, der Himmel bestünde aus exakt neun Ebenen, über denen Gott als Vorstandsvorsitzender thronte. Die Erzengel bildeten das Spitzenmanagement und Jesus Christus war die rechte Hand des Chefs. Wenn Sie fürchten, Sie könnten womöglich nicht an diesem Ort landen – keine Angst. Laut Aeropagita ist auch die Hölle hierarchisch organisiert – ebenfalls mit neun Ebenen. Man könnte vermuten, hier sei die gesamte Struktur auf den Kopf gestellt worden und das Fegefeuer fungiere als primäre Motivation, die Leiter hinaufzuklettern.

Hierarchie baut auf drei Grundannahmen auf: Die Umgebung ist stabil, die Prozesse sind vorhersagbar und das Ergebnis ist vorgegeben.>21< Sie wissen, wer Sie sind, was Sie tun und was geschehen wird – Ihre Konkurrenten, Kunden, Lieferanten, Technologien und Produktangebote sind jahrein jahraus dieselben. Solange dies der Wahrheit entspricht, wäre es in der Tat idiotisch, eine andere Organisationsform zu wählen. Doch wir bezweifeln, dass Sie ernsthaft eines dieser drei Wörter – stabil, vorhersagbar, vorgegeben – benutzen würden, um Ihre Realität zu beschreiben. In einer Überflussgesellschaft aber, in einer Wirtschaft, die sich mit Turbogeschwindigkeit vorwärts bewegt, und in Unternehmen, die sich überwiegend auf den Faktor Gehirn stützen, erleiden traditionelle Hierarchien permanent Nervenzusammenbrüche.

21 Die Feinde der Hierarchie: Internationalisierung trägt zur Verbreitung firmeneigener Kompetenzen bei. Kopplung führt zu Vielfältigkeit. Bildung sorgt für Vertiefung. Innovation vermindert Beständigkeit.

Insofern Hierarchien voraussetzen, dass die Grundlagen eines bestehenden Wettbewerbsvorteils vorgegeben und ewig sind, besteht die organisatorische Herausforderung darin, eine Struktur zu finden, die eine effiziente Nutzung dieser speziellen Kombination von Wissen ermöglicht. Deshalb haben wir Organisationsstrukturen entwickelt, die sich darin übertrafen, immer noch mehr standardisierte Kundenangebote auszuwerfen. Aber im Zeitalter des Überflusses und des globalen Wettbewerbs, in dem in immer mehr Industriezweigen Überkapazität herrscht und die Macht der Verbraucher weiter wächst, müssen wir uns etwas anderes überlegen. Wir brauchen jetzt Strukturen, die Experimente fördern und uns helfen, Neues zu entwickeln.

In der Funky Inc. kommen organisatorische Lösungen zur Anwendung, die es ermöglichen, Wissen in Lichtgeschwindigkeit und über alle Arten von Grenzen hinweg immer neu zu kombinieren. Und Hierarchie eignet sich einfach nicht für Bindestrich-Kreationen und Querverbindungen.

Das Wesen der Hierarchie ist Trennung und Unterteilung. Also vergessen Sie die schönen, pyramidenförmigen Organisationsdiagramme mit dem Vorstand an der Spitze. Wer möchte schon in einer Pyramide arbeiten – den größten Grabstätten, die je von Menschenhand erbaut wurden? Allmählich müssen die Pyramiden durch Spielplätze ersetzt werden.

Das funky Modell

Die traditionelle, hierarchische Firma wird im 21. Jahrhundert nicht nur zu einem Problem – es wird sie nicht mehr geben. Die neue Organisationsform wird heterarchisch sein, das heißt viele Hierarchien verschiedenster Art enthalten.

In Wirklichkeit gibt es in allen Firmen ein System, in dem sich die drei Faktoren Positionen, Arbeitsprozesse und Professionen überlagern.>22< Die Struktur der Positionen gleicht einem Adressbuch mit Anschriften und Zahlen. Die professionelle Struktur sagt etwas über die Fähigkeiten der Menschen aus und die Struktur der Arbeitsprozesse gibt Auskunft über die aktuellen Vorgänge in einem Unternehmen. Jeder kann in allen diesen Kategorien vertreten sein, aber an jeweils verschiedenen Orten. Die Struktur der Positionen spiegelt sich in unserem Organisationsdiagramm wider. Die Prozessstrukturen werden durch grenzüberschreitende Aktivitäten und Projekte repräsentiert. Die professionellen Strukturen sind weit ungeordneter und abhängig von den Fähigkeiten der Individuen, welche über die gesamte Firmenlandschaft verteilt sind – und in zunehmendem Maße auch außerhalb der legalen Grenzen einer Firma zu finden sind.

22 Die neue Führungs-Troika:
Position: Papst
Profession: Plato
Prozess: Patton

In der Vergangenheit haben wir den Fehler gemacht, nur die Struktur der Positionen zu berücksichtigen. Die Vorstandsvorsitzenden lenkten diese Strukturen, kontrollierten alle wichtigen Vorgänge und Projekte, und ihr professionelles Wissen galt als allmächtig. Viele Firmen begehen nach wie vor diesen Fehler. Der typische Chef – egal in welcher Organisation oder formalen Position er sich befindet – ist davon besessen, alles und jedes zu kontrollieren. Dahinter steckte die Grundannahme, dass die Leute dumm sind und folglich nur einfache Aufgaben erledigen können, weshalb es solcher ausgeklügelter, hoch komplexer Organisationsstrukturen bedarf.

Heute müssen wir Komplexitiät in Simplizität transformieren. Jack Welch versteigt sich gar zu der Behauptung, die Bürokratie sei der Drakula der Organisationsgestaltung. Wie sehr wir sie auch bekämpfen, sie kommt immer wieder zurück, um uns zu verfolgen. Deshalb müssen wir weiter Pfeilspitzen in ihr Herz bohren.

Angesichts einer immer komplexeren Informationslandschaft müssen wir die Macht der professionellen und prozessgebundenen Kräfte stärken. Ein modernes Unternehmen braucht starke Projektleiter ebenso wie intellektuelle Champions, die genügend organisatorische Schlagkraft besitzen. Aber keine dieser Strukturen sollte über alle anderen dominieren. Wenn die Triebfeder des gesamten Systems die Aktion ist, dann ist das Ergebnis eine adhocratie. Wenn wir das Wissen als einziges Organisationsprinzip gelten lassen, endet dies in einer Meritokratie.

Alle drei Aspekte einer modernen Firma müssen gleichzeitig vorhanden sein – in unseren Köpfen. Und der letzte Punkt ist entscheidend. Das funky Modell ist keine dreidimensionale Matrix. Wir werden die Probleme nicht lösen, indem wir nur die einzelnen Teilchen neu anordnen. Das funky Modell ist ein Denkmodell, eine Philosophie. Wir sprechen auch nicht über eine Organisation ohne Spitze. Die Alternative zur Hierarchie kann nicht Führungslosigkeit heißen. Das Management muss eine wichtige Rolle übernehmen. Aber die Manager sind nicht mehr die einzigen Schauspieler und Stars auf der Bühne.

Sieben Merkmale von Funky Inc.

Wie wird Funky Inc. arbeiten? Wir möchten Ihnen sieben Prinzipien für die Organisation der Firma vorschlagen. Einige kennen Sie vermutlich bereits, aber der eigentliche Trick besteht darin, sie alle harmonisch zusammenwirken zu lassen.

*** KLEINER ***

Während des gesamten 20. Jahrhunderts galt die Devise: Groß ist gut. Von Henry Ford bis Michael Eisner, von Alfred P. Sloan bis Jack Welch wurde Größe als überaus wichtiger Faktor angesehen. Der aktuelle Trend zu immer größeren Unternehmensfusionen stellt nur die letzte Manifestation dieses Wahns dar. Wir akzeptieren zwar in allen anderen Lebensbereichen, dass Quantität nicht gleich Qualität ist, aber in der Unternehmensorganisation werden diese beiden Aspekte immer noch hoffnungslos miteinander verwechselt.

Heute stehen die Großen nicht mehr automatisch an der Spitze. Mitte der 70er-Jahre waren 20 Prozent der amerikanischen Arbeitskräfte in den 500 größten, in *Fortune* aufgeführten Unternehmen beschäftigt. Heute sind es weniger als 9 Prozent. Gleichzeitig stammen 29 Prozent der US-Exporte aus Firmen mit weniger als 19 Angestellten – die Unternehmen aus *Fortune* 500 tragen nur 7 Prozent dazu bei.

Funky Inc. ist klein – denn, wie der amerikanische Kommentator George Gilder formulierte: »Je weniger Raum, desto größer das Büro.« In kleineren Teams sind wir kreativer. Vielleicht können wir von den Steinzeitmenschen noch etwas lernen. Damals bestand ein Stamm aus circa 40 Angehörigen. In der afrikanischen Savanne hatten die Stämme vor 200.000 Jahren maximal 150 Mitglieder. Nigel Nicholson von der London Business School verweist auf »die permanente Stärke von kleinen und mittleren Familienunternehmen durch die gesamte Geschichte hindurch. Diese Firmen, die meist nicht mehr als 150 Angestellte haben, bleiben auf der gesamten Welt das vorherrschende Modell und stellen etwa 60 Prozent aller Arbeitsplätze«.

Die optimale Größe einer Firma ist Gegenstand ewig wiederkehrender Diskussionen. Richard Branson, der Chef von Virgin, vertritt die Ansicht, 50 bis 60 Personen seien genug. »Wenn eine Firma zu groß wird, dann teilen Sie sie in kleinere Unternehmen auf. Wenn die Menschen in einer Firma sich nicht mehr kennen, wird die Sache unpersönlich und es ist an der Zeit, die Firma zu zerteilen«, sagt er. Bill Gates ist der Auffassung, etwa 200 sei das Maximum. Nathan Myhrwold, der Entwicklungsmanager von Microsoft, meint, 8 Leute seien die Grenze.

* * * FLACHER * * *

Die funky Firma ist flacher. Flacher, damit die Zeit vom Auftauchen eines Problems bis zur Implementierung einer Lösung reduziert wird. Sie hören sicher nicht zum ersten Mal von der Notwendigkeit, eine Firma zu verflachen. Aber vielleicht haben Sie noch nicht gehört, dass es zwei verschiedene Methoden dafür gibt. Die erste besteht darin, mit dem Vorschlaghammer auszuholen und der Organisation auf den Kopf zu schlagen, während die unteren Ebenen gleichzeitig durch Schulungs- und Ausbildungsmaßnahmen angehoben werden. Die zweite Methode besteht darin, die Hand in das Zentrum der Organisation zu stecken und die Mitte herauszureißen.

Im Westen tendierte man immer mehr zur letzteren Methode – sich der Mitte zu entledigen. Wir alle wissen, wie »langweilig und konservativ« Manager der mittleren Führungsebene sein können. Wir glauben indes, dass damit auch eine große Gefahr verbunden ist. Denn am Ende könnte es so aussehen, dass ein paar »Senile« ein paar »Jugendliche« managen. Unsere Erfahrung zeigt, dass die besten und wichtigsten Leute häufig auf dieser mittleren Ebene zu finden sind. Wir müssen sie nur in der richtigen Weise einsetzen – als wertsteigernde Verbindung zwischen oben und unten. Diese Ebene übersetzt Visionen in Aktionen und Aktionen in Visionen. Viele japanische Firmen haben den Bottom-up- oder Top-Down-Ansatz bereits ad acta gelegt. Sie haben erkannt, dass echtes organisatorisches Handeln von Prozessen abhängt, die besser als Middle-up-down-Ansatz bezeichnet würden.

*** TEMPORÄR ***

Funky Inc. ist temporär. Damit meinen wir Projekt- und Gruppenarbeit. Die meisten von uns wissen, dass Teams, wie Ed Lawler von der Universität Southern California es nannte, die Ferraris des Organisationsdesigns sind. Sie sind leistungsstark, aber auch hochempfindlich und unglaublich kostspielig. Doch der ständige Wandel in der heutigen Geschäftswelt verbietet uns, eine dauerhafte Unisex-Einheitsgrößen-Struktur zu benutzen, die angeblich allen passt. Wir müssen in der Lage sein, unsere wichtigsten Trümpfe immer wieder neu zu kombinieren und die Firma in einen Team-Park zu verwandeln. Um erfolgreich zu sein, sollten wir eine Kultur schaffen, die Wagnis und Ausgewogenheit kombiniert.

Ein wichtiges Problem, das sich dabei ergibt, ist: Die Menschen müssen sich daran gewöhnen, nicht mehr nur einen Job zu haben, sondern mehrere. In funky Firmen haben die Angestellten viele Jobs. Heute ist die Frau im Zimmer nebenan noch Ihr Chef und morgen sind Sie der ihre. Unsere Karrieren ähneln dann mehr denen von Schauspielern. Am Morgen spielen Sie Macbeth und später am Tag sind Sie der Terminator oder Lara Croft. Natürlich wird das all diejenigen vor ernste Probleme stellen, die ihre Sicherheit aus einem Stück Papier beziehen, auf dem als Überschrift »Stellenbeschreibung« steht. Die neue Realität stürzt diese Menschen in Alpträume à la Ingmar Bergman. Eine wesentliche Aufgabe des Managements wird darin bestehen, diesen Menschen dabei zu helfen, sich mit der neuen Situation anzufreunden.

* * * HORIZONTAL * * *

Funky Firmen arbeiten horizontal und prozessorientiert. Die Logik der vertikalen Hierarchie baut auf der einfachen Annahme auf, dass die Schlauen oben sitzen und die Dummköpfe unten. Die Hierarchie teilt die Menschen in Leute ein, die denken, und solche, die das kaum tun. In Wirklichkeit wissen wir ganz genau, dass die meisten Chancen und Probleme in einer Firma auf horizontaler Ebene angesiedelt sind – über Funktionen, Geschäftsbereiche, Abteilungen oder Länder hinweg. Außerdem gibt es in einer vertikalen Logik nur wenig Platz für Zulieferer und Kunden – sie befinden sich außerhalb der Firma.

Solange die bevorzugte Strategie Addition durch Akquisition, Fusion und Diversifizierung war, war das natürliche Prinzip zur Strukturierung einer Firma die Unterteilung. Doch wenn sich die Strategie aus Wettbewerbsgründen in Richtung Subtraktion durch Konzentration und Auslagerung verschiebt, sollte Multiplikation zum strukturellen Hauptprinzip werden. Das bedeutet, dass die Ressourcen aus verschiedenen Teilen des Netzwerks zu neuen Kundenangeboten kombiniert werden. Das ist ein ganz einfaches Rechenexempel. Wenn es das Hauptziel ist, eine Organisation aufzubauen, die als Ganzes größer ist als die Summe ihrer Teile, dann ist Division ein äußerst ungeeignetes Mittel.

* * * KREISFÖRMIG * * *

Alle wirklich schnellen Systeme – wie zum Beispiel unser Gehirn – funktionieren kreisförmig. Dieses Prinzip ist vielleicht etwas schwieriger zu verstehen. Es beruht auf der Tatsache, dass es uns ungeheuer leicht fällt, uns selbst zu organisieren, sobald wir ein Feedback von 360 Grad erhalten. Kreisförmigkeit ist eine Art organisatorischer Demokratie. Wer bestimmt in Ihrer Firma den Vorstandsvorsitzenden? Der Aufsichtsrat natürlich. In den meisten Unternehmen, deren Schwerpunkt auf Wissen liegt, ist dies allerdings Aufgabe der anderen Firmenmitglieder. Der Rektor einer Universität wird in den meisten Fällen von den anderen Professoren gewählt. Der Chef von McKinsey wird von den anderen Partnern bestimmt, und so handhaben es auch die meisten anderen Beratungsfirmen. Dieses Prinzip spiegelt sich auch im gemeinsamen Besitz der Firma wider. Die Kardinäle entscheiden, wer der nächste Papst der katholischen Kirche sein soll (den Aufsichtsrat entscheiden zu lassen wäre in diesem Fall vielleicht etwas problematisch).

* * * OFFEN * * *

Bedauerlicherweise genügt es nicht, interne Strukturen zu ändern. Angenommen, eine Firma ist schlanker geworden und hat Ballast abgeworfen, dann muss sie außerdem noch die Fähigkeit entwickeln, sich in Netzwerke einzuklinken. Für Funky Inc. bedeutet die Zukunft noch mehr Joint Ventures, strategische Allianzen und Partnerschaften. Nicht alle Aktivposten können intern erhalten bleiben. Das Netzwerk und nicht so sehr die einzelne Firma wird in Zukunft zum relevanten Faktor für Analysen und Aktionen. Arbeiten Sie mit Verbrauchern, Zulieferern und Konkurrenten zusammen. Ein Ehebruch gegenüber der Firma geht in Ordnung, wenn Sie die Fähigkeiten und Ressourcen eines Konkurrenten wirklich brauchen. Ein Geschäft ist kein Nullsummenspiel. Deshalb ist eine neue Art der Logik notwendig. Professor Robert Axelrod bemerkte dazu: »In Nullsummenspielen versucht man immer, die eigene Strategie zu verbergen, aber in Nicht-Nullsummenspielen kann man die eigene Strategie auch öffentlich ankündigen, damit die anderen Mitspieler sich daran anpassen müssen.«

* * * ABGEWOGEN * * *

Doch die Anhänger der Kontrolle auf dieser Welt müssen nicht verzweifeln. Kontrolle ist unverzichtbar. Sie wird nur etwas indirekter werden. Wir glauben nicht, dass die Informationstechnologie in den meisten Unternehmen hauptsächlich zur Verbesserung von Kommunikation, Koordination,

Kundenausrichtung und externen Kontakten dient. Stattdessen werden Informationssysteme vor allem dazu benutzt werden, die Kontrolle über bestimmte Dinge zu verstärken. Immer noch mehr Daten über neue Bereiche werden auf verschiedensten Ebenen und weit häufiger erfasst werden als je zuvor. Bis zu einem bestimmten Ausmaß ersetzt dies den Verlust an hierarchischen Kontrollmechanismen, der durch die Einführung der neuen Strukturen entsteht.

Wie viele Firmen taxieren nicht nur ihren eigenen Markt, sondern auch den Markt ihrer Kunden und deren Lebenseinstellung? Sind das diejenigen, die am schnellsten wachsen? Wie viele Firmen organisieren systematisch Informationen über ihre Mitbewerber und Lieferanten? Wie viele Firmen versuchen Dinge wie Innovation, Personal, Attraktivität, menschliche Exporte, Firmenzusammensetzung, Umwelteinflüsse und anderes zu ermitteln und zu messen? Wie viele Firmen ermitteln ihr Return on Knowledge (ROK), Return on Decency (ROD) oder Return on People (ROP)? Und wer ist für die Untersuchung all dieser neuen Aspekte verantwortlich?

Außerdem brauchen wir angemessene Ziele. Intelligente Unternehmen arbeiten heute mit hochgesteckten Zielen – Zielen, die den Menschen mehr abverlangen, als sie bisher für möglich hielten. Solche hochgesteckten Ziele sind ganz allgemein formuliert. Man sagt den Experten nicht, wie sie diese erreichen können – man liefert nur eine kaum realisierbare Vorgabe. Das ist allerdings leichter gesagt als getan. Denn diese Ziele sind nicht nur schwer zu erreichen, sondern auch schwierig zu setzen. Die Schwierigkeit besteht darin, dass wir alle psychologische Schranken haben. Die meisten von uns wissen zwar, dass unsere gegenwärtige Art der Aufgabenbewältigung nicht perfekt ist, aber wir glauben, dass wir ziemlich nahe an der optimalen Lösung dran sind. Es ist also heikel, Ziele zu setzen, die geradezu aberwitzig und unerreichbar erscheinen.

Der Management-Theoretiker Charles Handy erzählt die Geschichte des Unternehmens Ford Motors, das sich mit eben diesem Problem konfrontiert sah, als die Abteilung für Kundenkredite um 100 Angestellte verkleinert werden sollte. Die Leute beschwerten sich. Wie sollen wir etwas, was wir mit 500 Angestellten gerade geschafft haben, jetzt mit nur noch 400 schaffen? Es dauerte einige Zeit, aber schließlich war es vollbracht. Die Sektkorken knallten und jeder war glücklich. Einige Zeit später gab die Firma eine große Vergleichsstudie in Auftrag, in der der japanische Konkurrent Mazda untersucht werden sollte. Erstaunt stellte man bei Ford fest, dass Mazda in der entsprechenden Abteilung nur fünf Angestellte hatte. Wieder musste Ford seine Operationsstrukturen überdenken. Schließlich gelang es, die Abteilung von 400 auf 100 Angestellte zu reduzieren.

Warum hat Ford dieses Ziel nicht von Anfang an vorgegeben? Die Antwort ist psychologischer Natur. Solche Verbesserungen erschienen innerhalb des bestehenden Rahmens zunächst vollkommen unmöglich. Viele Leute hätten gesagt, wenn es wirklich mit nur 100 Personen geht, dann müsst ihr ganz schön blöd gewesen sein, dafür 500 anzustellen. Aus Selbstschutz erhalten wir manchmal eine bestimmte Logik weiterhin aufrecht. Um wirkliche Veränderungen durchzuführen, müssen wir unsere Grundvoraussetzungen neu überdenken und uns aus der Logik der Vergangenheit lösen. Wir brauchen etwas, das Konusuke Matsushita »Torawarenai sunaona kokoro« nannte – einen Geist, der nicht festklebt.

Ein Erfolgsrezept?

Sie konzentrieren sich nun also auf das Wesentliche, haben Ihre Kompetenzen in alle nur erdenklichen Richtungen ausgedehnt und eine innovative Firma auf die Beine gestellt, die in keinster Weise hierarchisch organisiert ist. Aber ist es mit diesen Veränderungen getan? Sieht so das Erfolgsrezept für die Zukunft aus? Die Antwort lautet kurz und bündig: NEIN! Alle von uns vorgeschlagenen Änderungen – die Eigenschaften der Funky Inc. – sind zwar notwendig, aber nicht ausreichend, um zukünftigen Erfolg zu garantieren. Aber sie sind notwendig. Absolut notwendig. Das Problem ist nur, dass alle Firmen diese Änderungen vornehmen werden. Alle Organisationen setzen neue Schwerpunkte, richten sich neu aus, organisieren sich neu und werden in neuen Formen arbeiten.

Das Wort Konkurrenz stammt aus dem Lateinischen und bedeutet »zusammen laufen« oder »am selben Rennen teilnehmen«. Im Zeitalter des Überflusses herrscht allerdings dichtes Gedränge in der Arena. Ständig treten Ihnen die anderen auf die Zehen, drängen Sie ab und quetschen Sie ein, weil alle als Erste beim Verbraucher ankommen wollen. So paradox es klingen mag: Das einzig (Un-)Vernünftige ist, nicht mitzulaufen. Sobald wir uns mit allen anderen in die Jagd nach Marktanteilen, Imageanteilen oder sonstigen Anteilen einreihen, laufen wir Gefahr, als einer von vielen in der

23 Konzentriert sich Ihre Strategie darauf, besser zu sein? Wenn ja, haben Sie, wie der Strategie-Guru Michael Porter meint, auf die Dummheit Ihrer Konkurrenten gesetzt.

großen Masse unterzugehen – unsichtbar für die Verbraucher. Wenn wir am selben Talentwettbewerb teilnehmen wie alle anderen, ist es schwer für die Leute, den Unterschied festzustellen.>23<

Das schmutzige kleine Geheimnis des freien Kapitalismus in all seinen vielen Formen ist: Erfolgreiche Unternehmen sind deshalb erfolgreich geworden, weil sie den Geist des freien Unternehmertums getötet haben. Ihnen allen ist es gelungen, Monopole zu schaffen, zumindest für einen kurzen Zeitraum. Wettbewerbsfähigkeit entsteht aus dem Rückzug vom Wettbewerb. Erfolg resultiert aus Andersartigkeit, nicht aus der Teilnahme an der Karaoke-Bar. Und aus der Bereitschaft zu immerwährender Veränderung.

WAY
OUT

5

Funky U

»Sei du selbst die Veränderung, die du dir wünschst für diese Welt.«

Mahatma Gandhi

Shoppen und Ficken.[1]

Shoppen und Ficken – das Einzige, was uns geblieben ist.

Shoppen und Ficken bestimmen die Träume unserer Zeit.

»Shoppen und Ficken«, sagt der umstrittene britische Bühnenautor Mark Ravenhill, »sind die einzigen Dinge, die die jüngere Generation wirklich motivieren.« Shoppen und Ficken ist das, was ihr Blut in Wallung bringt. Na gut, fragen Sie jetzt vielleicht, und wer sind die Chefs dieser Helden des Kommerzes und der Kopulation? In vielen Fällen sind es Männer mittleren Alters, die vermutlich seit den späten 70er-Jahren keinen heißen Sex mehr hatten und das Einkaufen dem Rest ihrer Familie überlassen.

Übertrieben? Vielleicht. Aber auch wenn Mark Ravenhill nur zu 25 Prozent recht hat – schon 10 Prozent würden genügen –, sollten wir nach neuen Wegen suchen, um unsere Firmen zu organisieren und die Aufmerksamkeit der Kunden zu erregen, und nach neuen Formen des Umgangs mit unseren Kollegen – Gleichrangigen, Vorgesetzten und Untergebenen. Wir müssen sie auf neue Art motivieren, neue Wege finden, sie zu beurteilen und zu belohnen, sie auszubilden, zu inspirieren und zu führen. Im funky Dorf erhalten die Menschen ihre Kicks nicht mehr durch Enthaltsamkeit oder Ersparnisse auf der Bank.

Vergessen und unterschätzen Sie nicht, wie heilig Enthaltsamkeit und Sparen in früheren Zeiten waren. In der Alten Welt sparten die Menschen, wie heute nur noch in Japan – dem einzigen Land, in dem man den Menschen Geld geben und sie zum Einkaufen schicken muss –, weil es der Weg zur Besserung war. Ähnlich war Enthaltsamkeit der Weg zur geistigen Läuterung. Diese beiden Pfeiler der Alten Welt bröckeln. Freizeit und Vergnügen beherrschen die neue Wirklichkeit. Sofortige Gratifikation wird erwartet. Ficken und Shoppen. Freud und Jung (in dieser Reihenfolge) entfesselt ...

Selbstmotivation – das Vermächtnis Martin Luthers – hat ausgedient. Der selbstmotivierte Angestellte stand jeden Morgen auf und machte sich froh und munter ans Werk – Arbeit als eine Form des Betens. Doch eines Tages beschloss er, einfach im Bett zu bleiben. Heute arbeiten die Menschen, um reich zu werden, Spaß zu haben, neue Leute kennenzulernen, sich weiterzuentwickeln oder warum auch immer. Aber sie arbeiten nicht mehr aufgrund einer

1 Neben der Feststellung, dass Karl Marx doch recht hatte, hat uns dieses Zitat mehr als alle anderen Zitate in *Funky Business* Probleme bereitet. In Großbritannien nannte man es »Shoppen und Sex« und kicherte dann nervös. In den USA ließ uns der Produzent einer morgendlichen TV-Sendung wissen, dass wir über alles reden könnten, mit Ausnahme von Seite 180. Augenscheinlich machen uns Kommunismus, Kommerz und Kopulation zu scharf, um damit fertigzuwerden.

moralischen Verpflichtung. Die Arbeit wird nicht mehr automatisch als etwas Gutes verstanden. Motivation kann nicht mehr selbstverständlich vorausgesetzt werden. Ein Wandel vom Müssen zum Wollen hat stattgefunden.

Einer hat recht, einer hat ausgedient.

Wenn Sie davon ausgehen, dass Martin Luthers Glaubenssätze tot sind und Karl Marx recht hatte, erscheinen die Dinge in einem gänzlich anderen Licht. Die Gleichung heißt jetzt: Martin Luther ist tot x Karl Marx hat recht = Mega-Herausforderungen für den modernen Manager (und die Gesellschaft im Allgemeinen). Plötzlich ist ein Unternehmen – aus der Perspektive des Einzelnen – ersetzbar und nicht mehr von Dauer. Heute stellen die

Menschen ein Unternehmen an und nicht umgekehrt. Der ehemalige Präsidentenberater Robert Reich sagt: »Wir haben heute einen Verkäufermarkt für Talente. Die Menschen können es sich leisten, sich nach dem richtigen Chef umzusehen. In der alten Wirtschaft hatten wir einen Käufermarkt ... Damals hieß es: Warum sollte ich den anstellen? Heute heißt es: Warum sollte ich da mitmachen?«

Auf lange Sicht, meint Charles Handy, bedeutet dies, dass die Hauptaufgabe einer Firma nicht mehr darin besteht, Leute anzustellen, wie es einst der Fall war. In Zukunft wird die wesentliche Aufgabe in der Organisation liegen. Und es gibt einen gewaltigen Unterschied zwischen einem großartigen Arbeitgeber und einem großartigen Organisator.

Der Organisator bietet Chancen anstatt Jobs – er sorgt für ein kreatives Umfeld. Ein Organisator greift eine Idee auf, identifiziert die erforderlichen Ressourcen, mit denen man diese Idee umsetzen kann, und aktiviert dann diese Ressourcen. Ein glänzender Organisator kann über Nacht ganze Armeen intellektueller Söldner mobilisieren, um ein bestimmtes Problem zu lösen.

Im Organisations-Paradigma ist nichts vorgegeben. Die Aufgaben können sich ändern. Das gesamte Konstrukt ist seinem Wesen nach eine zeitlich begrenzte, machtvolle und instabile Fusion von Ideen und Menschen. Risiko, Dynamik und konstante Wertschöpfung sind die treibenden Kräfte des Organisatorischen. Die Organisatoren müssen Kraftfelder schaffen – Magnete, die Talente ansaugen, anstatt nach festen Angestellten zu suchen, die sie aufsaugen.

Das organisatorische Paradigma impliziert auch, dass die rechtlichen Grenzen einer Firma immer mehr an Bedeutung verlieren. Maßgeblich ist der operative Rahmen. Der Geschäftsführer muss mit verschiedenen Partnern und Mitarbeitern umgehen, sich in vielen Netzwerken bewegen. Treffender als Unilever wäre dann die Bezeichnung Die Vereinigten Firmen von Unilever. Es sind die Vereinigten Firmen von Nike anstelle von Nike. Die ganze ausgedehnte Familie beziehungsweise das Netzwerk müssen beflügelt werden, und nur die besten Anregungen werden gut genug sein. Aber das ist noch nicht alles: Alle diese Einzelnen und Firmen haben jeden Tag und jede Minute des Tages andere Alternativen. Die Menschen müssen wie Berühmtheiten behandelt werden. Sie sind Hollywood-Stars und Sport-Stars, fordernde Primadonnen. Es ist Ihr Risiko, wenn Sie sie verärgern. Wenn Sie einen verlieren, gehen auch alle anderen. Stars ziehen Stars an, Verlierer ziehen Verlierer an. Wir sind alle Spieler in dem großen, globalen Spiel um Aufmerksamkeit. Die Einzelnen sind Spieler. Die Unternehmen sind Spieler und die Regionen sind Spieler. Die Städte spielen bestimmt auch mit. Am Ende ist auch Silicon Valley nicht mehr und nicht weniger als ein ganz hübscher Ort, in dem sich einige ganz attraktive Unternehmen und Einzelpersonen angesiedelt haben.

In einer solchen Welt steht die Führung ganz neuen Aufgaben gegenüber – und das gilt für politische und religiöse Führer ebenso wie für Unternehmensführer. Tatsächlich sind ausnahmslos alle Führer davon betroffen – Pfadfindergruppenleiter, Sporttrainer, Direktoren, Gewerkschaftsführer und so weiter.

Unsere Welt hat sich von der Madonna in der Bibel über »Lady Madonna« bei den Beatles hin zum Kultchamäleon Madonna entwickelt – vom Wir zum Ich. Drücke dich selbst aus! Die neue Melodie zieht uns in unglaubliche Richtungen – über den Buena Vista Social Club und Britney Spears nach Bollywood. Die Wege sind so einmalig wie wir es sind. So einmalig wie die DNA. Die Fingerabdrücke von Männern und Frauen. Ob die Erfinderin von Harry Potter, J. K. Rowling, die Golferin Annika Sörenstam, Nelson Mandela, die Superarchitekten Frank Gehry und Shigeru Ban oder unser alter Freund Bill Gates, Einzelpersonen formen die Welt. Nach dem Zusammenbruch des Kommunismus, dem Aufstieg und Fall des Dot-Kommunismus, und der manchmal etwas gewaltsamen Infragestellung des Kapitalismus ist auf der Welt als einziger »-ismus« der Individualismus übrig geblieben.

Sinnstiftende Führung

2 Rekapitulieren Sie einige der wichtigsten Führungsaufgaben: Auswahl (von Mitarbeitern), Erwartungen (Ziele definieren), Motivation (der Angestellten) und Fortbildung (für das Wachstum des Einzelnen sorgen) Alle diese Aufgaben drehen sich um Menschen.

Kräfte zu mobilisieren ist nicht mehr ganz einfach. Die Menschen lassen sich nicht mehr so leicht in Bann schlagen und passen sich nicht mehr automatisch an. Wenn die Macht in den Händen des Volks liegt, sind Einschüchterungen und Drohungen fehl am Platz, denn sie greifen nicht mehr. Und sollten sie doch funktionieren, dann sind Sie bereits erledigt – denn dann haben Sie die falschen Leute eingestellt.

Die Menschen entscheiden über die Zukunft eines Unternehmens. Bill Gates hat viel Zeit damit verbracht, Spitzentalente für seine Firma zu gewinnen. Das ist nichts Neues – die besten Führungskräfte waren immer schon mit Personalrekrutierung beschäftigt. Das trifft für König Arthur wie für Cosimo di Medici zu. Für Duke Ellington und für Ronald Reagan.[2]

Das Wort Management stammt vom italienischen Begriff *maneggio/maneggiare* und dem französischen Wort *manège* – beides bezeichnet die Trainingsarena oder Manege, in der Pferde lernen im Kreis herumzulaufen, während der Trainer sie mit einer langen Peitsche dirigiert. Was aber, wenn die Pferde gelernt hätten, alleine im Kreis zu laufen? Was, wenn die Pferde es ohne diesen Mann – der im Alter von 46,5 Jahren mit der Peitsche in der Mitte steht – sogar besser können? Oder wenn die Pferde längst herausgefunden haben, dass es in einer Überflussgesellschaft mit globalem Wettbewerb sinnvollere Dinge gibt, als weiter im Kreis herumzulaufen. Wenn Sie intelligente Menschen abzurichten versuchen, werden diese ausbrechen.

Die Menschen sind nicht mehr so gehorsam, aber das bedeutet nicht, dass Führung überflüssig geworden ist. Im Gegenteil. Die funky Welt erfordert umso mehr Anleitung. Mit unserer traditionellen Vorstellung von Führern hat dies allerdings nichts mehr zu tun. Nicht, dass es diese jemals gegeben hätte – wirkliche Führer existieren immer nur in den Köpfen und Herzen derjenigen, die an sie glauben.

Das Problem des modernen Management ist, dass das Fehlen von Führung häufig gleichgesetzt wird mit Chaos. Der Alptraum eines jeden Unternehmers ist eine pyromanische Führungsmannschaft, deren Untergebene sich als firmenangestellte Brandstifter betätigen und den Erfolg des gesamten Unternehmens bedrohen. In diesem Alptraum ist es die Aufgabe der Firmenleitung, die Brandherde zu löschen. Das heißt: Top-Management = Feuerwehr.

Wir glauben nicht, dass es Aufgabe des Managements ist, Brandherde zu löschen. Es ist auch nicht die Aufgabe der Führungsmannschaft, Ordnung ins Chaos zu bringen. Wenn Sie die Führungsspitze kappen, bricht nicht automatisch betriebliches Chaos aus, das verzweifelt nach einem starken Führer ruft. In einem führerlosen Unternehmen regieren monotone Wiederholung und Reproduktion. Die Organisation leidet gewissermaßen an Verstopfung und ist unfähig, sich selbst zu erneuern.

Das bedeutet, eine zentrale Rolle der Führungsriege besteht eben darin, überall und auf allen Ebenen Chaos in die Ordnung zu bringen. Es ist sinnvoller, prophylaktisch zu wirken, als die Jagd auf Pyromanen zu eröffnen. Das Hauptziel muss sein, überall neue Führungskräfte aus der Taufe zu heben. Manager = Hebamme. Die Manager müssen die Menschen anspornen, die Muster der Vergangenheit aufzugeben und die aktuellen Profitmacher zu zerstören, indem sie neue schaffen. *Sinnstiftendes* Management heißt: Im Topf kräftig umrühren, anstatt den Deckel drauf zu halten. Funky Manager sind gleichermaßen Schöpfer von Chaos wie Ordnungshüter. Es ist Aufgabe großer Führungspersönlichkeiten – nicht nur einer einzigen –, die Organisation durch geschicktes Kombinieren von Ordnung und Chaos zu unterstützen.

Aus dem Blickwinkel derjenigen, die geführt werden – zu dieser Gruppe gehören wir alle von Zeit zu Zeit –, wird der funky Manager mit vier wesentlichen Anforderungen konfrontiert: Führung und Toleranz, Attraktivität und Aufmerksamkeit.

Führung: Zeig mir den Weg

Führung ist nicht gleichbedeutend mit Befehlen und Kontrolle, sondern Führung bedeutet, Schwerpunkte zu setzen und die Menschen dazu zu ermutigen, dass sie sich auf das konzentrieren, worauf es wirklich ankommt. Mehr als Management bis ins Kleinste ist geistige Führung gefragt. In einer chaotischen Welt sehnen sich die Menschen nach Persönlichkeiten, die ihrem privaten und beruflichen Leben einen Sinn verleihen können. Einen Bedarf an dieser Form von Leitung wird es immer geben. Führung manifestiert sich darin, unsere grundlegenden Vorstellungen von der Welt, unsere Fähigkeiten und unsere Zukunftswünsche in Worte zu fassen und zu verdeutlichen. Diese Vorstellungen bilden die Grundlage jeder geschäftlichen Tätigkeit.

Alle Organisationen brauchen eine gemeinsame Idee, weshalb sie existieren, wer sie sind und wohin sie gehen. In modernen Unternehmen kristallisiert sich diese meist in einer Vision. Das Problem ist, dass die meisten Unternehmen keine Vision haben, die auch auf operationaler Ebene Konsequenzen hat. Häufig bestehen diese Visionen nur aus allgemeinen Wunschlisten, deren Länge nur noch von ihrer Leere übertroffen wird. Visionen sollten einmalig sein. Sie sollten Unternehmen unverwechselbar machen.

In der Praxis erweisen sich Visionen häufig als Vakuum. Die Leute erzählen uns oft, die Vision ihrer Firma sei, Geld zu machen. Aber ist das wirklich etwas Einmaliges? Haben die Konkurrenten etwa die Absicht, ihr Geld zu verlieren? Alle Visionen sollten zumindest einen ganz trivialen Test bestehen: Wenn die Negation der Vision dumm klingt – es ist unsere Vision, kein Geld zu machen –, sollten Sie zum Start zurückkehren und noch einmal von vorne beginnen.

Eine richtungsweisende Vision sollte klar, kontinuierlich und konsistent sein. Sie sollte Engagement fördern und unaufhörlich als Botschaft vermittelt werden. Funky Manager vermitteln die gleichen Botschaften immer aufs Neue. Sie werden es nie müde, zumindest hat es nie den Anschein.

Scott McNealy von Sun Microsystems hat eine Lieblingsformel: 0,6 E. Jedesmal, wenn eine Information eine Ebene in einer Organisation passiert, kommen nur 60 Prozent an. Dies addiert sich schnell – besonders in hierarchischen Firmen mit vielen Ebenen. Wenn Sie das erste Mal versuchen, eine bestimmte Information weiterzugeben, kommt dies vielleicht bei nur einem Prozent an. Wenn Sie glauben, Sie hätten bereits 90 Prozent an Bord, dann haben es vielleicht gerade mal 10 Prozent verstanden.

Dieses Maß an Überinformation ist nicht notwendig, weil die Leute alle dumm sind, sondern weil sie andere, wichtigere Dinge in ihrem Kopf haben, zum Beispiel ihre Kinder, ihren nächsten Urlaub und den baldigen Besuch der Schwiegermutter. Arbeit ist wichtig, aber sie ist nie das Einzige, was zählt. Wäre das nämlich der Fall, dann müssten Sie sich fragen, ob diese eindimensional Besessenen die richtigen Leute für Ihre Firma sind.

Und um der Wahrheit die Ehre zu geben: Viele Manager müssen deshalb ein solches Übermaß an Informationen anbieten, weil sie ihre kommunikativen Aufgaben in der Vergangenheit so schlecht erfüllt haben, dass nun ein riesiges Reservoir an Skepsis und Misstrauen zutage tritt, sobald von Visionen oder Missionen die Rede ist. Die Menschen wissen aus Erfahrung, dass Visionen belanglos sind und dass schon in ein oder zwei Jahren eine neue propagiert werden kann.

Manager müssen – mit dem Schwerpunkt auf der Kommunikation – als eine Art Wunderdoktor agieren.>3< Es ist ihre Aufgabe, allgemein zu sein und absolut genau. Das ist ein unmögliches Paradox, aber sie müssen es möglich machen. Im Wesentlichen füllen Sie die Vision der Firma in die potenteste Kapsel ab. Bei Disney lautet die Idee »Leute glücklich machen« und bei Motorola »Drahtlos«. Der Schwerpunkt von 3M liegt darauf, »unlösbare Probleme zu lösen«. AT&T spricht von IM&M – »Information Movement und Management«. Diese Statements sind einfach genug, um zum Gemeingut der Angestellten zu werden, und sie sagen deutlich, was das Unternehmen *nicht* tun soll. Gehen Sie mal mit einem Kabel in der Hand zu Motorola und warten Sie ab, was passiert. Können Sie das Gleiche auch von der Vision Ihres Unternehmens behaupten?

3 Unternehmen mit einer starken Kultur und einem klaren Sinn für Werte benötigen keine von Stalin inspirierte Verhaltensbibel.

Wir brauchen aber nicht nur visionäre Leuchtraketen, sondern auch kurzfristig erreichbare Ziele, die zu Veränderung anregen und mit der Zeit in Veränderungen münden. Jim Collins und Jerry Porras bezeichnen solche Ziele in ihrem Buch *Built to Last* als »große, schwierige und waghalsige Ziele«. Diese Ziele können in vielen Gestalten und Formen auftreten. Sie können quantitative oder qualitative Facetten haben. Anfang der 90er-Jahre setzte sich der Einzelhändler Wal-Mart zum Ziel »bis zum Jahr 2000 eine 125 Milliarden Dollar schwere Firma zu werden«. Im Gegensatz dazu beschloss Ford vor beinahe hundert Jahren »das Auto zu demokratisieren«. Große Ziele können sich auch gegen einen gemeinsamen Feind richten, wie Nikes Devise aus dem Jahr 1960: »Zerschlagt Adidas«. Oder sie benutzen Modelle als Zielvorgaben. In den 40er-Jahren nahm die Stanford University sich vor, das »Harvard des Westens zu werden«. Ein eher nach Innen gerichtetes Ziel setzte sich General Electric in den 80er-Jahren: »Die Nummer eins oder zwei in jedem Markt zu werden, den wir beliefern, und dieses Unternehmen zu revolutionieren, damit es eines Tages die Stärke eines großen Konzerns und die Flexibilität einer kleinen Firma hat.«

Visionen sollten nicht nur die destillierte Essenz dessen sein, was eine Firma ist und wofür sie steht. Visionen und Ziele sollten zu Engagement anregen und inspirieren. Die Menschen müssen sich wünschen, dazuzugehören. Sie müssen Ihnen die Türen einrennen, um eine Stelle zu bekommen. Einfach und kraftvoll formuliert das Internationale Rote Kreuz seine Existenzberechtigung: »Wir sind da, um den Verletzlichsten zu helfen.« Kommen Ihnen oder Ihren Kollegen wirklich die Tränen, wenn Sie über die Vision Ihrer Firma diskutieren?

Eine Vision teilt sich nicht nur über ständige Wiederholung und eine sorgsam destillierte Message mit; dazu gehört auch, dass man gut Geschichten erzählen kann. Wirkliche Führer sind CGs – Chef-Geschichtenerzähler. Sie liefern den Schwerpunkt, die Inspiration und den Sinn, nach denen die Organisation sich sehnt. Der dänische Märchendichter Hans Christian Andersen wäre für ein Unternehmen zu manchen Zeiten vermutlich wichtiger als ein Management-Prophet wie der verstorbene Peter Drucker, Vater des modernen Management.

Metaphern und Sprache können unglaublich machtvoll sein. Die Sprache gießt die Welt um uns herum immer wieder in eine neue Form. Sie kann uns beruhigen – indem sie zum Beispiel Neues wie »Flughafen« und »Netzwerk« mit Kombinationen aus alten Worten beschreibt (ein Hafen für Schiffe im Flug?) – und sie kann zur Schaffung einer neuen Welt beitragen.

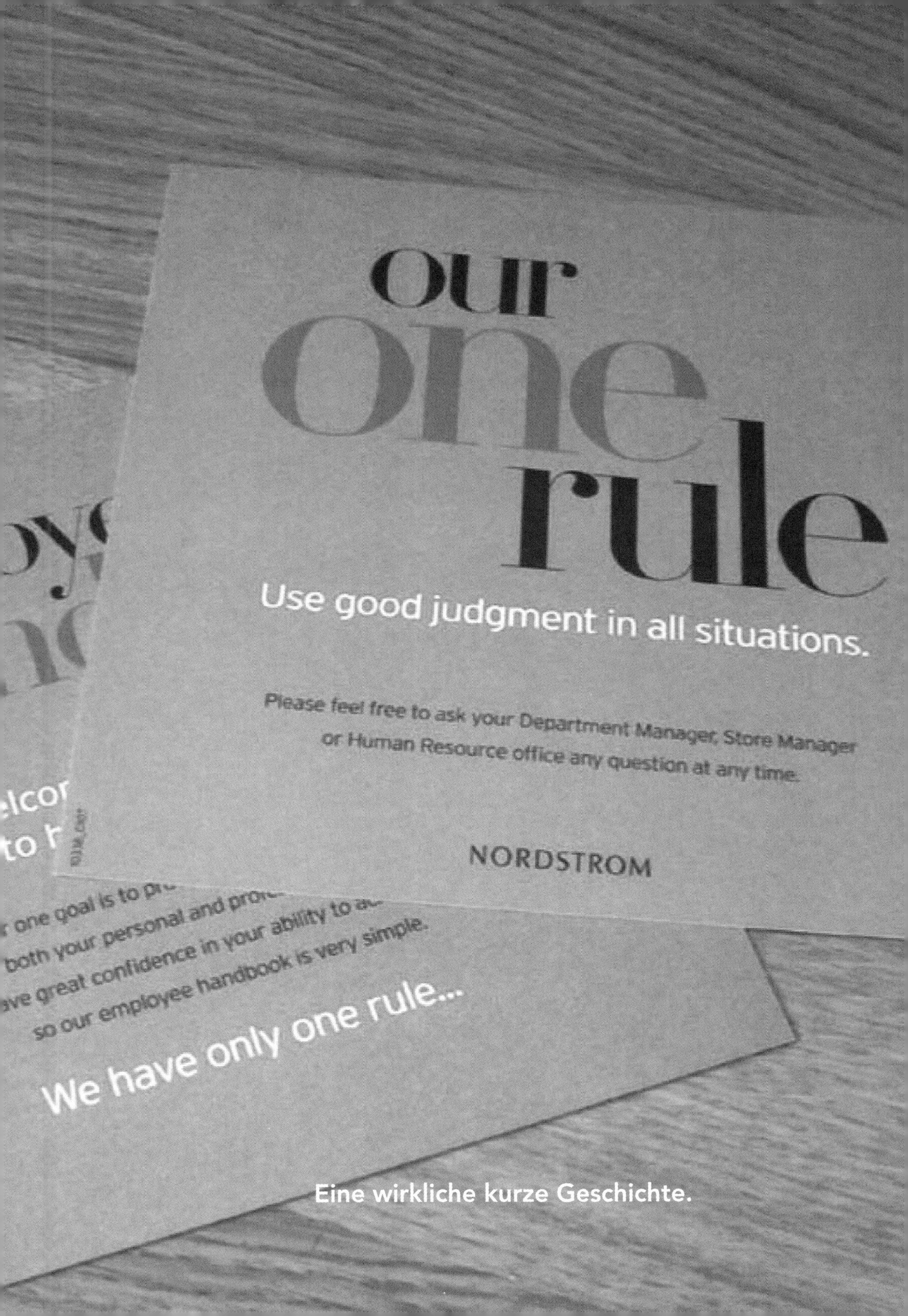

Eine wirkliche kurze Geschichte.

Märchen und Mythen enthalten eine Spannung, die die Menschen in ihren Bann zieht und sicherstellt, dass die Botschaft ankommt. Sie sind anpassungsfähig und offen für eine große Bandbreite von Interpretationen, sie sind universell und unendlich. Sie teilen mehr mit als blanke Tatsachen.

Sehen Sie sich die großen religiösen Texte an – die Bibel, den Koran, die Bhagavadgita und so weiter. Sie vermitteln Weisheit in Form von Metaphern, Geschichten und Analogien. Und wenn Regeln aufgestellt werden, sind sie kurz und griffig. Im Alten Testament weist Gott Moses an, zehn Gebote zu befolgen – umfangreiche Auslegungen und komplexe Regulierungen sind dort nicht zu finden. Der Rat für den modernen Manager lautet: Konzentrieren Sie sich auf das Allgemeine und verzichten Sie darauf, alles bis ins Einzelne auszuformulieren. Vertrauen Sie auf das Urteilsvermögen der Menschen.

Funky Führer erfinden Geschichten und verbreiten sie. Durch die Geschichten, die sie erzählen und in ihrem Umfeld auffangen, teilen sie Botschaften mit. Bei Ikea setzt der Firmengründer Ingvar Kamprad auf die Technik des Geschichtenerzählens.[4] Viele kennen zum Beispiel die Geschichte, dass Kamprad immer mit dem Linienbus zum Flughafen fuhr, um Geld zu sparen. Es ist eine einfache Geschichte, die man in einem schlichten Satz wiedergeben kann, aber ihre Botschaft hat weitreichende Auswirkungen: Hier ist ein reicher Mann, der mit beiden Beinen auf dem Boden geblieben ist. Er macht sich genauso Sorgen um das Geld wie wir. Kamprads Busfahrten sind eine gelungene Metapher für die Werte, die Ikea verkörpert. Außerdem sollte man bedenken, dass es nur wenige interessiert, ob diese Geschichten wirklich stimmen oder nicht. Mythen sind stärker als Fakten.

> 4 Erfolgreiche Führungspersonen leben die Werte des Unternehmens 24 Stunden am Tag und definieren auch darüber die Kultur. Kultur kommt von oben.

Management durch Geschichtenerzählen bedeutet auch, dass Führungsfiguren eine persönliche Geisel des Unternehmens sind. Management auf der Basis von Regeln ermöglicht dagegen den Einsatz eines differenzierten Spektrums von Normen, die je nach Person variieren. So ist es zum Beispiel durchaus in Ordnung, wenn die oberste Riege Business Class fliegt, aber die unteren Chargen bei den Büroklammern Geld sparen müssen. Wenn aber allgemeine Einsichten mithilfe von Geschichten transportiert werden, schrumpft der Spielraum für abweichendes Verhalten zusammen. Kamprad in einem Taxi? Undenkbar. Ebensowenig kann er Champagner und Kaviar bestellen oder in Hongkong im Hotel Peninsula und in Paris im George V. nächtigen. Er ist dazu verdammt, in Mittelklassehotels abzusteigen und mit dem Bus zu fahren. Der Champagner muss hinter geschlossenen Türen getrunken werden – und in einer transparenten Gesellschaft sind die Türen aus Plexiglas.

Die Botschaft ist einfach: Zündet das Lagerfeuer an, versammelt den Stamm, erzählt eine Geschichte und handelt entsprechend. *Lift us up where we belong.*

Die Führungsspitze erzählt und verbreitet Geschichten.

Experimente – vergeben, nicht vergessen

In der wirtschaftlichen Entwicklung wechselten bis heute kurze Phasen kreativer Erfindungen mit langen Perioden ihrer industriellen Ausbeutung ab. Natürliche Ressourcen, Technologien und Menschen wurden ausgebeutet. Im Ausbeuten sind wir gut, denn wir haben Jahrhunderte lange Erfahrungen darin. Wir wissen genau, was zu tun ist, wenn wir auf eine Goldmine stoßen. Wir bauen Stützen und Stollensysteme und beginnen mit der Arbeit. Wenn nichts mehr da ist, halten wir nach der nächsten Goldmine Ausschau. Im Gegensatz dazu sind wir nicht sehr gut im Schaffen von Neuem. Unsere Gesellschaften sind nicht dafür geeignet. Unsere Organisationen sind nicht dafür geschaffen. Und die meisten Menschen sind nicht dafür ausgebildet.

Es liegt in der Natur der Neuschöpfung, dass sie sich von traditionellen Strukturen und Rahmenbedingungen löst. In einer Welt langweiliger Aufsichtsratssitzungen herrschten Strukturen aus vergangenen Zeiten. Jetzt müssen wir uns von der Tagesordnung lösen. Kreativität erfordert auch die Einführung neuer Strukturen. Kreativität ist nicht – wir wiederholen *nicht* – anarchisch.

Es kann sich als höchst nützlich erweisen, die ausgetretenen Pfade zu verlassen. Gehen Sie neue Wege! Schließlich wurde Viagra entdeckt, als die Wissenschaftler eigentlich nach einem blutdrucksenkenden Mittel suchten. Kolumbus wollte nach Indien, als er Amerika entdeckte, und Flemings Penicillin war ebenso das Ergebnis eines »fehlgeschlagenen« Experiments wie galvanisierter Kautschuk.

Um in der Überflussgesellschaft überleben zu können, brauchen wir mehr Innovation. Innovation bedeutet, etwas zu schaffen, was es noch nicht gibt. Innovation heißt, etwas ins Leben zu rufen, was die Welt noch nie zuvor gesehen hat. Innovation bedeutet, sich zu fragen: »Was wäre wenn«? und diese Frage immer wieder neu zu stellen. Das erklärt zum Teil, warum der Umgang mit Unternehmern manchmal so schwierig ist. Während die meisten Journalisten, Akademiker, Manager und Angestellten mit real existierenden Fakten zu tun haben, befassen sich diese Leute genau mit dem Gegenteil.

Innovation erfordert Experimentierfreude. Experimente sind riskant. Wir können Erfolg haben oder nicht. Eine innovative Umgebung muss also eine außergewöhnlich hohe Fehlertoleranz aufweisen. Dies gilt auch für die Führung innovativer Organisationen. In gewissem Sinne ist Misserfolg sogar das Herz der Marktwirtschaft. Beim Experimentieren sollten wir Fehler verzeihen, aber nie vergessen, was wir daraus gelernt haben. Nach Ansicht von Deepak Sethi, Geschäftsführer von Organic Leadership, werden die Organisationen von morgen Fehler und Fehlschläge *verlangen.* Wir müssen schneller Fehler machen, um schneller zu lernen und schneller Erfolg zu haben. »Der Fehler ist Bestandteil einer Kultur der Innovation. Akzeptieren

Sie ihn und wachsen Sie daran«, empfahl Albert Yu, als er noch Vize-Präsident von Intel war. Im Silicon Valley ist ein Fehler kein schwarzer Fleck auf der weißen Weste, sondern ein Verdienstorden.

Das Problem ist, dass traditionelle Unternehmen nicht gerade ein Umfeld bieten, in dem Nachsicht zum Alltag gehört. In vielen Firmen führt ein Fehler zu einer Art firmeninterner Todesstrafe. Wenn Sie einen Fehler machen, winkt das firmeninterne Sibirien. Das signalisiert den Angestellten, dass Misserfolge bestraft werden. Das hält die Menschen nicht nur davon ab, Fehler zu machen, es verhindert zugleich, dass sie überhaupt Neues wagen. Auf diese Weise wird ein System aufgebaut, das Innovationen im Keim erstickt, anstatt sie zu fördern.

Wirkliche Neuerer sind auf ihrem Weg in unbekannte Territorien – *terra incognita* anstatt *terra firma* – auf Fehlschläge vorbereitet. Auf der Jagd nach Unverwechselbarkeit und Kreativität muss man erstaunliche Drehungen und Wendungen vollziehen. Die großen Erfolge des letzten Jahrhunderts – Mahatma Gandhis Indien, Henry Fords Model T, Man Rays Fotografien, Ruben Rausings Tetra Pak, das Beatles-Album Sgt. Pepper's, der Fosbery Flop in der Leichtathletik und Akito Moritas Sony Walkman – lassen sich alle auf die ungewöhnliche Fähigkeit der jeweiligen Protagonisten zurückführen, neue Technologien, Institutionen und Werte auf unerwartete Weise zu kombinieren. Sie sind ein Risiko eingegangen. Sie haben die Menschen überrascht – und vielleicht auch sich selbst.

Manche riskieren ihr Leben auf der Jagd nach dem Neuen und Andersartigen. Der große Werteerneuerer Jesus nahm ein Risiko auf sich und wurde gekreuzigt. In jüngster Zeit nahm Nelson Mandela Risiken auf sich und wäre beinahe dafür gestorben. Alfred Nobel ging ein Risiko ein und starb sehr einsam. Van Gogh setzte sich einem Risiko aus, wurde verlacht und beging Selbstmord. Auf jeden Bill Gates und Michael Dell oder andere bekannte und risikofreudige Forscher kommen Tausende von anderen, die es ebenfalls versuchten, aber kein Glück hatten. Sie verloren ihre Familien, ihre Freunde, ihr Vermögen, ihre Würde und manchmal auch ihr Leben. Unsere Gedanken sollten bei all diesen vergessenen Helden sein, die es versucht haben, aber gescheitert sind. Wir sollten ihnen zujubeln, denn Misserfolge sind der Königsweg zum menschlichen Fortschritt. Wenn es nicht all die Verrückten gegeben hätte, die immer wieder das Unmögliche versucht haben, würden wir immer noch in Höhlen leben.

Traditionalisten sollten bedenken, dass man Fehler nur dann vermeiden kann, wenn man erst gar keine Versuche macht. Aber wir müssen Versuche wagen. Ohne Fehler keine Entwicklung. Der Philosoph Ludwig Wittgenstein meinte sogar: »Wenn die Menschen nie etwas Dummes täten, dann geschähe auch nichts Vernünftiges.«

Unser Respekt gilt all jenen, die ein Risiko eingehen. Die Unternehmen müssen zu Brutstätten für Risikofreudige werden. Dazu sind große Veränderungen notwendig. Bei Militäraktionen wird der Versorgung der Verwundeten große Aufmerksamkeit zuteil, nach Vermissten werden Suchtrupps ausgeschickt. Wie sonst könnte man die Moral der Truppe stützen? In der französischen Fremdenlegion erhält man einen Orden, wenn man verwundet wurde. Die Soldaten sind dazu angehalten, ein vernünftiges und kalkulierbares Risiko (ein klassischer Widerspruch der Begriffe) einzugehen. Wenn die Verwundeten schnell ad acta gelegt würden, wäre die Moral im Keller. Doch genau dies geschieht in vielen Unternehmen, wenn auch nicht in allen. Nehmen Sie nur folgende zwei Beispiele für unternehmerische Katastrophen.

Alfred Nobel.

Erstens ist hier einer der berühmtesten Missgriffe der modernen Unternehmensgeschichte zu erwähnen: 1985 entschied Coca-Cola, sein traditionelles Rezept für Cola durch New Coke zu ersetzen. In detaillierten Umfragen hatte man herausgefunden, dass die Verbraucher die neue Zusammensetzung bevorzugten. Sie war angeblich süffiger und süßer. Dabei übersah man allerdings die Tatsache, dass sich die alte Rezeptur viele Millionen Mal pro Tag verkaufte. Außerdem vergaß man, dass die Kunden beim Kauf einer Cola mehr und etwas anderes als eine bloße Ansammlung von Atomen erstehen wollen. Es wäre kaum übertrieben, dieses Manöver als Marketing-Flop des Jahrhunderts zu bezeichnen. Coke wurde von einer Welle der Kritik überrollt. Der Erzrivale Pepsi konnte sein Grinsen nur mit Mühe unterdrücken – und platzierte schnell eine Anzeigenkampagne nach dem Motto: »Das Echte bleibt, wie es ist«.

Als Coke das Desaster realisierte, machte es einen Rückzieher und führte nach 90 Tagen die Original-Coke wieder ein. An diesem Rezept wurde seit damals nicht mehr gerüttelt. Sind anschließend Köpfe gerollt? Ist der Chef von Coca-Cola, Roberto Goizueta, sofort zur Tür mit der Aufschrift »Ausgang« geeilt? Nein. Keine einzige Person aus dem Topmanagement ist wegen des Desasters mit New Coke gegangen.

Die zweite Geschichte handelt von den Erfahrungen von General Electric mit dem Unternehmen Kidder Peabody. Dabei gingen Unsummen verloren und der Deal gehört zu den wenigen großen Blamagen des Vorstands von GE, Jack Welch. Im Jahr 1986 kaufte GE 80 Prozent von Kidder Peabody für 600 Millionen Dollar. Das Kidder-Debakel kostete General Electric insgesamt 1,2 Milliarden Dollar. »Ich habe Fehler honoriert, indem ich den Leuten Belohnungen gegeben habe, die Fehlschläge erlitten haben, denn sie haben einen großen Wurf gewagt«, sagt Welch. »Sorgen Sie nur weiter für große Würfe. Ich führe eine sechsstündige – vier bis sechs Stunden – Schulung in Crotonville (Trainingszentrum von GE) zum Thema Unternehmensführung durch. Dort sage ich immer, wenn der Vorstand Kidder Peabody kaufen und in den Schlamassel führen kann, dann können Sie sich auch einiges leisten. Die Geschichte war 19-mal auf der Titelseite des *Wall Street Journal*. Also, wenn der Vorsitzende so etwas schafft und trotzdem noch lebt, dann können Sie bestimmt auch große Würfe riskieren. Schlimmer können Sie es kaum in den Sand setzen.«

In ähnlicher Weise vergab der Vorsitzende einer großen US-Firma während einer Sitzung der leitenden Angestellten Preise für die »Besten Fehler«. Die Unterkiefer der Anwesenden fielen bereits bei der bloßen Vorstellung herunter. Dieser Auftritt leitete eine große kulturelle Veränderung in einem Unternehmen ein, das noch ein Jahr zuvor Fehler – besonders große und öffentlich begangene – lieber verbarg als feierte.

Es ist eine Tatsache, dass die intensivsten Lernerfahrungen stattfinden, wenn wir einen Fehlschlag erleiden, und nicht, wenn wir Erfolg haben. »Die meisten Dinge, die ich gelernt habe, stammen nicht aus dem Lehrbuch, sondern haben sich aus Zufällen und Fehlschlägen ergeben. Ich habe aus den kleinen Katastrophen gelernt«, gibt Charles Handy zu. Damit ist er nicht allein. Die meisten von uns lernen auf diese willkürliche und manchmal unglückliche Art und Weise. Wenn es wirklich Pokale für die besten Fehler gäbe, hätten wir wohl alle schon die Regale voll davon.

Fehler passieren immer. Wenn Sie den Menschen Vertrauen entgegenbringen, werden Fehler produktiver verarbeitet. Wir meinen nicht, dass Unternehmer Risikobereitschaft an und für sich fördern sollten. Es geht eher darum, es weniger riskant zu machen, Risiken einzugehen. Eine Firma in Eugene, Oregon – Work at Decision Research – untersuchte Strategien des Risikomanagements und gelangte zu folgendem Schluss: Die Menschen akzeptieren Risiken eher, wenn sie diese freiwillig eingehen, wenn die Risiken kontrollierbar, verständlich und auf allen Schultern gleichmäßig verteilt sind. Und im Gegenzug sind Menschen weniger risikofreudig, wenn sie den Grund nicht verstehen und die Risiken unfair verteilt sind.

Geben Sie den Menschen Freiheit und sie gehen ihre eigenen kreativen Seitenwege. Geben Sie den Menschen Zeit und lassen Sie sich von den kreativen Ergebnissen überraschen – eine ruhige Phase ist Voraussetzung für Innovationen. 3M hat genau das mit der Einführung der 15-Prozent-Politik getan. Alle Forscher können 15 Prozent ihrer Zeit für ihre eigenen Projekte verwenden. Man kann guten Gewissens von einem Wettbewerbsvorteil sprechen, denn unter dem Dach dieser Politik sind viele gute Ideen gediehen – Post-it ist die bekannteste davon.

Die 15-Prozent-Politik fördert die Erkundung neuer Bereiche. Fujio Mitarai, der Präsident von Canon, sagte: »Wir sollten aufhorchen, wenn die Leute etwas verrückt finden. Denn wenn die Leute etwas gut finden, macht es bereits ein anderer«. Ähnlich argumentiert der Nobelpreisträger Arno Penzias von Bell Labs: »Die Definition eines lausigen Produkts ist: Es hat keine Feinde in der Firma.«

Ziel eines Unternehmens sollte es sein, eine brodelnde Suppenküche für Ideen zu schaffen. »Wir möchten so viele Ideen wie möglich hervorbringen, denn vielleicht stellt sich eine von tausend dann als die passende heraus«, erklärt der Erfinder der Post-it-Zettel Art Fry. »Eine Idee mag für eine andere Firma perfekt sein, aber nicht für Ihre. Ein neues Produkt zu lancieren ist wie ein Puzzlespiel. Sie müssen die Lieferanten für den Rohstoff, den Vertrieb, die gesetzlichen Vorschriften und das verfügbare Kapital zu einem sinnvollen Ganzen zusammensetzen. Wenn ein Teil nicht passt, kann das ganze Projekt fehlschlagen. Sie haben möglicherweise hervorragende Arbeit geleistet, wenn aber ein anderer den Ball nicht aufnimmt, kann trotzdem ein Misserfolg am Ende stehen.«

Im Zeitalter des Überflusses kann es sich keine Organisation und kein Manager erlauben, sich auf seinen Lorbeeren auszuruhen. Innovation bedeutet, mit sich selbst im Wettstreit zu stehen. Die Schlüsseldevise für die Entwicklungsteams im Silicon Valley lautet: »Macht eure eigenen Produkte überflüssig.« Die meisten Unternehmen brauchen nicht noch mehr CEOs, sondern CDOs – Chief Destruction Officers –, Leute, die Chefsessel absägen und alte Ladenhüter ausrangieren, indem sie neue Produkte entwickeln. Unser Konkurrent wird sich freuen, wenn wir nicht zu diesem kreativen Akt der Zerstörung bereit sind. Es ist besser, selbst anzugreifen, ehe ein anderer es tut. Oder wie Adam Smith bereits vor zweihundert Jahren bemerkte: »Der Wohlstand einer großen Nation ist auf vielen Misserfolgen aufgebaut.« Dasselbe gilt für alle Firmen jeden Alters, jeder Größe, jeder Branche und jeder geografischen Herkunft.

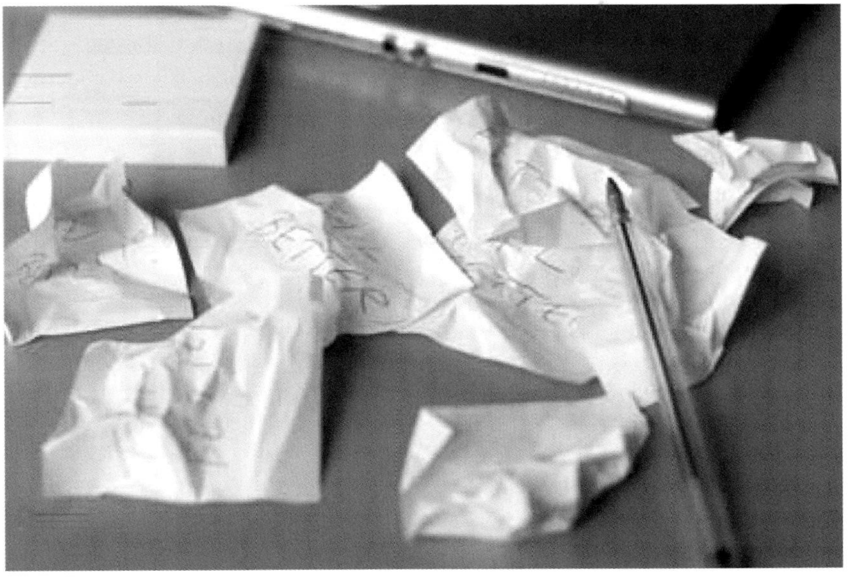

Schreibtisch eines CDOs.

Bildung – eine lebenslange Entwicklung

In einer Welt der Kopfarbeit müssen wir Bildung und Ausbildung neu definieren. Wir glaubten, eine Überdosis Ausbildung bis zum Alter von 25 Jahren sei ein für alle Mal ausreichend. Dahinter verbarg sich die Theorie, mit einer solchen kräftigen Bildungsspritze wären wir für die nächsten 40 Jahre obenauf – und danach würde uns ohnehin niemand mehr brauchen.

Diese Vorstellung von Lernen bedeutete, dass Lernen im Leben der Mehrheit der Menschen nicht auf der Tagesordnung stand. Die Ausbildung war breit und allgemein – nicht auf Personen zugeschnitten und zielgerichtet. Dabei übersah man völlig, dass Bildung nicht nur darin besteht, die Köpfe der Menschen mit Faktenwissen vollzustopfen. Sie richtet sich auch an das Gefühl und die Seele. Sie ist persönlich.

In einer Welt, in der Wettbewerbsvorteile in erster Linie aus Wissen resultieren, muss Ausbildung ein kontinuierlicher und lebenslanger Prozess sein. Bildung ist eine scharfe Waffe im Wettbewerb – für den Einzelnen ebenso wie für das Unternehmen. Der Arbeitsplatz ist zum Campus geworden. Wenn Sie die besten Leute holen und behalten möchten, müssen Sie sie auch ausbilden. Oder wie James Sims, Vorstand von Cambridge Technology Partners, meint: »Die meisten Menschen werden sieben Jobs haben, ehe ihre Karriere vorbei ist. Sie betrachten ihren Arbeitgeber als kontinuierliche Investition in ihre Karriere.« Sims Firma gibt sieben Prozent des Umsatzes für Schulungen aus – 18-mal mehr als eine durchschnittliche amerikanische Firma.

Tatsache ist, dass die Ausbildung am Arbeitsplatz nicht um 100 Prozent schneller anwächst als die Ausbildung an den Universitäten, sondern hundertmal oder 10.000 Prozent schneller. Die Unternehmen sind bereits dabei, eigene »Universitäten« einzurichten, um die Manager von morgen auszubilden.>5< Weltweit gibt es bereits Tausende unternehmenseigene Universitäten in fast jeder Branche. Oberflächlich betrachtet sind das zwar keine Institutionen, die Harvard-Angehörigen den Schlaf rauben könnten. McDonalds' Hamburger-Universität in Oak Brook, Illinois, fehlt die nötige akademische Tiefe. Aber in den letzten 40 Jahren haben dort mehr als 50.000 Lernende ihren Abschluss gemacht und über 30 Professoren stellen Programme in 22 verschiedenen Sprachen bereit.

Skeptiker schütteln vielleicht den Kopf, wenn sie an eine Hamburger- oder Disney-Universität denken. Die wachsende Anzahl betrieblicher Universitäten verrät aber das hohe Interesse der großen Unternehmen. Die bekannteste betriebliche Universität wird wohl von Motorola geführt. Die Motorola University, laut Unternehmen »ein Instrument der Erneuerung«, bietet pro Jahr 550.000 Studientage und kostet 170 Millionen Dollar. Von jedem einzelnen Motorola-Angestellten – insgesamt sind es 139.000 – wird erwartet, dass er pro Jahr mindestens 40 Schulungsstunden absolviert. Die Firma hat auch ein eigenes internationales MBA-Programm (Ausbildung zum Betriebswirt) ausgearbeitet. Motorola kalkuliert, dass für jeden investierten Dollar 33 Dollar zurückfließen.

Andere Anforderungen an die Ausbildung werden auch die Institutionen der Ausbildung verändern. »Die Universitäten werden nicht überleben. Die Zukunft liegt außerhalb des traditionellen Campus und außerhalb

5 Unternehmenseigene Universitäten sind nicht nur in den USA üblich. Im April 1998 berichtete British Aerospace über Pläne zum Aufbau einer eigenen virtuellen Universität namens British Aerospace Virtual University in Partnerschaft mit externen akademischen Institutionen. Im folgenden Jahrzehnt verpflichteten sie sich, 1,5 Milliarden englische Pfund in den Aufbau einer unternehmenseigenen »Knowledge Base« zu investieren. Im Jahr 2004 bot das Unternehmen 19.600 Online-Kurse an und insgesamt 323.854 Online-Trainingsstunden.

des traditionellen Klassenzimmers. Fernlehrgänge nehmen immer mehr zu«, sagte niemand Geringerer als Peter Drucker. Und die Zukunftsforscher Stan Davis und Jim Botkin prophezeien: »Das Schulhaus von morgen ist weder Schule noch Haus.«

Die Technologie revolutioniert die Ausbildung. Traditionelle Institutionen wie Universitäten und Business Schools haben tatenlos zugesehen, wie die Newcomer ihnen den Rang abgelaufen haben. Schon bald werden sich auch größere Unternehmen mit der Ausbildung befassen müssen. Als die Mediengruppe Pearson 1998 von Simon & Schuster für 3,6 Milliarden Dollar deren Verlagssegment aus dem Fachinformationsbereich übernahm, stand das Thema Ausbildung ganz oben auf der Tagesordnung. »Die Ausbildung ist eine der größten Wachstumsindustrien unserer Zeit«, betonte die Vorstandschefin von Pearson, Marjorie Scardino, die beschloss, Pearson als ein Medien- und Ausbildungs-Unternehmen auszurichten. Firmen wie Microsoft, Disney und News Corporation haben ebenfalls bereits ein Auge auf diesen lukrativen Sektor geworfen. Michael Milken, König der auch »Ramschanleihen« genannten Junk Bonds, der am Ende im Gefängnis landete, ist mittlerweile wieder frei und investiert massiv in alle Geschäftsbereiche, die Ausbildung und Technologie miteinander kombinieren. Er hat erkannt, wohin der Trend geht.

Neben diesen erfreulichen und überfälligen Aktivitäten hat sich auch das Wesen der Ausbildung fundamental verändert, und dieser Prozess wird auch weiterhin andauern. Lernen wird zunehmend als lebenslange Aufgabe begriffen – auch wenn oft nicht recht klar ist, was dies bedeutet – und es wird als eine persönliche Angelegenheit betrachtet.

Da viele Lernprozesse stillschweigend stattfinden und schwierig zu vermitteln sind, darf Ausbildung auf keinen Fall auf das Lernen im »Klassenzimmer« beschränkt werden. Wir müssen auch im Beruf lernen. Wir müssen unseren Arbeitsplatz in eine Tankstelle für unsere Gehirne verwandeln und dürfen ihn nicht nur als Rennstrecke betrachten. Entwicklung und Ausbildung sind ebenso entscheidend für die Verbesserung unserer Arbeitswelt wie die Lektüre eines neuen Buchs oder der Besuch einer weiteren Vorlesung. Zur Entwicklung gehört es, Rat zu erteilen, Schüler auszubilden und anzuleiten. Es ist Aufgabe der Führungskräfte, neue Führungskräfte heranzuziehen. Führung bedeutet, andere mit Wissen zu durchdringen und selbst von Wissen durchdrungen zu werden. Der Unterschied zwischen Lernen, Arbeiten und Leben ist aufgehoben – alles ist ein und dasselbe geworden.

Personalisierung – sehen und gesehen werden

Heute übertreffen sich die meisten Unternehmen darin, auf Beschwerden, Anfragen oder andere Launen ihrer Stammkundschaft einzugehen. Sie opfern dafür einige Stunden oder manchmal auch nur einige Minuten. Doch die Vorschläge und Fragen der Kernkompetenzträger – der Stars, die zufällig keine Topmanager sind – werden häufig nicht einmal ernst genommen. Erinnern Sie sich daran, was Larry Bossidy von Allied Signal sagt: »Wenn es hart auf hart kommt, verlassen wir uns auf Leute und nicht auf Strategien«.

Werden die Angestellten in Ihrer Firma wie Investoren behandelt? Denn genau das sind sie – intellektuelle Investoren. Jeden Tag bringen sie ihre Köpfe und Herzen in die Arbeit ein. Täten sie das nicht, wären Sie bald am Ende. Wir müssen unsere Leute wie ehrenamtliche Mitarbeiter behandeln. Vielleicht sollten wir das Rote Kreuz oder die Heilsarmee einmal nach ihrem Geheimnis fragen?

Jeder Mangel an Aufmerksamkeit ist für die Firma problematischer als für die einzelnen Mitglieder. Die Organisation ist austauschbar – die Stars aber werden auch weiter leuchten. Wenn CNN eines Tages aus irgendeinem Grund den Bach runterginge, wäre das für Larry King kein Problem. Wenn Alessi bankrott geht, vergießt der Designer Philippe Starck vielleicht eine Träne, aber er wird schon bald auf der Bühne zurück sein. Wenn die Harvard Business School ihre Pforten schließen muss, wird die Professorin Rosabeth Moss Kanter weiter ihrer Wege gehen. Wenn Warner im Abgrund landet, wird der ehemals als Prince bekannte Künstler keine schlaflosen Nächte haben.[6] In einem Zeitalter, in dem es Kapital im Überfluss gibt, steigt der Marktwert von Larry, Philippe und Rosabeth von Stunde zu Stunde, von Minute zu Minute und von Sekunde zu Sekunde. Das Einzige, was das Kapitel heute noch zum Tanzen bringt, ist Talent. Und dieser Tanz findet nicht nur jede Sekunde statt – das Kapital führt einen ununterbrochenen Veitstanz auf.

> 6 Diese Bemerkung hat sich bewahrheitet. Prince nahm im Jahre 2000 wieder seinen alten Bühnennamen an, verließ Warner und veröffentlichte sein Material unabhängig über das Internet. Für seine letzten beiden Alben schloss er jeweils Plattenverträge für nur ein Album, einmal bei Columbia, einmal bei Universal. Prince verlangte dafür gutes Geld. In diesem Fall scheint die Macht an den einzelnen Künstler übergegangen zu sein.

Menschen sind verschieden

Menschen sind keine Massenware. Sie haben verschiedene Gestalten und Formen. Jeder Mensch ist einzigartig. Von Zeit zu Zeit sollten wird uns das wieder ins Bewusstsein rufen. Aber Veränderungen brauchen ihre Zeit.

Die Autoindustrie hat fast hundert Jahre gebraucht, um festzustellen, dass Frauen keine kleinen Männer sind. Im fragmentierten funky Dorf können wir uns auf eine weitergehende Differenzierung der Individuen und ihrer Bedürfnisse freuen. Alles wird eins zu eins aufeinander abgestimmt sein.

Entweder gelingt Ihnen diese Differenzierung oder Sie werden zusehen müssen, wie Ihre wertvollsten Aktiva zur Tür hinaus spazieren. Wenn Sie Menschen ausbilden und Sie dann wie Idioten oder menschliche Ressourcen behandeln, werden die Besten gehen. Eine Ausbildung ohne persönlichen Zuschnitt betrachtet Schulungen als Unkosten anstatt als Investitionen.

Um gute Männer und Frauen anzuziehen, müssen wir sie als individuelle Personen behandeln.>7< Das Wort individuell stammt aus dem Lateinischen und bedeutet wörtlich unteilbar. Wir bewegen uns auf eine Eins-zu-Eins-Führung zu. Dies hat zur Folge, dass jedes noch so kleine System individuell angepasst werden muss. Menschen können auf verschiedenste Weise behandelt, bewertet und belohnt, motiviert und inspiriert werden. Bei den Firmen, die in den USA zu den beliebtesten Arbeitsplätzen gewählt wurden, haben die Arbeitgeber zum Beispiel folgendes angeboten: Massagen während der Arbeitszeit, Wäschereinigung im Haus oder eine persönliche Beratungsstunde. Wir sind alle einzigartige Persönlichkeiten.

> 7 Führungspersonen sollten sich selbst fragen, ob sie wirklich dazu bereit sind, ihr eigenes Ego für andere hinzugeben.

Die äußerst erfolgreiche Softwarefirma SAS Institute in North Carolina bezahlt ihre Angestellten bei Krankheit unbegrenzt weiter. Sie können auch zu Hause bleiben, um sich um kranke Familienangehörige zu kümmern. Die Firma ist verantwortlich für die größte Kindertagesstätte im Land. Die Menschen arbeiten 35 Stunden pro Woche und in der Kantine gibt es Babystühle. Viel zu verwöhnt? Sicher, aber wenn Sie nicht mal in der Lage sind, Ihre eigenen Leute zu verwöhnen, werden Sie Ihre Kunden wohl auch kaum verwöhnen können.

Menschen sind verschieden und ihre Motivationen sind es auch

Die Menschen werden von verschiedenen Dingen motiviert – auf verschiedene Arten und zu verschiedenen Zeiten. Was Sie motiviert, gilt nicht unbedingt auch für mich, und was Ihre Kollegen motiviert, muss nicht auch Sie motivieren. Um das totale Chaos zu verhindern, müssen funky Organisationen einen bestimmten Stamm von Menschen anziehen, deren Lebenseinstellungen gewisse Gemeinsamkeiten aufweisen. Denken Sie an die Fälle von SouthWest Airlines und McKinsey. Haben wir den kleinsten gemeinsamen Nenner gefunden, dann wird Differenzierung in einer anderen Dimension möglich. Vielleicht sagen einige Leute: »Aber ich arbeite nicht mit meinen Freunden zusammen – mit den Leuten, die meine Einstellungen teilen.« Nun, möchten Sie lieber den Arbeitgeber wechseln oder neue Freundschaften schließen?

Diese Werte sind nicht unbedingt mit Geld verknüpft. Nicht für alle Leute. »Viel zu viele Unternehmen glauben offenbar, die einzige Motivation zu arbeiten sei wirtschaftlicher Natur. Man kann aus Leuten kaum das Beste herausholen, wenn man Wissensträger wie Ratten im Versuchslabor behandelt«, meint der Strategie-Guru Gary Hamel. Anstatt sich mit detaillierten Anforderungsprofilen auseinanderzusetzen, sollten die Angestellten lieber den Managern ihre Motivationsprofile entgegenhalten.

In der bekannten Maslowschen Bedürfnispyramide beginnen wir alle ganz unten und möchten zunächst nur unseren Hunger stillen, ehe wir uns langsam in Richtung Selbstverwirklichung bewegen. Heute ist das alles auf den Kopf gestellt. Viele Menschen suchen zuerst nach Selbstverwirklichung und dann erst nach dem Rest. Sie sind bereit, ein paar Wochen zu hungern, um sich ein Kunstwerk kaufen zu können oder ein BMW-Mountainbike (gibt es wirklich, sie sind aber wie zu erwarten teuer), eine tragbare Playstation oder eine Reise in den Himalaya.

Motivation basiert in zunehmendem Maße auf Werten und nicht auf Geld. Historisch betrachtet wurde Loyalität im Wesentlichen gekauft. Der Arbeitgeber bot einen allmählichen Aufstieg in der Hierarchie, ein angemessenes Gehalt und einen sicheren Arbeitsplatz an. Als Gegenleistung bot der Angestellte ungeteilte Loyalität und harte Arbeit. Jetzt bestimmen Werte über die Loyalität. »Jede Organisation braucht Werte, aber eine schlanke ganz besonders«, sagt Jack Welch von GE. »Wenn Sie die unterstützenden Systeme der Belegschaft entfernen, müssen die Menschen ihre Gewohnheiten und Erwartungen ändern oder der Stress wird sie überwältigen.« Die Herausforderung für die Organisationen besteht darin, dass Werte bei weitem komplizierter sind als bloße Geldleistungen. Werte kann man nicht einfach zu einem Statement verdichten oder säuberlich auf eine Visitenkarte drucken. Werte können auch nicht erfunden werden. Entweder haben wir welche oder nicht.

Wenn Werte klar und deutlich formuliert werden, definiert sich eine Organisation dadurch und zieht auch nur jene Leute an, die diese Einstellungen teilen. Unschärfe bewirkt, dass jeder oder niemand an die Tür klopft. Erinnern Sie sich daran, dass wir einen Käufermarkt haben. Die Kompetenten sind am Drücker. Die Stars können wählen. Sie arbeiten für Firmen, die mit ihrem eigenen Wertesystem übereinstimmen. Wenn sie nicht für einen Umweltverschmutzer arbeiten wollen, dann tun sie es auch nicht. Schließlich möchten die Leute mit erhobenem Haupt antreten, wenn sie unter Freunden sind. Sie möchten kein konsterniertes Schweigen ernten, wenn sie sagen, für wen sie arbeiten. »Heute messen wir einer großen Mission und einem angenehmen Arbeits- und Lebensklima ebenso viel Bedeutung bei wie einem größeren Schreibtisch und der Aussicht auf Beförderung«, sagt der Verleger Richard Stagg. »Wer steht am Morgen schon gerne für ein unerreichbar fernes Betriebsziel auf? Wenn aber eine Firma der Arbeit ihrer Angestellten einen echten Sinn verleiht und ihnen die Freiheit und die Mittel gibt, ihre Ideen umzusetzen, dann lässt es sich gut dort aushalten.«

Wenn Menschen und Motivationen verschieden sind, muss auch die Belohnung verschieden sein

Auf jedem anderen Markt sind wir differenzierte Verträge gewohnt – aber nicht auf dem Arbeitsmarkt. Standardtarifverträge sind zwar in Zeiten der Massenproduktion akzeptabel, für ein Haus voller hochqualifizierter Gehirne, die aus den unterschiedlichsten Gründen dort versammelt sind, sind sie jedoch unbrauchbar. Angesehene Persönlichkeiten wünschen individuelle Arbeitszeiten, bestimmte Vergünstigungen, persönliche Vorrechte, besondere Büromöbel und so weiter. Und nicht nur internationale Topmanager sind solche Persönlichkeiten. Wir meinen damit auch Pförtner, Programmiererinnen, Lehrerinnen und Vertreter – alle, die in ihrem Job wirklich gut sind.

Wir leben in einer Welt, in der Arbeitsverträge immer individueller und individualistischer gestaltet werden. Die Leute bringen durch ihre Verträge ihre Persönlichkeit zum Ausdruck. Du bist dein Vertrag und dein Vertrag bist du. Der brasilianische Fußballspieler Edmundo hat in seinen Vertrag beim italienischen Verein Fiorentina aufnehmen lassen, dass ihm während des Karnevals in Rio zwei Wochen Urlaub bewilligt werden.[8] Exzentrisch? Vielleicht. Aber wenn dieser Urlaub seine Leistungen für den Rest der Saison steigert, warum nicht?

Im System der Zukunft müssen die Gewinne mit den Talenten geteilt werden. Im Mittelpunkt dieses zukünftigen Systems werden Stars stehen. Wir handeln mit Talenten und deshalb sind in Zukunft höchst individuelle und unterschiedliche Verträge zwischen den Einzelnen und den Unternehmen zu erwarten. Business-to-Busi-

8 Aktuell spielt er beim brasilianischen Verein Palmeiras. Der Karneval ist im Februar, die Saison endet im Dezember, also wird er diesen Passus im Vertrag wohl nicht mehr brauchen.

ness-Verträge sind in den meisten Fällen ohnehin bereits maßgeschneidert und transaktionsspezifisch. Gehirne und ihre Eigentümer sind keine homogene Masse. Sie sind einzigartig, und deshalb nimmt die Spezifizierung der Transaktionen zu. Dies sollte bei Anstellungsverträgen bedacht werden.

Wie verschieden Menschen sind, erfahren Sie durch Zuhören

Blinder Gehorsam ist zweifellos im Aussterben. »Früher wurde passiver Gehorsam als Loyalität missverstanden. Die gesamte Idee der Loyalität war in ein Kontrollsystem eingebunden. Heute sind die Menschen nicht mehr in diesem sklavischen Sinne loyal«, erzählte uns ein Psychologe. »Das beruht auf der Erkenntnis, dass man ein System infrage stellen kann, ohne deshalb illoyal zu sein.«

Die Angestellten von heute fragen und fordern mehr. Wissen Sie noch? Angestellte haben die Freiheit, zu tun und zu sein, was sie wollen, und zu gehen, wohin sie wollen. Sie haben genug Selbstvertrauen, um ihre Anliegen, Beschwerden und Hoffnungen zur Sprache zu bringen. Wenn sie Kunden wären, würden wir sie anspruchsvoll und kultiviert nennen. Es ist womöglich bezeichnend, dass wir das nicht tun. Vielleicht sollten wir es? Vielleicht müssen wir es.

Funky Manager müssen selbst ein breites Erfahrungsspektrum haben, damit sie mit dieser Vielfalt umgehen können. Nathan Myhrvold von Microsoft arbeitete auch als stellvertretender Geschäftsführer in einem französischen Restaurant in Seattle. Ole Bek von der dänischen Elektronikfirma Bang & Olufsen meint, er »lerne beim Bummel vor den Schaufenstern von Louis Vuitton in Paris mehr als beim Anblick der Auslagen in einem Elektrofachhandelsgeschäft«. Wenn Sie frische Impulse brauchen, dann gehen Sie in eine Kunstgalerie oder auf Partys, hören Sie sich eine Oper an, hängen Sie mit Alkoholikern und Drogenabhängigen rum, lesen Sie mal etwas, was Sie nicht besonders interessiert – tun Sie etwas, was Sie nie zuvor in Ihrem Leben getan haben. Versuchen Sie es – surfen Sie im Web, gehen Sie Fallschirmspringen, besuchen Sie ein Museum.

Coming-out

Das große sozialistische Projekt – der Traum von der Macht des Volkes – wird gerade vor Ihren Augen in die Tat umgesetzt. Es wird allerdings nicht von den Anhängern des Kommunismus, sondern von den Verfechtern des freien Unternehmertums und des kapitalistischen Marktes realisiert. Eine Organisation wie Manpower, die größte Zeitarbeitsfirma und Talentagentur der Welt, mit über 600.000 Einzelpartnern, ist im Grunde eine internationale Gewerkschaft – ein Anstellungsbüro für global gesuchte Spezialisten. Die großen multinationalen Unternehmen, die auf dem gesamten Globus agieren und die Weltwirtschaft beherrschen, sind letztlich das Gleiche – zumindest für diejenigen, deren berufliche Qualifikation so gefragt ist, dass sie für eine Anstellung ausreicht.

In einer solchen Welt müssen wir uns absolut klar darüber sein, wer wir sind, wohin wir wollen, mit wem wir Geschäfte machen möchten, mit wem wir unsere Freizeit verbringen, mit wem wir eine Beziehung eingehen wollen und so weiter. Wenn wir alle zur Freiheit verdammt sind, müssen wir die Verantwortung für unser eigenes Leben übernehmen. Wir können von der Kirche, dem Staat oder anderen großen Institutionen nicht mehr erwarten, dass sie unserem Leben einen Sinn geben. Für uns als Einzelne bedeutet das: Mehr Freiheit = mehr Chancen = mehr Macht = mehr Verantwortung.

Wir müssen unser Leben selbst steuern.

Das alles hat mit Politik nicht das Geringste zu tun. Wir sprechen hier nur von logischen Konsequenzen – von den Kräften des Funk.>9< Diese Kräfte beruhen auf Erkenntnis, und Erkenntnis kann man nicht per Gesetz verbieten. Die Freiheit des Funk ist ganz unpolitisch – zumindest bis wir die schwierigere Frage stellen, ob und wie diese Kräfte zur Verwirklichung eines besseren Lebens beitragen können. Um dies zu beantworten, muss zuerst einmal eine neue Vision von einem guten Leben entworfen werden, eine Vision, die für die Menschen des 21. Jahrhunderts und nicht für die des 20. Jahrhunderts maßgeblich ist. Bis dahin müssen wir mit dem Gegebenen zurechtkommen.

9 Die Technologie wird von der menschlichen Neugier angetrieben. Versuchen Sie mal, das aufzuhalten!

In einem Wohlfahrtsstaat, der nach dem Motto »Do-it-yourself« funktioniert, liegt alles in den Händen der Einzelnen. Es gibt niemanden mehr, auf den man sich verlassen oder dem man die Schuld geben kann. Es ist an der Zeit, das Leben in die eigenen Hände zu nehmen, das Schicksal selbst zu bestimmen. Es ist an der Zeit für ein Coming-out. Der Slogan unserer Zeit heißt UBU – *you be you*. Die Maskerade ist vorbei. Leugnen hilft nichts. Menschen sind deshalb erfolgreich, weil sie sind, was sie tun, und weil sie tun, was sie sind. Als Erstes sollten wir uns von den auferlegten Rollen lösen. Wir müssen eine Art Rollen-Strip durchführen, bis wir unsere Persönlichkeit freigelegt haben. Wir müssen fragen: Wer bin ich? Wenn Sie den Mut haben, sich bis auf die Knochen zu entblößen, sind Sie keine Mutter und kein Vater mehr, keine Managerin und kein Angestellter, keine Schwarze oder Weiße, kein Europäer, Asiate oder Amerikaner. Was bleibt übrig? Was möchten Sie wirklich mit Ihrem Leben anfangen? Die Macht liegt in Ihren Händen.

In dieser hyper-konkurrierenden Umgebung können wir nur bestehen, wenn wir eine persönliche Strategie entwickeln. Wir brauchen ein Survival Kit und wir sollten es jetzt zusammenstellen. Die Straße zum Erfolg liegt nicht gleich um die Ecke – dort wimmelt es eher von Sackgassen.

Wenn Ihnen nicht gefällt, was Sie tun – hören Sie damit auf. Sofort. Schenken Sie lieber den Worten des Meisterinvestors Warren Buffett Gehör: »Ich mache mir immer Sorgen um Leute, die sagen: ›Jetzt mach' ich erst einmal die nächsten zehn Jahre das und das – ich mag es zwar nicht, aber danach …‹ Das ist so ähnlich, als ob man sich Sex für das hohe Alter aufsparen würde.« Shoppen und Ficken warten auf niemanden.

Der erfolgreiche Funkster zeichnet sich durch drei Dinge aus. Diese drei einfachen Eigenschaften gelten unabhängig von Alter, Geschlecht, Rasse, geografischer Herkunft, Milieu oder Beschäftigungsverhältnis.

Seien Sie einmalig

Was auch immer Sie tun: Erfolg haben Sie dann, wenn Sie einmalig sind – zumindest für eine kurze Zeit. Wir müssen uns alle bemühen, Monopole zu errichten. Gleichzeitig müssen wir wahrhaftig sein – in unserem Handeln und in unserem Sein. Alles andere wird nicht funktionieren. In einer absolut transparenten Gesellschaft können wir nicht mehr einfach nur so tun, als seien wir beschäftigt oder als seien wir jemand anderer. In der Vergangenheit hatten es diejenigen schwer, die anders waren. Heute ist die Abweichung von der Norm ein Rezept für das Überleben.

Wir haben das Jahr 1976. Sie haben 5.000 Dollar auf Ihrem Bankkonto und werden bald 25 Jahre alt. Was werden Sie tun?

1. Eine rauschende Party geben?
2. Einen gebrauchten Wagen kaufen?
3. Eine Risikokapitalgesellschaft gründen, die in IT-Unternehmen investiert?

Fragen Sie Ann Winblad von Hummer Winblad, einer der erfolgreichsten Risikokapitalgesellschaften in der Welt.

Wir haben das Jahr 1977. Sie haben 2.000 Dollar auf Ihrem Bankkonto und werden bald 33 Jahre alt. Was werden Sie tun?

1. Party?
2. Auto?
3. Oder eine Datenbankfirma aufbauen?

Fragen Sie Larry Ellison, Gründer und Vorstand von Oracle.

Wir haben das Jahr 1984. Sie haben 1.000 Dollar auf Ihrem Bankkonto und werden bald 19 Jahre alt. Was werden Sie tun?

1. Party?
2. Auto?
3. vom Studentenwohnheim aus PCs verkaufen?

Fragen Sie Michael Dell.

Wir haben das Jahr 2007. Was werden Sie tun?

Die neuen Champions sind die IoK – Ideengeber ohne Kapital – und die Loser werden die KoI sein – Kapitalisten ohne Ideen. Talent lässt das Kapital tanzen.

Es gibt eigentlich nur zwei Wege. Entweder werden Sie ein Hyperspezialist wie der verstorbene Feuerwehrmann Red Adair – der Typ, der durch die Welt reiste, um Brände auf Ölfeldern zu löschen. Sie könnten Experte für einen ganz bestimmten Bereich der Konditorei, des Sports, eines Musikinstruments oder was immer werden. Dann lautet das Motto: konzentrieren, spezialisieren, Schwerpunkte setzen und schließlich global aktiv werden.

Als zweite Möglichkeit können Sie zu einem erfolgreichen Bindestrich-Manager werden, das heißt Gegensätze kombinieren. Performance-Technologen, Visual-Ergonomen, Psycho-Linguisten und Compu-Ökologen bevölkern bereits die Erde.

Eins unter Millionen.

Werden Sie Ihre eigene Firma

Heute kann jeder eine Aktiengesellschaft gründen und mancher tut es auch. Schauen Sie David Bowie an. Er hat Anteilscheine für 25 Alben mit 300 Songs ausgegeben – und daran 60 Millionen Dollar verdient. Ziggy Stardust, der dürre weiße Duke, ist nicht allein. Auch Ärzte, Journalisten, Professoren und Programmierer gehen an die Börse. Wir alle können das tun.

In den letzten zwanzig Jahren hat sich die Zahl der Selbstständigen in den USA um 100 Prozent erhöht.[10] In Europa gibt es ähnliche Tendenzen. Die Menschen kündigen, weil ihre Talente im Unternehmen entweder nicht erkannt, missbraucht oder nicht genug honoriert werden – in Form von Geld und/oder Anerkennung. Sie gehen weg und gründen ihre eigenen Unternehmen – Moi S.A., Me plc, Jag AB, Ich GmbH, Jeg AS, Me Inc., Ein-Mann- oder Eine-Frau-Firmen. Häufig führen sie dort dieselbe Arbeit aus wie zuvor, verlangen dafür aber das Doppelte. Sie verkaufen ihr Wissen an ehemalige Arbeitgeber und andere.

10 Die Anzahl der Geschäfte ohne bezahlte Angestellte hat sich in den USA von 17,6 Millionen im Jahre 2002 auf mehr als 18,6 Millionen im Jahr 2003 erhöht. Eine Wachstumsrate von 5,7 Prozent. Dies ist die höchste Wachstumsrate in der Selbstständigkeit, seit das *Census Bureau* im Jahr 1997 damit begonnen hat, diese Statistik zu erheben.

Andy Warhol hatte recht. Wenn wir unser Leben als eine Serie von Auftritten und Projekten betrachten, müssen wir uns selbst immer wieder neu erfinden. Und wir sind nie besser als beim letzten Auftritt. Wir müssen uns selbst als Firma sehen: mit einer eigenen Jahresbilanz und einem Markennamen. Wir müssen in uns selbst investieren und uns selbst vermarkten. Anstatt nach einem sicheren Arbeitsplatz Ausschau zu halten, versuchen funky Menschen, einsatzbereit zu sein. Sie bilden sich fort und erwerben immer neue Kenntnisse, um Wunschkandidaten für potenzielle Arbeitgeber zu sein – immer und zu jeder Zeit.

Aber Fähigkeiten sind nur eine Seite der Medaille. Funky Menschen arbeiten auch hart, um Aufmerksamkeit zu erregen und attraktiv zu sein. Das müssen sie, denn sie treten alle in dem großen globalen Spiel um Aufmerksamkeit an. Die meisten Fähigkeiten und Kenntnisse werden im Überfluss angeboten. Aber die Selbstvermarktung ist nicht nur eine Frage der Ausbildung – oder der Investition in Fortbildung. Mehr Ausbildung allein löst das Problem nicht. Stellen Sie sich all die Betriebswirte und Ingenieure dieser Erde vor. Wie gut die Referenzen und Zeugnisse auch sein mögen – es sind nur Gesichter in einer riesigen Menschenmenge, die alle eine ähnliche Ausbildung vorweisen können. Attraktivität ist nicht nur eine Frage des Inhalts, sondern auch der Form. Wir müssen uns selbst ein Markenzeichen geben, eine Verpackung erfinden und uns so auf dem Markt präsentieren, dass wir begehrte Produkte werden. Unter welchem Slogan verkaufen Sie sich?

Vernetzen Sie sich

In der Isolation sind noch nie Wunderdinge entstanden. Bereiten Sie sich auf das Bad in der Menge vor. In einer Überflussgesellschaft sind Sie nur so stark wie die Menschen, die Sie kennen. Sie können die tollste Person der Welt sein. Wenn niemand Sie kennt, spielt das keine Rolle. Individuelle Wettbewerbsfähigkeit = Kenntnisse x Bekanntheitsgrad. Jeder Einzelne von uns kann quasi über Nacht eine multinationale Firma in seiner Garage gründen. Über das Internet können wir potenziell einen Markt von über 100 Millionen Menschen erreichen.

Konzentration und Spezialisierung bedeuten gleichzeitig, dass wir Partner brauchen. Wir brauchen Partner, die uns bei jedem noch so unbedeutenden Vorgang helfen, in dem wir selbst nicht zur Weltklasse gehören. Viele Leute haben Teile ihres Privatlebens bereits ausgelagert: Sie geben ihre Wäsche zum Reinigen, lassen ihre Wohnung putzen etc. Jetzt ist es an der Zeit, dass Sie auch Teile Ihres Arbeitslebens auslagern. Sie müssen Partner suchen, die Ihnen ermöglichen, Sie selbst zu sein. Vielleicht brauchen Sie erstklassige Leute für das Büro, für die Fabrik, für die Marketingabteilung oder wo auch immer. Dadurch können Sie sich auf Ihre eigenen Fähigkeiten konzentrieren. Sie ermöglichen Ihnen das eigene Coming-out.

Partnerschaftliche Produktivität bedeutet, dass Sachkenntnis und Wissen sich zu dynamischen Prozessen verbinden. Dies wird durch größere globale Mobilität noch weiter verstärkt. In der Vergangenheit blieben die Menschen dort, wo sie geboren wurden oder aufgewachsen waren. In einigen Ländern wurde diese Tendenz noch dadurch gefördert, dass die eigenen Vermögenswerte nicht frei beweglich waren. Jetzt fließen Geld und Talente ungehindert.

Das Ergebnis wird sein, dass die Menschen den Trendsettern auf ihren Gebieten folgen werden. Wenn Länder die Türen nicht mehr schließen können, müssen sie Magneten aufstellen, damit Ressourcen und Menschen davon angezogen werden. Es ist, als wenn Sie eine Party geben und planen, wer kommen soll: Wenn Sie Hip-Hop auflegen, wird die Hip-Hop-Szene dort auftauchen.

Wir werden eine Umverteilung der Menschen entlang von Stammesgrenzen erleben. Die Landkarte Europas und der Welt wird neu gezeichnet werden müssen. Die Vereinigten Cluster Europas stehen schon vor der Tür. Skandinavien könnte das Cluster der Musiker beherbergen oder ein weibliches Nirvana werden. In Indien gibt es bereits das Cluster der Goa-Hippies. Das Cluster der Finanziers hat sich in London niedergelassen. In Vermont, USA, könnte die Medienclique heimisch werden. Es gibt das Formel-Eins-Cluster in Oxfordshire, Großbritannien. Deutschland beherbergt das Cluster der Automobilindustrie, Norditalien das für Kacheln. Die Cluster-Karte der Welt wird sich permanent verändern, denn die Menschen wandern über den Erdball und gehen immer neue Partnerschaften und austauschbare Assoziationen ein. Der entscheidende Faktor – das stillschweigende Wissen – bedarf nach wie vor einer Ebene menschlicher Interaktion. Man muss die gleiche Luft atmen.

Traummanagement

Wir sind nun alle Führungspersonen. Wir führen zwar nicht alle die Googles und IBMs dieser Welt, aber wir sind alle Führer. Wir müssen es sein. Wir führen unser eigenes Leben. Führung ist keine vorübergehende Aufgabe mehr –

sie ist eine Dauerbeschäftigung. Sie führen pausenlos, schließlich versuchen Sie ja permanent, Menschen davon zu überzeugen, was Sie tun. Und Sie versuchen permanent herauszufinden, wer Sie wirklich sind. Wirkliche Führer praktizieren Führung nicht – sie leben sie. Sie sind, was sie tun.

Die Entwicklung von Führungspersönlichkeiten hat drei Phasen durchlaufen. Die erste Generation von Geschäftsführern bestand meist aus Rechtsanwälten. Da eine Gesellschaft mit beschränkter Haftung ein neues Phänomen war, glaubte man sich auf der juristischen Seite absichern zu müssen. Dafür wurden Experten benötigt. Mit der Zeit verbreitete sich dieses Wissen. Anstelle der juristischen Aspekte wurden jetzt die technologischen maßgeblich. In der zweiten Generation stammten die Geschäftsführer meist aus dem Ingenieurwesen. Dies war sinnvoll, weil die meisten Wettbewerbsvorteile durch technologische Innovationen entstanden. Mit der Zeit kam eine neue Dimension hinzu. Organisatorische und finanztechnische Angelegenheiten standen im Mittelpunkt. Die dritte Generation waren Betriebswirte. Sie managten die Geldströme und die Verwaltungsvorgänge.

Kein Traum = Albtraum.

Jetzt ist alles zu einer Frage der Intelligenz und des Immateriellen geworden – denn Wissen kennt keine Grenzen. Ein großer Teil des entscheidenden Wissens liegt aber bei den Einzelnen. Führung entsteht also dann, wenn es gelingt, kluge Köpfe an sich zu binden und sie zu halten – den Strom der Aufmerksamkeit auf sich zu lenken. Anders gesagt bedeutet es: einem bestimmten Stamm einen Sinn und eine Identität zu geben. Und dieses Kraftfeld von Anziehung und Aufmerksamkeit müssen wir als Führungspersönlichkeiten immer wieder neu schaffen. Jeden Tag, jede Stunde, jede Sekunde geht es ums Ganze. In einer Welt, in der die Macht beim Volk liegt, müssen Führungspersönlichkeiten zu *Humanagern* werden.

Viele Leute glauben immer noch an den alten Führungsstil und das alte Management, aber sie laufen Gefahr zu scheitern. Nur wenige Leute geben zu, dass sie schlechte Liebhaber sind, und noch weniger Chefs geben zu, dass es ihnen an Führungsqualitäten mangelt. Doch bald werden sie nicht mehr anders können.

In einer Organisation nach der anderen geht die Geschäftsleitung an einen ganz neuen Typ von Chef über. Im funky Dorf haben die Sexmaniacs und die Shopper bereits die Regie übernommen. Ist das gut oder schlecht? Es ist eine Tatsache. Auf der ersten Seite des Magazins *Fortune* prangte kürzlich die Überschrift: »Die Sucht nach Sex« – das kleine, schmutzige Geheimnis Amerikas. Die Titelstory befasste sich auf zehn Seiten mit den Schattenseiten der Egomanie. Freud hatte recht: Sex ist alles. Und nicht nur für die jungen Leute. Denken Sie nur an William Jefferson Clinton.

Es wundert also nicht, wenn die Suche nach Sinn in vollem Gange ist. Interessant ist in diesem Zusammenhang auch die Entwicklung der Selbsthilfeliteratur. Der Markt quillt über vor Büchern über Selbstwahrnehmung, weil die Menschen versuchen, sich selbst und ihre Umgebung zu verstehen. Diese Suche ist ein unvermeidlicher Nebeneffekt der neuen Weltordnung. Unsere frühere Vision von einem guten Leben – ein Haus, eine Waschmaschine, ein sicherer Job etc. – ist unterminiert worden. Ein Ersatz ist so schnell nicht zu finden. Als Reaktion darauf gehen die Leute einkaufen, um sich eine Identität aufzubauen. Ihre Erwerbungen drücken aus, zu welchem Stamm sie gehören möchten.

Macht besteht darin – und bestand schon immer darin –, den Menschen Träume zu geben. Träume, die die Menschen berühren, aufregen und derentwegen sie sich erheben. Früher brachten uns Marx, Kennedy und Martin Luther King Träume. Heute sind es Michael Dell, Steve Jobs, Anthony Robbins und Stephen Covey. In einer Welt der Vielfalt, einer Welt der Stämme bedeuten Träume alles und nichts. Die Frage muss also lauten: Wie können Sie den Stämmen dieser Welt bedeutungsvolle und überzeugende Träume bieten?

FEELI

6

Feeling Funky

»All business is show business«

Jan Carlzon

Sind Sie bereit für Geschäfte auf einem nahezu unbegrenzten Markt – für Geschäfte mit Ersatzteilen oder Kapital, mit Lebertran oder Maschinenöl, mit Parfüm oder Alkohol? Sind Sie bereit, Unternehmen so zu konzipieren, personell zu besetzen und zu managen, dass totale Innovation möglich wird? Sind Sie bereit, Ihr Leben, Ihre Karriere und Ihre Fähigkeiten in die eigenen Hände zu nehmen? Lassen Sie uns der Sache ins Auge sehen: In einem Wohlfahrtsstaat, der am Boden ist, müssen wir unsere eigenen Absicherungssysteme aufbauen und selbst unsere Zukunft entwerfen. Und wir müssen mit Leuten umgehen, die durch nichts weniger zu motivieren sind als durch Enthaltsamkeit und Sparen.

Wir müssen mit vielen Bällen gleichzeitig in der Luft jonglieren. Wenn uns das gelingt, ist es der ultimative Zirkusakt. Vielleicht ist das alles möglich. Vielleicht können wir sie alle auffangen, während sie gleichzeitig zu Boden fallen. Vielleicht können wir es aber auch nicht. Das Problem ist: Selbst wenn uns das gelingt, genügt es noch nicht. Auch wenn wir all diese Bälle werfen und fangen können, ist das noch keine Erfolgsgarantie. Die Wahrheit ist hart und brutal. Bälle jonglieren und fangen zu können ist leider nur eine notwendige, aber keine hinreichende Bedingung für ein gesichertes Überleben in der Überflussgesellschaft.

Fortlaufend werden nämlich neue Bälle in die Luft geworfen. Sie können auch unsichtbar sein. Das Zeitalter des Überflusses geht langsam in ein Zeitalter des Gefühls über. Richtiger Umgang mit Überfluss kann nicht heißen, dass man immer noch mehr vom Gleichen produziert, sondern dass man Elemente von Gefühl und Subjektivität einfließen lässt. In einer exzessiven Wirtschaft verschieben sich die Grundlagen der Wettbewerbsfähigkeit immer mehr in Richtung immaterieller Werte. Hin zum ätherischen Kommerz. Beide – der potenzielle Kunde und der künftige Angestellte – werden nach Produkten, Dienstleistungen, Strategien, Führern und Organisationen Ausschau halten, die sie ansprechen. E(motionaler) Kommerz. Wir alle möchten berührt werden. Wir sehnen uns nach Aufmerksamkeit. Der Rest ist trivial.

Alberto Alessi hat das in Mailand mit Klobürsten geschafft. Richard Branson mit dem Pensionsgeschäft in Großbritannien. Steve Jobs mit iPods und iPhones in San Francisco. Nokia mit Mobiltelefonen in Helsinki. Sie alle haben erkannt, dass es nun an der Zeit ist, das letzte Tabu auszubeuten. Die sensationsgierige Gesellschaft verlangt, dass wir unsere Wettbewerbsposition auf Gefühlen und Fantasien aufbauen.

Der Stoff, aus dem die Träume sind

Denken Sie an Progressive. An Dell. An Ikea. An den Chevrolet Suburban. An Stokke. An Starbucks. Lukrative Gelegenheiten existieren überall. Geschäftemachen ist keine Spezialwissenschaft. Im Wesentlichen reduziert es sich darauf, Geld zu machen. Dies mag zwar nicht der Grund sein, warum erfolgreiche Firmen gegründet wurden. Man denke an Disney und Ford, die sich vorgenommen hatten, Menschen glücklich zu machen beziehungsweise das Automobil zu demokratisieren. Für sie war das Geld nur der positive Nebeneffekt eines weit edleren Zwecks. Oder wie der berühmte österreichische Psychiater Victor Frankl so schön sagte: »Erfolg und Glück lassen sich nicht erzwingen, sie müssen sich von selbst ergeben ... als unbeabsichtigter Nebeneffekt eines persönlichen Ziels, das größer ist als man selbst.«

Größeres Ziel hin oder her – alle Unternehmen müssen am Ende einen Gewinn vorweisen können. Und in einer Marktwirtschaft gibt es nur eine Möglichkeit, Geld zu machen. Dies erklärt, warum alle Manager auf der Welt, unabhängig von Alter, Geschlecht, geografischer Herkunft und sozialem Hintergrund dieselben heißen Träume träumen. Allem Gerede über die Überlegenheit des kapitalistischen Systems und die Notwendigkeit eines mörderischen Wettbewerbs zum Trotz träumen diese Manager jede Nacht, überall auf der Welt, von der Entdeckung des Heiligen Business-Grals. Sie träumen davon, für kurze Zeit ein Monopol zu besitzen. Auch Musiker, Künstler, Ärzte, Rechtsanwälte und so weiter träumen diesen Traum. Es ist ein universeller Wunschtraum.

Und genau dafür werden Manager auch bezahlt – häufig sogar recht üppig. Sie sollen wenigstens vorübergehend ein Monopol schaffen. Erst wenn wir eine Monopolstellung haben, können wir die Preise so anheben, dass überdurchschnittliche Gewinne erzielt werden. Das Monopol kann geografisch beschränkt sein oder sich auf bestimmte Produkte oder Dienstleistungen beziehen. Wenn Sie in der glücklichen Situation wären, ein Monopol zu besitzen, wäre es Ihnen vermutlich herzlich egal, um welche Sorte es sich handelt.

Leider hat das Wort Monopol keine gute Presse. Wenn Sie ankündigen, dass es Ihr Geschäftsziel ist, eine vorübergehende Monopolstellung aufzubauen, wäre dies keine gute Marketingstrategie. Die Verbraucher würden in Scharen davonlaufen und die Behörden einschreiten. Um sich vor solchem Unbill zu schützen, empfehlen wir die Verwendung des Begriffs Nische anstelle von Monopol – obwohl die Bedeutung genau dieselbe ist.

Wir hoffen, dass wir Konkurrenz und Preiskämpfe vermeiden können, indem wir uns auf einen bestimmten Stamm konzentrieren – einen geografisch beschränkten Markt oder eine Verbrauchergruppe. Wir möchten die einzige natürliche »Wahl« sein, die unseren Zielkunden bleibt. Wer erfolgreich in eine Nische vorstoßen will, muss sich von anderen absetzen, das heißt anders sein. Funky Unternehmen folgen dem Rat der Computerfirma Apple: Sie denken anders – und denken dann noch einmal neu.[1] Wir alle wünschen uns Produkte, die in bestimmter Hinsicht einzigartig sind – aufregende Angebote, die die Aufmerksamkeit eines bestimmten Stammes erregen.

1 Apples Werbeslogan für den iMac war genial: »Chic. Not geek.« (»Schick, kein Computerfreak.«)

Grundsätzlich gibt es nur zwei Methoden, sich zu unterscheiden: Entweder gilt Ihr Angebot als billiger oder als besser.[2] Aber Einmaligkeit ist nicht nur eine Frage des Produktangebots. An den Produkten von Dell ist nichts Einmaliges zu finden. Einmaligkeit kann auch durch andere Aspekte entstehen, zum Beispiel durch eine Geschäftsidee, eine andere Art der Abwicklung, der Verpackung oder einfach eine besondere Firmenkultur oder besondere Personen.

2 Dies ist auch in der Natur der Fall: Überleben ist nur möglich, wenn man fit oder sexy ist – Anpassung, Anziehung oder Aussterben.

Andersartigkeit ist entscheidend. Aus diesem Grund sind Unternehmen so abhängig von Menschen, die einmalige Ideen liefern. Das Problem dabei ist, dass Einmaligkeit und Andersartigkeit häufig bei Leuten zu finden sind, die nach dem Urteil des konservativen Normalbürgers ein wenig seltsam, um nicht zu sagen verrückt sind. Das sind die wahren Unternehmer – jene Leute, die den Status quo provozieren, die die Welt mit offenen Augen sehen, Regeln brechen, Vorgaben ignorieren und Normen infrage stellen. Diese Leute sind bereit, Risiken auf sich zu nehmen – ein persönliches Risiko einzugehen. Würden Sie und Ihre Organisation auf der Suche nach einer zeitlich befristeten Monopolstellung Risiken eingehen?

Auf diese Frage gibt es nur noch eine Antwort, denn es gibt keine Wahl mehr. Normalität führt ins Nichts. Wenn wir uns immer nur wie alle anderen verhalten, sehen wir immer dieselben Dinge, hören dieselben Dinge, stellen ähnliche Leute an, entwickeln ähnliche Ideen und bieten identische Produkte und Dienstleistungen an. Wir würden im Meer der Normalität untergehen. Normal Inc. ist bankrott.

Anormalität hingegen schafft Monopolstellungen – sorgt für 15 Minuten kapitalistischen Ruhms. Wenn die Verrücktheit der einzige Weg zum

Wohlstand ist, sollten Sie über den Verrücktheitsgrad Ihres Unternehmens nachdenken. Ist er wirklich hoch genug? Überall warten Gelegenheiten darauf, entdeckt zu werden, aber wir müssen an unerforschten Orten danach suchen – Orten, an denen unsere Konkurrenten nicht bereits 343-mal waren. Andernfalls sind wir dazu verdammt, nur das zu sehen, was alle anderen bereits sahen. Monopolisten machen das Geld.

Vom Standort zur Organisation

Wenn Sie uns nicht glauben, betrachten Sie einmal kurz die Evolution des Wettbewerbs. Am Anfang leitete sich der Wettbewerbsvorteil ausschließlich von der Lage ab. Der Zugang zu verschiedenen Rohstoffen sicherte den firmenspezifischen Wettbewerbsvorteil, der für eine vorübergehende Monopolstellung erforderlich war. Die erfolgreiche Firma des 19. Jahrhunderts profitierte vom Zugang zu Erdöl, Wäldern, Gruben und Minen etc. Familien wie die Rockefellers und Gettys sammelten auf diese Weise unglaubliche Reichtümer an. Man musste nur die Goldgruben dieser Welt finden und ausbeuten.

Aber die kapitalistische Wirtschaft ist skrupellos. Schon bald machte der freie Handel mit Rohstoffen den alleinigen Wettbewerbsvorteil des Standorts zunichte. Im Laufe dieses Prozesses wurden Innovation und Technologie, gepaart mit Kapital, zu den entscheidenden Erfolgskriterien. Der Schlüssel zur Wettbewerbsfähigkeit lag in der Erwirtschaftung von mehr Wert aus dem gleichen Input. Als Folge davon wurde die Geschäftswelt an der Wende zum 20. Jahrhundert von einigen wenigen Kapitalisten und einer Reihe innovativer Unternehmer beherrscht – Leuten wie den Wallenbergs, Thomas Alva Edinson, J. P. Morgan, Alfred Nobel, den Rothschilds und Otto Diesel. Der Wettbewerbsvorteil basierte nun auf Erfindergeist.

Doch auch diesmal schlug der Markt zurück. Die Produkte wurden imitiert, die Patente verkauft oder erworben. Als die Erfindungen zu jedermanns Eigentum geworden waren, ließ sich der Wettbewerbsvorteil nicht mehr auf einer nun dysfunktionalen technologischen Monopolstellung aufbauen.

Es begann das Zeitalter der Organisation. Vorreiter wie Alfred P. Sloan und Henry DuPont in den USA entwarfen das aus mehreren Abteilungen bestehende Unternehmen – ein Konzern wurde in kleinere, auf Produkte spezialisierte Einheiten aufgeteilt. Die neue Organisationsform bot die

r Zugang zum Wald machte
milien unglaublich reich.

Chance, alte technologische Vorteile kontinuierlich weiter auszubauen. Diese organisatorische Innovation wurde das dominante Modell für die meisten großen US-Firmen – erst damit konnten sie die Welt erobern. Dieses System machte Sinn, solange alle Firmen ähnliche Technologien ausbeuteten. Diejenigen mit den überlegenen organisatorischen Lösungen gingen als Sieger aus dem Wettbewerb hervor. Später übernahmen auch europäische Firmen dieses Modell und der internationale Wettbewerb breitete sich horizontal aus.

In der zweiten Hälfte des 20. Jahrhunderts fand eine Unzahl organisatorischer Neuerungen statt, die vorübergehend für kleinere und größere Monopolstellungen sorgte. Modelle wie Just in time (JIT), Business Process Re-Engineering (BPR), Management by Objectives (MBO), Total Quality Management (TQM), Management by Walking Around (MBWA), Kanban, Benchmarking, Matrix Management, Outsourcing, Downsizing, strategische Allianzen, Lean Production – die Liste ließe sich endlos fortsetzen – warfen auf all jene den flüchtigen Glanz eines Wettbewerbsvorteil, die diese Ideen als erste zu Kapital machen konnten. Für die meisten blieb dieser Glanz jedoch eine Sternschnuppe in weiter Ferne.

Die Organisationsstruktur entwickelte sich weiter. Vorbei (zumindest theoretisch) sind die Zeiten der bürokratischen Firma, wie sie vor einem Jahrhundert von Max Weber beschrieben wurde. Im Augenblick sollte Ihre Firma, wenn Sie zu den organisatorischen Trendsettern gehören, eher wie ein Blaubeerpfannkuchen, ein Fischernetz, ein Kleeblatt, eine Herde Gazellen oder ein Topf kochender Spaghetti aussehen. Die meisten modernen Firmen setzen nach wie vor auf die Entwicklung organisatorischer Lösungen, um im Wettbewerb zu bestehen. Diese modernen Organisationsformen sollen eine fruchtbare Balance zwischen der Nutzung des Vorhandenen und der Entwicklung von Neuem schaffen.

In einer Welt des Überflusses besteht das Neue meist nur kurze Zeit. Firmen, Manager und Menschen überhaupt haben die Eigenschaft, einander wie die Lemminge zu folgen. Gleichheit ist ansteckend. Auf der Suche nach organisatorischen Inspirationen verwandeln sich Firmen in Marionetten der globalen Beratungsunternehmen. Wenn sie sehen, dass ein Konkurrent umstrukturiert hat, engagieren sie einen Berater, der eine Neustrukturierung für sie entwerfen soll. Schon beginnen die Dominosteine zu fallen. Und kurz darauf haben alle Firmen in einer Branche umstrukturiert. Den Beratungsunternehmen geht es immer besser. Aber es lohnt sich kaum, etwas zu tun, was alle anderen bereits getan haben. McKinsey & Company, die Boston Consulting Group und Cap Gemini, um nur ein paar zu nennen, tragen alle zur gegenwärtigen Homogenität der Organisationsstrukturen auf der Welt bei.

Doch nicht nur das. Denken Sie an die vielen Hochschulabsolventen, die jedes Jahr mit betriebswirtschaftlichen und wissenschaftlichen Diplomen in die Welt hinaustreten und in die Unternehmen gehen. So kompetent sie auch sein mögen, sie gehören zur Gruppe der global standardisierten Menschen. Ob Sie eine Business School oder eine technische Hochschule in Moskau oder Manila, in Seattle oder San Sebastian besuchen, macht keinen Unterschied mehr. Überall begegnen Sie denselben Modellen, denselben Büchern und denselben Formularen. Diese Studenten werden dann auf die Gesellschaft losgelassen – jeder mit dem gleichen Erfolgsrezept in der Tasche.

Auf ähnliche Weise hat die Einführung der Informationstechnologie bestimmten Firmen einen anfänglichen Wettbewerbsvorteil beschert. Aber je mehr Firmen mittlerweile vernetzt sind, desto mehr wird die Informationstechnologie als homogenisierender Faktor wirken, der die Organisationen noch ähnlicher macht.[3] Technologie tendiert immer zur Angleichung. Dazu gibt es ein gutes Beispiel: Was geschah mit den Autos nach der Einführung des Windkanals und CAD/CAM? Als wir jung waren und bei unseren Eltern im Auto mitfuhren, versuchten wir mit unseren jüngeren Brüdern, die Marken der vorbeifahrenden Autos zu erraten. Wer kann heute noch einen Unterschied feststellen?

3 Das ist ein bisschen so wie der Zugang zur Toilette in einem Büro. Absolut notwendig, aber nicht genug, um für entscheidende Vorteile im Wettbewerb zu sorgen.

Alles nur Karaoke! Gleichheit ist eine Tatsache. Ericsson muss eine erstklassige Technologie mit Spitzenniveau haben. Die Firma muss in puncto organisatorischer Innovationen immer einen Schritt voraus sein. Sie muss die besten IT-Lösungen anwenden, die für Geld zu haben sind, und die besten Leute auf dem Personalmarkt für sich gewinnen, ausbilden und bei der Stange halten. Das Unternehmen muss mit den besten Zulieferern der Welt arbeiten, nicht mit den nächsten. Alles dies ist notwendig. Es gibt keine andere Wahl. Und trotzdem ist es nicht genug. Denn auch Nokia tut das. Und LG. Motorola. Sony. Samsung und Nimbo Bird. Sie alle machen das Gleiche.

Als Konsequenz folgt daraus: Wettbewerbsfähigkeit lässt sich nicht mehr ausschließlich auf Faktoren wie Standort, technologische Innovationen oder Organisationsformen aufbauen. Alle Vorteile, die sich aus diesen Aspekten ergeben, sind vermutlich von kurzer Dauer. Wirkliche Wettbewerbsfähigkeit muss also auf etwas basieren, das wir alle kennen, das im geschäftlichen Rahmen aber nur höchst selten diskutiert wird. Die Unternehmen müssen ihre Monopolstellungen auf Emotionen und Fantasie gründen.

Das letzte Tabu

Die Ausbeutung des letzten Tabus bedeutet, dass man sich von der alten Unterstellung verabschiedet, der Mensch sei nicht mehr als ein weiterer Produktionsfaktor – eine Art menschliche Ressource oder ein anonymer Verbraucher. Doch die Menschen lassen sich nicht gerne als Ressource oder als namen- und gesichtsloser Verbraucher behandeln. Sie möchten als Individuen betrachtet und anerkannt werden. Wir sollten die verborgenen Schätze der großen modernen Stämme und ihrer Mitglieder anzapfen. Der eigentliche Wettbewerb muss bei grundlegenden Gefühlen und Fantasien ansetzen – bei Emotion und Fantasie.[4]

Die meisten Menschen, Verbraucher ebenso wie Kollegen, werden bereits von einem Grundmotiv angetrieben – oder ließen sich davon anregen –, das weit über eine rein ökonomische Logik hinausweist. Wie Alberto Alessi, Gründer des Unternehmens gleichen Namens, einmal sagte: »Die Menschen haben einen enormen Bedarf an Kunst und Poesie, den die Industrie noch nicht verstanden hat.« Da Alessi für eine Klobürste 40 Dollar verlangen kann, muss er in diese Hinsicht wohl etwas richtig machen.

4 Vor langer, langer Zeit waren die wichtigsten Materialien zur Schaffung temporärer Monopole die Rohstoffe und einige Kerntechnologien. Heute sind Institutionen, Medien und Erkenntnisse unsere Rohstoffe.

Mit Emotionen kann man viel Geld verdienen. Und das ist keine windige Hypothese. Vielmehr sieht so möglicherweise die Antithese zur bis dato vorherrschenden Logik des Kommerzes aus. Es handelt sich jedoch nicht um Anti-Kommerz, sondern um eine neue Kommerzialisierung. Sie ist nicht windig – sie ist funky. Poesie und Profit müssen sich nicht gegenseitig ausschließen. Wenn die gegenwärtige Geschäftswelt ausschließlich aus Bits, Gehirnen und Marken bestand, warum arbeitete dann die Citibank mit Elton John zusammen? Warum bildeten Motorola und Microsoft ein Team mit den Rolling Stones? Warum ging Miller eine Allianz mit MC Hammer ein? Und warum arbeitet H&M mit Madonna? Die Antwort ist kurz und melodisch: Vibrations.

Ökonomie des Souls.

Auch traditionelle Industrieunternehmen geben zu, dass Emotion und Fantasie der Weg in die Zukunft sind. Hören Sie nur, was ein Chefdesigner bei Ford dazu sagt: »In der Vergangenheit haben wir uns auf das Innere konzentriert und nach funktionaler Effizienz gesucht. Jetzt blicken wir mehr nach außen und versuchen den Verbraucher emotional zufriedenzustellen.« Sie fragen sich, was Old Henry dazu gesagt hätte? Wir glauben, wenn das Konzept wirklich Kosten senkt und Gewinne einbringt, hätte Old Henry sofort zugegriffen. Kapitalisten verwandeln sich sofort in Humanisten, wenn diese Metamorphose sich als profitabel erweist.

Tatsache ist: Eine Firma, die wettbewerbsfähig sein möchte, kann nicht auf jene Kräfte verzichten, die der von uns sogenannten »Ökonomie des Souls« entspringen. Soul spricht das Herz, die Person und die Sexualität an – und das Gleiche gilt für eine Ökonomie der Gefühle. Sie berührt uns. Nicht jeder möchte berührt werden – jedenfalls nicht unbedingt, wenn er eine Klobürste kauft oder eine Briefsortiermaschine. Obwohl die besten (und schlechtesten) Dinge im Leben mit starken Gefühlen zusammenhängen, verlassen die Menschen den Raum, wenn Sie bei einem Firmenmeeting Worte wie Liebe, Lust, Glück, wild oder verrückt erwähnen. Diese Worte wirken zu intim. Trotzdem: IQ und EQ müssen koexistieren. In einer Überflussökonomie stellt sich Erfolg ein, wenn man den emotionalen – und nicht rationalen – Kunden oder Kollegen anspricht. Dennoch kennen viele Manager noch nicht einmal die Namen ihrer Mitarbeiter, und das in einer Zeit, in der sie tief in die Herzen dieser Menschen sehen sollten.

In Hinblick auf unsere Kunden bedeutet Ökonomie der Gefühle, dass wir unser Augenmerk auf den Erfahrungshintergrund richten und hinter die Kulisse von Atomen und Bits schauen. Sushis zum Beispiel sind, wie jemand so treffend bemerkte, im Grunde nur kalter, toter Fisch. Aber das ist es nicht, was die Kunden kaufen wollen, und so sollte man das Produkt auch nicht vermarkten. Warum also verkaufen so viele Unternehmen weiterhin unbeirrbar kalten, toten Fisch an ihre Kunden, die viel lieber Sushis essen möchten?

Wir schließen daraus: Was Firmen verkaufen und was Kunden erwerben, sind zwei verschiedene Dinge. Deshalb ist es hin und wieder ratsam, sich selbst in die eigene Kundschaft hineinzuversetzen und sich zu fragen: Was kaufen die Leute eigentlich wirklich? Die Antwort ist zu 99 Prozent nicht mit dem identisch, was Sie zu verkaufen glauben.

Die Ökonomie der Gefühle betrifft auch unsere Mitarbeiter und Kollegen. Wir müssen verstehen, warum sie zornig, traurig und froh sind, wie

Manfred Kets de Vries von Insead es ausdrückte. Wir sollten Meister darin werden, auf den emotionalen Saiten unserer und ihrer Leiern zu spielen. Wie können wir erwarten, Menschen zu motivieren und zu inspirieren, wenn wir nicht einmal wissen, was sie bewegt? Wir sollten alle etwas von Herb Kelleher von SouthWest Airlines lernen. »Wir haben keine Angst davor, emotional mit unseren Leuten zu sprechen. Wir haben keine Angst davor zu sagen: ›Wir lieben euch‹, weil es stimmt«, sagt Kelleher.

Um von einer Ökonomie der Gefühle zu profitieren, müssen wir uns zunächst selbst kennenlernen.›5‹ Was macht Sie wütend, traurig und froh? Sehen Sie sich Bill Gates an. Mr. Gates schuf ein (vorübergehendes?) Monopol, indem er das Betriebssystem von Microsoft in alle IBM-Computer dieser Welt einbauen ließ. Jetzt ist er der reichste Mann auf dem Planeten Erde und, zusammen mit Warren Buffet, der großzügigste Geldgeber der Bill & Melinda Gates Foundation. Doch wir sind sicher, dass Bill Gates nicht von Geldgier angetrieben wird. Geld ist nur ein positiver Nebeneffekt.

> **5** Das menschliche Gehirn ist emotional vernetzt. Das limbische System, das für unsere Gefühle zuständig ist, übertrumpft immer den Neokortex, der die Logik und den Verstand beherbergt.

Aber eigentlich sollten wir wissen, was Bill antreibt, denn wir sind ihm schon begegnet – mindestens dreimal. Das erste Mal im Kindergarten. Bill war der schmächtige kleine Junge, der außerhalb des Sandkastens saß. Ab und zu drehte sich einer von den harten Jungs um und warf ihm Sand in die Augen. Das zweite Mal trafen wir ihn in der sechsten Klasse beim Fußballspielen. Bill Gates war der schmächtige Junge – jetzt mit Brille –, der immer zuletzt in die Mannschaft gewählt wurde, noch nach den Mädchen. Das dritte Mal begegneten wir ihm auf dem Abschlussball. Er war der dünne, schlecht gekleidete Typ – jetzt mit wirklich dicken Brillengläsern –, der in der Ecke stand, Snacks aß und Mineralwasser trank. Er war allein gekommen und keines der Mädchen wollte mit ihm tanzen. Erinnern Sie sich jetzt an ihn?

Was macht Bill Gates wütend, traurig und froh? Was hält ihn am Leben? Vielleicht ist es die Rache. Die Rache an all jenen Kindern, die ihm Sand in die Augen warfen, die ihn beim Fußballspielen nicht wählten, und die Rache an jenen Mädchen, die beim Abschlussball nicht mit ihm tanzen wollten. Wenn Sie zu einer dieser Gruppen gehören, sollten Sie sich besser in Acht nehmen, denn Bill ist zurück – und diesmal ist er am Drücker. Microsoft ist das Vehikel – Rache vielleicht der Brennstoff. Werden Sie wütend. Werden Sie gelassen. Werden Sie glücklich.

Was macht Bill Gates wütend, traurig und froh?

Unendliche Innovation

Konventionelle Ebenen und Modelle von Innovation werden uns nirgendwohin führen. Die Ökonomie der Gefühle entsteht nicht aus vorhersehbarer, schrittweiser Erneuerung. Wenn wir im 21. Jahrhundert erfolgreich sein wollen, müssen wir lernen, wie man unendliche Innovation praktiziert. Unendliche Innovation entspringt dem nie endenden Bestreben, für alle

Anteilseigner inner- und außerhalb des Unternehmens immer noch mehr Wert zu schaffen.

Aber unendliche Innovation erfordert auch, dass wir uns auf jene unendlichen Aspekte konzentrieren, die wir unseren künftigen Kunden und Kollegen bieten möchten. Unendlich = grenzenlos. Raum und Zeit sind endliche Dimensionen. In ihnen finden jene Rennen statt, die an einer Zielgeraden enden. Selbst wenn Sie als Erster ankommen: Sobald Sie die Zielgerade überschritten haben, können Sie nichts weiter tun, als auf die Ankunft der Mitstreiter zu warten. Innovation kann unmittelbar und international sein, aber sie hält nicht unendlich viele Chancen bereit. Es gibt nichts jenseits der Echtzeit und des Überalls. Was hat Nike oder die Coffee-Shops von Starbucks so erfolgreich gemacht? Es war nicht einfach ihre Geschwindigkeit oder ihre globale Ausdehnung.

Das soll nicht bedeuten, dass wir Organisationen den Rat erteilen, sich wieder auf Langsamkeit und lokale Beschränkung zu besinnen. Aber man kann sich schwerlich vorstellen, wie man in endlichen Dimensionen tragfähige Wettbewerbsvorteile aufbauen kann. Was heute noch als große Neuerung gilt, ist nächste Woche oder morgen schon zur Gewohnheit geworden. Schlimmer noch: Jedesmal, wenn wir einen Schritt nach vorne machen, bewegen wir uns näher auf die Mauer der Echtzeit und der Globalität zu. Auch hier gilt: Es ist gewiss unabdingbar, in diesen Punkten gute Arbeit zu leisten, aber das allein genügt nicht.

Denken Sie einmal daran, wie Sie ihren letzten Laptop gekauft haben. Was waren die Verkaufsargumente – Preis, Leistung, Gewicht, Gigabytes und Megahertz? In einer realen Überflussgesellschaft sind alle diese Kriterien vorgegeben. Das bloße Preis-Leistungs-Verhältnis kann nicht darüber Aufschluss geben, welchen Staubsauger, Fernseher, DVD-Player oder welche Mikrowelle ein Kunde kaufen wird. Sie sind alle mehr oder weniger gleich gut. Erinnern Sie sich daran, was JD Power über Autos sagte: »Heute gibt es keine schlechten Autos mehr.« Wenn Sie es geschafft haben, diese Voraussetzungen zu erfüllen, haben Sie lediglich die Eintrittskarte zur Teilnahme an diesem Spiel in der Tasche. Gelingt es Ihnen und Ihrer Firma nicht, die wesentlichen Anforderungen zu erfüllen, sind Sie nur ein Teil der Masse.

Die endlichen Dimensionen sind meist deutlich zu erkennen und lassen sich objektiv messen. Deshalb ist es für den Kunden einfach, die Leistungsstärke der verschiedenen Anbieter zu beurteilen. Fügen Sie den endlichen Dimensionen noch den verstärkenden Effekt des Internet hinzu. Google, Yahoo und Compare Net sind nicht nur Portale oder Suchmaschinen. Sie sind Vergleichsmaschinen. Endliche Strategien + Internet = Vergleich beim Einkauf wird für den gut informierten Kunden ein wichtiges Kriterium. Indem die Firmen sich auf diese endlichen Aspekte des Angebots konzentrieren, versetzen sie den Kunden in die Lage, noch anspruchsvoller zu werden. Folglich gibt es auch in dieser rationalen Welt eindeutig das Risiko (oder die Chance), dass dem Gewinner alles gehört. Möchten Sie in dieses Spiel einsteigen?

Die unendlichen Dimensionen bieten uns jedoch die Möglichkeit, uns von der Gnade des Verbrauchers unabhängig zu machen. Wenn wir uns darauf konzentrieren, unsere Wettbewerbsvorteile auf unendliche Dimensionen zu gründen, stellen wir sicher, dass unsere Bemühungen niemals an Grenzen stoßen. Ein Angebot kann immer noch stilvoller, noch attraktiver oder noch sensationeller werden. Die Freundlichkeit, mit der wir uns den Kunden oder Kollegen gegenüber verhalten, hat kein Ende. Die Kreativität einer Firma kennt keine Grenzen.

Business ist einfach kein Spiel mit einem Anfang und einem Ende – war es nie und wird es nie sein. Selbst Bill Gates hat eingestanden: »Sie werden auf einem Meeting von Microsoft nie hören, dass jemand sagt: ›Lasst uns gewinnen‹ oder ›wir haben gewonnen‹, weil dies der Sache eine endliche Dimension verleihen würde.«

Darüber hinaus sind die unendlichen Dimensionen offen für subjektive Interpretationen. Was unsere Aufmerksamkeit fesselt, muss Ihre noch lange nicht anziehen. Die Menschen sind verschieden, sie mögen nicht alle das Gleiche. Funk = Verschiedenheit. Für den typischen Masochisten ist der Himmel die Hölle. Durch unendliche Innovation stoßen wir in Dimensionen vor, die wir benötigen, um das Interesse bestimmter Stämme zu erregen. Selbstverständlich bedeutet dies auch, dass wir auf bestimmte Kunden verzichten. Nicht allen Menschen gefällt das Design von Jean Paul Gaultier oder Stella McCartneys Kollektionen oder Alessis Kesseln. Viele Menschen waren absolut gegen die Anzeigenkampagne, in der Benetton mit AIDS-Patienten oder Kriegsbildern aus dem Balkan geworben hat. Dies war für Benetton kein Schaden. Im Gegenteil, eine Reaktion war gewünscht. Die Einschätzung des Unternehmens war, dass seine potenziellen Kunden davon fasziniert oder beeindruckt wären oder andere positive Reaktionen auf die Werbekampagne zeigen würden.

Es ist besser, etwas für jemanden als nichts für alle zu sein. Wenn man sich ausschließlich auf die endlichen Dimensionen konzentriert, läuft man Gefahr, als ein Nichts für alle zu enden.

In einer emotionalen Ökonomie ist es besser, auf 90 Prozent der Menschen zu verzichten und das Interesse der restlichen 10 Prozent zu erregen, als für alle irgendwie okay zu sein. Seit Anfang der 90er-Jahre kommen gelegentlich CDs mit kleinen Aufklebern auf den Markt. Darauf wird ausdrücklich vor dem obszönen Liedtext gewarnt. Warum wird dieses Prinzip nicht auch auf andere Angebote angewandt? Explizites Design.›6‹ Expliziter Inhalt. Zensiertsein zahlt sich aus. Einige Kunden freuen sich darüber, andere werden traurig oder wütend. Aber zumindest fühlen sie etwas. Sie sind nicht gleichgültig. Warum gibt es keine Jeans, Autos oder Staubsauger, die nicht ganz jugendfrei sind?

6 Entscheiden Sie sich für ein explizites Design oder bereiten Sie sich schon mal auf den Untergang vor.

Dieses Prinzip ist auf alle Produkte und Dienstleistungen in allen Ländern anwendbar. In der neuen Welt reicht es nicht mehr aus, nur okay zu sein, zum Mittelmaß zu gehören oder in einer undefinierbaren Masse mitzuschwimmen. Die Menschen wünschen sich Dinge, die verblüffend sind, spektakulär – funky eben. Die neue Ökonomie ist eher mit einer Eiskunstlaufkür als mit Eisschnelllauf vergleichbar. Die höchste Punktzahl gibt es für den künstlerischen Ausdruck.

Sinnliche Strategien

Um von unendlicher Innovation profitieren zu können, müssen wir unsere Energien auf einige dieser schwerer fassbaren Dimensionen konzentrieren. Wettbewerbsstrategien führen ins Nichts. Wir müssen sinnliche Strategien entwickeln. Sinnliche Strategien wecken die Aufmerksamkeit der Menschen, mit denen wir Geschäfte machen möchten, und sprechen die fünf Sinne des Menschen an. Sie rühren an unsere Emotionen. Wettbewerbsstrategien implizieren, dass man immer einen Schritt voraus ist. Sinnliche Strategien folgen diesem Muster nicht.

Die erste sinnliche Strategie betrifft ethische Fragen. Die heutigen Journalisten sind Experten darin, Leichen im Keller aufzustöbern. In einem CNN-Dorf reist das globale Gerücht in Lichtgeschwindigkeit. Die totale Transparenz wird die Skrupellosen bis auf die Haut ausziehen. Menschen und Organisationen, die diesen Prozess nicht verstehen, werden aus der *Hall of Fame* vielleicht in die *Hall of Shame* umziehen müssen. Zumindest in diesem Sinne ist die Marktwirtschaft wirklich zutiefst demokratisch. Die Verbraucher wählen mit ihrem Geld: Ein Dollar ist eine Stimme. Die Kompetenten wählen mit ihrem Geist: Eine Idee ist eine Stimme. Kein Kapitalismus ohne Repräsentation. Wenn Sie Kinderarbeit ausbeuten oder sich nicht um die Umwelt kümmern, werden die Verbraucher sich von Ihnen abwenden. Dasselbe gilt für die meisten Investoren und Intellektuellen. Nur wenige Menschen möchten für »giftige« Unternehmen – wie Jeffrey Pfeffer von der Stanford University sie nennt – arbeiten oder in sie investieren. Die Ethik GmbH hat verstanden, dass eine Möglichkeit, einen guten Job zu machen, darin besteht, Gutes zu tun.

Wenn alles andere gleich ist, wird der fürsorgliche Kapitalist immer den bösen Unternehmer schlagen. Anita Roddick gelang es, mit ihren Body Shops ein vorübergehendes Monopol zu schaffen. Sie ging von der einfachen Idee aus, ausschließlich Kosmetika zu verkaufen, die nicht in Tierversuchen getestet wurden und nur natürliche Inhaltsstoffe enthielten. Die Unternehmen möchten sich zunehmend als verantwortungsbewusst präsentieren. So entwickelt zum Beispiel Toyota eine Baumart, die Abgase absorbieren kann. Verantwortungsbewusstsein und Fürsorge sind allerdings eng an Glaubwürdigkeit gebunden. Funky Firmen haben eine umfassende Ethik. Diese ethische Einstellung muss für alles und jeden in der Firma gelten. Sie muss überall und jederzeit kontinuierlich praktiziert werden. Es genügt nicht, ein bisschen ethisch zu sein oder nur dann, wenn es Ihnen gerade passt. Ethik ist etwas Absolutes.

Im Zeitalter der Gefühlsbetonung und des Überflusses ist die Ethik auch eine mächtige Waffe im Wettbewerb. Sie kann zu einem Mittel der Differenzierung werden, auch wenn sie bisher im Wettbewerb nur selten voll ausgeschöpft wurde. Wir können die Ethik dazu benutzen, neue Kunden und Angestellte auf uns aufmerksam zu machen, nach dem Motto: Firmen, für die es sich zu arbeiten lohnt, suchen Leute, die eine Anstellung wert sind. Als Unternehmer bekommen Sie die Angestellten, die Sie verdienen und umgekehrt. Erwarten Sie nichts anderes. So besehen funktioniert eine Firma wie ein Fisch. Sie fault vom Kopf an abwärts. Wenn die Spitze einer Organisation keine positiven Rollenmodelle anzubieten hat, warum sollten sich die anderen Angestellten dann wie anständige Bürger verhalten?

Die zweite sinnliche Strategie zielt auf die Ästhetik ab. Aus der weltweiten Verbreitung von Technologien und Techniken folgt, dass sich die meisten Produkte und Dienstleistungen immer ähnlicher werden. Wenn also das Innere mehr oder weniger dasselbe ist, muss der Wettbewerb am äußeren Erscheinungsbild eines Produkts oder einer Dienstleistung ansetzen.

Bedenken Sie die folgenden weisen Worte des bekannten Designers Philippe Starck: »Heutzutage halten die Menschen Technik für selbstverständlich. Sie wünschen sich warme, freundliche Produkte – etwas, das sie verführt.« Also los, verblüfft uns, verwirrt uns und verführt uns! Und dabei spielt es keine Rolle, ob wir von Fersehgeräten oder industriellen Kompressoren reden. Gebt uns PmP – Produkte mit Persönlichkeit.[7]

Dieser Trend in Richtung Differenzierung durch Design lässt sich in der gesamten Geschäftswelt beobachten. Firmen wie Nokia und Samsung verkaufen ihre Mobiltelefone auf der Basis des Designs. Der schwedische Einzelhändler H&M war in der Modebranche als Nachahmer bekannt. Heute beschäftigt die Firma 60 eigene Designer und tritt regelmäßig mit Sonderkollektionen von Stella McCartney, Karl Lagerfeld und Victor & Rolf an, die meist sofort ausverkauft sind. Nike ging noch einen Schritt weiter und stellte 350 Designer an. Wird Ihre Firma auch vom Design getragen? Chris Bangle von BMW sagt: »Design ist Bedeutung«. Wenn Ihre Firma sich nicht für Design interessiert, ist sie bedeutungslos. Alles hat eine Form. Durch diese Form erhält es eine Bedeutung. Es geht nicht ohne Design. Wie Chris Bangle bemerkt, ist es unmöglich, keine Form zu haben. Aber Design ist nicht nur Form. Es steht auch für Funktionalität, Kosten, Lebensstil und Lebensdauer.

7 Manche Studien kommen zu dem Schluss, dass jeder ins Design investierte Dollar den Verkauf um 19 Dollar steigert. Das britische Design Council hat einen Design-Index von 63 Firmen entwickelt, die Design wirklich produktiv einsetzen. Im Laufe der letzten zehn Jahre haben diese Firmen den FTSE-100 Benchmark um 200 Prozent überschritten.

Beim Design geht es um Wahrheit, Liebe und Schönheit – und immer häufiger auch darum, ob ein Unternehmen eine sinnliche Strategie entwickelt hat oder dieselbe Strategie verwendet wie jeder andere auch. In dieser vom Design bestimmten Welt ist alles ein modisches Accessoire. Mode lässt sich auf alle Bereiche übertragen – es gibt schöne Züge, trendy Schraubenschlüssel und stilvolle Rasenmäher. Ein gutes Preis-Leistungs-Verhältnis ist zwar notwendig, aber nicht mehr ausreichend. Vor Kurzem besuchte einer von uns eine Firma für Computerspiele im Silicon Valley. Die dort entwickelten Spiele werden in Form von Winter- und Sommerkollektionen auf den Markt gebracht. Die Mode regiert – und die einzigen Modeopfer sind jene, die nicht Schritt halten können. Auch das ist nicht allein eine Frage des Angebots. Die Ästhetik betrifft alle Bereiche einer Organisation und drückt sich auch darin aus, wie wir mit unseren Kunden und Kollegen umgehen – sie betrifft die gesamte Unternehmensarchitektur, die Läden, die Verpackung, das Vertriebspersonal und so weiter.

Marken und Werbekampagnen sind Teil dieser weit gefassten ästhetischen Erfahrung. Marken, die Menschen emotional ansprechen, können Preise diktieren, die 20 bis 200 Prozent über denen der »rationalen« Wettbewerber liegen. In einer Überflussgesellschaft, in der die Menschen zur Freiheit verdammt sind, reduzieren Marken die Unsicherheit. Sie bieten uns die Möglichkeit auszudrücken, wer wir sind, oder vielleicht, wer wir sein möchten. Marken vermitteln implizit Vertrauen und sorgen für einen Wiedererkennungseffekt. Alles lässt sich mit einer Marke versehen. Auch Produkte, die die meisten von uns nie zu Gesicht bekommen – siehe Intel. Marken geben uns ein Gefühl der Sicherheit. Sie sind in Tokio. Ein kultureller Megaschock. Überall wimmelt es von Menschen. Unsicherheit macht sich breit. Um Ihren schwirrenden Kopf zu beruhigen, ziehen Sie eine Diesel Jeans an, ein Hemd von Hugo Boss und Sneaker von Nike. Sie verlassen Ihr W Hotel und begeben sich zu McDonald's, um einen McFeast Burger und eine Coke zu sich zu nehmen. Marken sind Valium für unsere Seelen – Leuchttürme in einer chaotischen Welt. Wie sonst könnte man erklären, dass pro Tag 150 Millionen Produkte von Unilever verkauft werden und täglich 1,2 Milliarden Menschen Artikel von Gillette verwenden. Sie bekommen das, was sie haben wollen: Null-Varianz. Nur vorhersehbare Überraschungen. Kein Wunder, dass die Marke Coca-Cola allein etwa 70 Milliarden Dollar wert ist. Wenn der gesamte Besitz des Unternehmens Coca-Cola abbrennen würde, könnte das Unternehmen wahrscheinlich trotzdem am nächsten Tag zur Bank gehen und sich mehrere 100 Millionen Dollar leihen. Wie viel würden Sie bekommen? Brennen Sie alles ab – und bauen Sie etwas Sensationelles auf.

Der Aufbau eines emotionalen Unternehmens

Wie also können wir das Potenzial für emotionalen Wettbewerb und die firmeneigene Fantasie freisetzen? Zumindest im Westen erfreute es sich großer Beliebtheit, auf wachsende organisatorische Anforderungen oder neue organisatorische Dimensionen mit einem weiteren Kästchen im Organisationsdiagramm zu reagieren. Bestimmt liest irgendwo in der Welt ein Manager unser Buch und richtet daraufhin eine Abteilung für Emotionen und Fantasie ein. Vermutlich wird für die Leitung dieser Abteilung ein Mann mit einem Durchschnittsalter von 46,5 Jahren ausgewählt. Lächerlich? Wir hoffen es, doch auch bei den großen Themen der letzten zwanzig Jahre wie Qualitätssteigerung und Wissensmanagement wurde in ähnlicher Weise damit umgegangen. Den Menschen ihre Freiheit zu nehmen ist keine angemessene Reaktion auf Funk.

Das wäre lächerlich und würde auch gar nicht funktionieren. Denken Sie an jene Firmen, die in den 60er-Jahren strategische Planungsabteilungen eingerichtet haben. Ist es ihnen gelungen, die Zukunft erfolgreich zu planen? Konnten sie zum Beispiel die Ölkrise der frühen 70er-Jahre vorhersagen? Konnten sie den Fall der Berliner Mauer vorhersehen? Professor James Brian Quinn behauptet sogar, strategische Planung sei nichts weiter als ein ritueller Regentanz. Das Hauptziel sei allerdings nicht, Regen zu machen, sondern ein besserer Tänzer zu werden. Erinnern Sie sich an all die vielen Abteilungen für Qualitätssicherung, die in den 80er-Jahren entstanden? Aber wie viele Organisationen mit Qualität gibt es wirklich? Später wurden Tausende von Kundendienstabteilungen ins Leben gerufen, aber der Kundendienst ist so schlecht wie eh und je.

Vor nicht allzu langer Zeit führten wir für ein großes Warenhaus in Schweden ein Beratungsprojekt durch. Das Unternehmen hatte große Probleme mit Ladendiebstählen. Schließlich entschied das Management sich zum Handeln. Ein Sicherheitschef wurde ernannt und mit dem Problem betraut. Das Ergebnis war, dass noch mehr Waren verschwanden. Weil nämlich daraus eine große Sache gemacht wurde, für die bestimmte Leute zuständig waren, hörten die anderen Mitarbeiter auf, sich um dieses Problem zu kümmern.

Die Botschaft lautet also: Die entscheidenden Punkte und wirklichen Quellen des Wettbewerbsvorteils wie Wissen, Qualität und Personal müssen für alle Menschen in einer Firma zu einer kleinen und greifbaren Sache gemacht werden. Funky Organisationen haben bereits erkannt, dass Emotion und Fantasie sich nicht in eine Abteilung einsperren lassen, sondern eine Philosophie, eine Lebenseinstellung sind. Aber sie setzen diese Philosophie nicht organisatorisch um, indem sie nur an die Vernunft ihrer Mitarbeiter appellieren – darüber sind sie längst hinaus.

Es gibt vier grundlegende Arten der Kommunikation mit Menschen: Entweder sprechen Sie ihren Verstand, ihr Gefühl, ihre Intuition oder ihr Begehren an. Der Verstand gehorcht den Gesetzen der Logik, das Gefühl bezieht sich auf die Liebe, Intuition hat mit dem ersten Eindruck zu tun und Begehren bedeutet Lust. Immer wenn wir mit jemandem kommunizieren, benutzen wir eine Mischung aus den vier Aspekten V, G, I und B. Nehmen Sie probehalber einmal den letzten Slogan aus Ihrer Firma und versuchen Sie, ihn in diese vier Dimensionen einzustufen.

Doch die wesentliche Frage ist, ob Sie eine kraftvolle Mischung verwenden oder nicht. Gelingt es Ihnen, im Zeitalter des Überflusses und der Informationsüberflutung, in dem Aufmerksamkeit eine seltene Ressource ist, zu den Menschen vorzudringen? Haben Sie die richtigen Schlüssel in der Hand? Fehlt etwas? Wir vermuten, die meisten Unternehmen könnten ihre Botschaft mit mehr Gefühl versehen. Anstatt nur an den Verstand zu appellieren, ist es jetzt an der Zeit, ihr Gefühl, ihre Intuition und ihr Begehren anzusprechen: GIB.

Die meisten Manager beherrschen Ersteres perfekt – sie sind Rechtsanwälte, Ingenieure und Betriebswirte. Auf diesem Gebiet sind sie ausgebildet und erfahren – sie spielen das Spiel der Logik. Der typische Manager wird für seinen Verstand belohnt. Bisweilen schwillt die analytische Gehirnhälfte so stark an, dass es manch einem schwer fällt, nicht im Kreis herumzugehen.

Das Problem ist, dass der Erfolg in Zeiten der Emotionen immer weniger von den Fähigkeiten des Verstandes abhängt. Es gibt Millionen hochintelligente, IQ-bepackte Menschen draußen in der Welt. In der neuen Wirtschaft wird es Ihre Aufgabe sein, die Menschen auf die Reise in eine unsichere und chaotische Zukunft zu schicken – und zwar täglich. Wie Professor Noel Tichy von der Universität Michigan sagt: »Am besten verleitet man die Menschen zum Betreten eines unbekannten Terrains, indem man ihnen dieses zunächst einmal in der Fantasie schmackhaft macht.« Dazu müssen wir Gefühl, Intuition und Begehren einsetzen – anstatt mit rationalen Überlegungen nirgendwohin zu gelangen. Wir müssen Geschichten über Gefühle, Intuition und Sehnsüchte erfinden und weitererzählen. Man wickelt die Leute nicht mit mehr Verstand ein, sondern mit Fantasie. »Wir müssen das Unternehmenskonzept in ein Evangelium verwandeln«, sagt John Chambers, Vorstandschef von Cisco Systems.

8 Sinnovation: Stolz, Neid, Völlerei, Sinnenlust, Zorn, Gier und Faulheit

Wirkliche Gewinne lassen sich nur dann erzielen, wenn wir weniger die rationalen als die emotionalen Verbraucher und Kollegen ansprechen, indem wir an ihre Gefühle und Fantasien rühren.>8< Wenn Sie sich auf vernünftiges Argumentieren beschränken, müssen Sie sich mit der rein ökonomischen Rationalität des anspruchsvollen Verbrauchers beziehungsweise des berechnenden Mitarbeiters auseinandersetzen. Das kann nur unprofitabel sein, denn auf globaler Ebene stehen Sie dabei mit einer unendlichen Reihe ähnlicher Firmen im Wettbwerb. Intern erzielen Sie damit bestenfalls Kompetenz ohne Engagement – der erste Schritt in Richtung einer Kompetenzbeschneidung. Wer erfolgreich sein will, muss die Ambitionen vom Kopf in den übrigen Körper hinabwandern lassen.

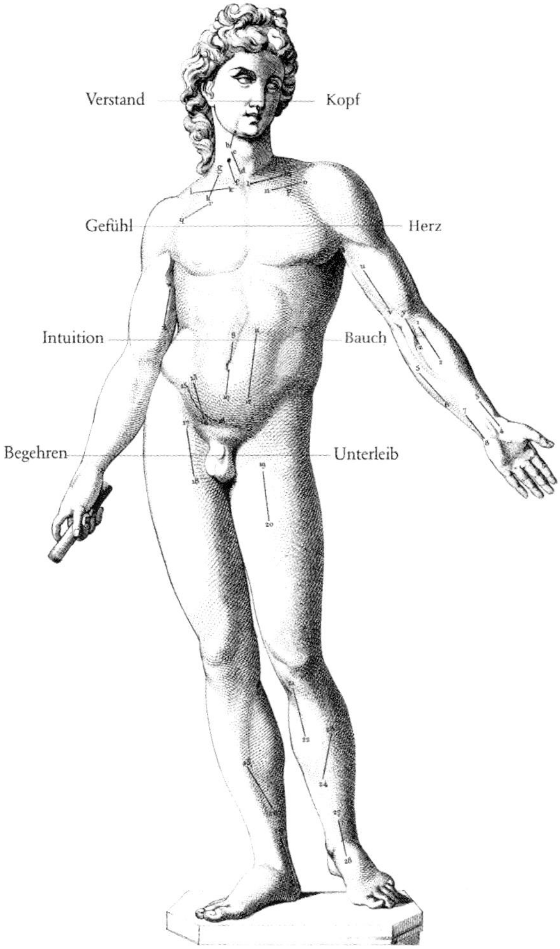

Der Falle des freien Marktes entgehen Sie nur dann, wenn Sie sich auf Kopf, Herz, Bauch und Unterleib gleichermaßen konzentrieren – auch die Gefühle, Intuitionen und Sehnsüchte der Menschen ansprechen. Angenommen, Sie möchten für Ihre besten Freunde eine Party schmeißen. Was wird darüber entscheiden, ob diese Party die beste Party ihres Lebens wird? Das Produkt, gutes Essen und ein ausgezeichneter Wein, gehören bestimmt dazu. Doch darin könnte der eine oder anderer Ihrer Freunde Sie auch übertreffen, indem er einen besseren Partyservice engagiert oder zu einem besseren Weinhändler geht. Auch hier ist das Produkt als solches natürlich vorgegeben – es ist notwendig, aber nicht ausreichend. Entscheidend wird sein, wen Sie einladen und wie Sie eine angenehme Atmosphäre schaffen können.

Oder nehmen Sie das Revival der Musikfestivals. Bei diesen Happenings sind die Zuhörer – oder Kunden – die eigentlichen Stars. Erfolg und großer Zulauf sind daran geknüpft, dass sich die Fans in Stars verwandeln. Berlin wurde zum Beispiel durch die alljährliche Love Parade attraktiv. Alle Städte haben Gebäude. Alle Städte haben Straßen und Parks. Atome en masse. Ausschlaggebend aber ist die Software. Auch Städte nehmen am großen globalen Spiel um Attraktivität teil. Ebenso wie Sie. Was also unternimmt Ihre Firma im Augenblick, damit sich Ihre Kunden wie Stars fühlen?

Manchmal werden die Kunden ganz nebenbei miteinbezogen. Die englische Kricketmannschaft wird zum Beispiel mittlerweile von einer »Barmherzigen Armee« verfolgt. Diese stimmgewaltige Fantruppe ist auf den Spuren ihrer Mannschaft inzwischen durch die ganze Welt gereist. Billige

Flüge machen dies für eine wachsende Anzahl von Menschen möglich – als England auf den Westindischen Inseln spielte, kamen 10.000 englische Fans, nach Australien noch ein paar Tausende mehr. Bald begnügte sich die »Barmherzige Armee« nicht mehr damit, der Mannschaft nur hinterher zu reisen, es entstand ein ganzer Geschäftszweig. Heute verkauft sie T-Shirts und Souvenirs aller Art. Die Fans schrieben selbst Geschichte und bauten ein echtes Stammes-Geschäft auf.

Diese Überlegung trifft auf die meisten Unternehmenssituationen zu, zum Beispiel auf Harley-Davidson. Die Firma und ihr Angebot sind nicht für jedermann gedacht. Sie müssen mit den anderen Mitgliedern des Harley-Stammes schon einige Charakterzüge gemeinsam haben. Die Firma verkauft nicht einfach Motorräder – sie verkauft amerikanische Nostalgie. Das ausschlaggebende Argument für den Kauf einer Harley hat nur wenig mit Vernunft zu tun – Preis oder Leistung –, dafür umso mehr mit Gefühl, Intuition und Begehren. Der ehemalige Vorstandschef Richard Teerlink führt dazu aus:[9] »Unser Erfolg ist hochgradig von Gefühlen bestimmt. Wir symbolisieren Gefühle von Freiheit und Unabhängigkeit – etwas, wonach die Menschen in dieser stressigen Welt sich wirklich sehnen.«

9 Frage: »Was verkauft Harley-Davidson?« Antwort (vom ehemaligen Geschäftsführer): »Die Möglichkeit für einen 43-jährigen Angestellten, sich in schwarzes Leder zu kleiden, durch kleine Ortschaften zu rasen und die Menschen in Angst und Schrecken zu versetzen.«

Oder werfen Sie einen Blick auf das Apple-Team, das den ersten Mac entwickelte. Sie glaubten, ihr Computer würde nicht nur das Rechnungswesen, sondern die ganze Welt verändern. Das Team hatte eine Seele. Seine Mitglieder wurden von dem Wunsch angetrieben, etwas zu bewirken. Als Steve Jobs versuchte, John Sculley von Pepsi abzuwerben, fragte er ihn: »Möchtest du für den Rest deines Lebens Zuckerwasser verkaufen oder willst du eine Chance, die Welt zu verändern?« Sculley ergriff die Chance.

Es ist an der Zeit, die Kunden und entscheidenden Kompetenzträger wie berühmte Gäste zu behandeln. Diese Leute tauchen auf, wenn es ihnen beliebt, und sie gehen, wenn sie sich danach fühlen. Wir können uns nicht einfach zurücklehnen und nichts tun, um sie bei Laune zu halten. Es gibt keine Möglichkeit, sie zum Bleiben zu überreden. Wir müssen unser Interesse an ihnen durch Taten unter Beweis stellen, sie unterhalten – sie bei Laune halten. Wir müssen eine Art emotionale Wechselkosten schaffen – einen Verlust für sie, wenn sie gehen. Einen wirklichen Stamm zu institutionalisieren bedeutet, ähnlich feste Bindungen wie (früher?) in einer Familie aufzubauen. Kündigungen, Scheidungen, unerwartete Todesfälle oder verlorene Kunden und gebrechliche Angestellte sollten auf beiden Seiten eine Menge Angst auslösen.

Wenn das in Ihren Ohren übertrieben klingt, hören Sie Ken Alvares zu, dem früheren Chef der weltweiten Personalabteilung von Sun Microsystems. Er sagte: »Sein Ziel sei es, den Leuten jeden Tag so viel Spaß zu verschaffen, dass Sie das Telefon nicht einmal hören, wenn die Headhunter anrufen.« Wir wissen alle, dass glückliche Leute ihre Aufgaben besser bewältigen, aber wie viele Firmen haben Begriffe wie Spaß und Glück in ihre Visionen oder Firmenziele aufgenommen? Ein guter Indikator für die Leistungsfähigkeit einer Firma ist die durchschnittliche Häufigkeit des Lachens pro Mitarbeiter und Tag.

Kündigungen sollten Angst auslösen.

Mittelmaß gewinnt nie

Im Zeitalter des Gefühls stehen alle Organisationen miteinander in Wettbewerb. Die Industriezweige, Regionen und Märkte, in denen sie tätig sind, spielen keine wesentliche Rolle mehr. Der Wettbewerb ist unspezifisch und nicht mehr vorwiegend darauf konzentriert, gute Jobs oder Produkte, ausgezeichnete Dienstleistungen oder Karrierechancen zu schaffen. In der Emotionswirtschaft findet Wettbewerb auf einer allgemeineren Ebene statt und dreht sich um die Frage, wer den Leuten, Kunden wie Mitarbeitern, zu einem guten Leben verhelfen kann. Dazu gehört es, die Menschen mit Träumen zu versorgen. Die Definitionen, was ein gutes Leben ist, werden sich von Stamm zu Stamm, von Person zu Person und von Zeit zu Zeit unterscheiden. Wichtig ist, dass wir dafür die Verantwortung tragen.

Zweifellos werden wir in den kommenden Jahren einen unglaublichen Wohlstand und enorme Wertschöpfungen erleben. Die große Frage ist allerdings, wer wird an diesem Wohlstand teilhaben? Eines ist sicher: Mittelmaß gewinnt nie. Es hat nie gewonnen und wird auch nie gewinnen. Neu ist im Zeitalter des Überflusses, dass der Durchschnitt zur Zeit um etwa drei Milliarden neue Einzelmitglieder, um eine Unzahl neuer Firmen und eine Unmenge neuer Produkte und Dienstleistungen wächst. Es kann zum Beispiel sein, dass Ihre größten Konkurrenten in zehn Jahren heute noch unbekannt oder nicht einmal geboren sind. All diese Individuen und Organisationen möchten an dem neuen Wohlstand teilhaben – sie wollen ein Stück vom Kuchen.

Um Erfolg zu haben, müssen wir also aufhören, so verdammt normal zu sein. Wenn wir uns wie alle anderen benehmen, werden wir auch nur dieselben Dinge wie sie sehen, dieselben Ideen haben und ähnliche Produkte oder Dienstleistungen entwickeln. Im besten Fall führt eine normale Produktion zu normalen Ergebnissen. In einer Welt, in der der Gewinner alles einstreicht, gilt folgende Gleichung: normal = nichts. Aber wenn wir gewillt sind, ein kleines Risiko einzugehen, eine winzige Regel zu brechen, etwas von der Norm abzuweichen, gibt es zumindest eine theoretische Chance, dass wir andere Ergebnisse erzielen, eine Nische entdecken, ein kurzfristiges Monopol schaffen und dabei ein wenig Geld machen.

Funky Business ist ein bisschen wie Lotto spielen. Wenn Sie mitspielen, stehen die Chancen bei 99 Prozent, dass Sie verlieren. Aber wenn Sie nicht teilnehmen, liegt die Chance zu verlieren bei 100 Prozent. Um Erfolg zu haben, müssen wir auf dieses eine Prozent setzen. Die Zukunft gehört den Sonderlingen – jenen, die es wagen, ein Risiko einzugehen, Regeln zu brechen und neue aufzustellen. Die Zukunft gehört denen, die die Gelegenheit dazu beim Schopf ergreifen.

Wenn wir also in einer Überflussgesellschaft leben, einer emotionalen Ökonomie, in einem fast grenzenlosen Kapitalismus, was können wir dann tun? Die Antwort ist ganz einfach. Unsere einzige Chance zu überleben und in dieser verrückten Welt Erfolg zu haben, besteht darin, die letzten Tabus auszubeuten und darin mehr als gut zu sein.

Die Menschen erwarten ohnehin nur Gutes. Sie haben sich daran gewöhnt, für ihr Geld gute Qualität zu erhalten. Und das bekommen sie auch von den meisten Firmen überall auf der Welt. Gut zu sein ist also nicht mehr genug. Es reicht nicht mehr aus, den Kunden zufriedenzustellen. Um Erfolg zu haben, müssen wir die Menschen überraschen. Wir müssen attraktiv werden und sie in unseren Bann ziehen. Anziehungskraft und Aufmerksamkeit sind alles. Wenn wir uns nur auf die Hardware-Aspekte eines Geschäfts konzentrieren, laufen wir Gefahr, in Bedeutungslosigkeit zu versinken. Und glauben Sie uns: Bedeutungslosigkeit ist weit schlimmer als Ineffizienz. Nur Eines ist noch schwieriger als zu lernen, wie man die letzten Tabus der Emotionen und Imagination ausnutzt: ohne dies Erfolg zu haben. Deshalb zeigt euch, Menschen und Unternehmen dieser Erde! Oder man wird es euch zeigen.

Zeigt euch, Menschen und Unternehmen dieser Erde!

Bildnachweis

S. 6 The Unilever Series, Carsten Höller, Tate Modern, London 2006
S. 24 Owen, Franken/Corbis/Scanpix
S. 27 Paul Assaker/Corbis/Scanpix
S. 30 Atlantide Phototravel/Corbis/Scanpix
S. 35 Jan Sandqvist/www.flameboy.se
S. 38 Corbis/Scanpix
S. 42 Manoj Shah/Getty Images
S. 46 Stephanie Pilick/DPA/Corbis/Scanpix
S. 50 Charlie Munsey/Corbis/Scanpix
S. 59 WireImageStock/Corbis/Scanpix
S. 66 Jan Sanqvist/www.flameboy.se
S. 69 Richard T. Nowitz/Corbis/Scanpix
S. 72 Bettman/Corbis/Scanpix
S. 79 Angelo Cavalli/Getty Images
S. 82 Sebastian Derungs/Reuters/Scanpix
S. 86 Sylvain Grandadam/AGE/Scanpix
S. 88 Brigitte Bott/Robert Harding World Imagery/Corbis/Scanpix
S. 91 Robert Recker/Zefa/Corbis/Scanpix
S. 94 Chris Collins/Corbis/Scanpix
S. 98 Jan Sandqvist/www.flameboy.se
S. 100 B.S.P.I./Corbis/Scanpix
S. 107 Emma Rian/Zefa/Corbis/Scanpix
S. 119 Matthias Kulka/Zefa/Corbis/Scanpix
S. 124 Frank Trapper/Corbis/Scanpix
S. 128 Roswi AB/Victorinox SwissMemory Laser
S. 131 Randy Faris/Corbis/Scanpix
S. 133 Jan Sandqvist/www.flameboy.se
S. 136 Farrell Grehan/Corbis/Scanpix
S. 138 Kit Houghton/Corbis/Scanpix
S. 143 Visuals Unlimited/Corbis/Scanpix
S. 144 Layne Kennedy/Corbis/Scanpix
S. 148 Thom Lang/Corbis/Scanpix
S. 171 Mikael Sjöberg/Scanpix
S. 173 Michael S. Yamashita/Corbis/Scanpix

S. 185	Caroline/Zefa/Corbis/Scanpix
S. 188	Robert Garvey/Zefa/Corbis/Scanpix
S. 190	Klaus Hackenberg/Corbis/Scanpix
	Swim Ink/Corbis/Scanpix
	Bettmann/Corbis/Scanpix
S. 199	Bettmann /Corbis/Scanpix
S. 202	Ted Spiegel/Corbis/Scanpix
S. 205	Jan Sandqvist/www.flameboy.se
S. 213	Jan Sandqvist/www.flameboy.se
S. 216	Chris Collins/Corbis/Scanpix
S. 224	Tony Latham/Corbis/Scanpix
S. 229	Eugen/Zefa/Corbis/Scanpix
S. 233	Rune Hellestad/Corbis/Scanpix
S. 236	Rick Friedman/Corbis/Scanpix
S. 247	Peter Dazeley/Corbis/Scanpix
S. 249	Duncan Smith/Corbis/Scanpix